The Basics of
Wine

80 Steps
for Understanding Wine

改訂新版
ワインの基礎力
80のステップ
Winart Book

斉藤研一著／美術出版社
Kenichi Saito / Bijutsu Shuppan-Sha

ワインの基礎力

はじめに

Introduction

ワインは飲むという行為で完結するものの、さらに深いものを求めれば、より大きな悦びを得ることができることを本書は示してきました。みなさんのあたたかい声援もあり、今回あらたなテーマを加えて改訂を迎えることができました。

改訂にあたり、その考え方はより強くなっています。従来の勉強方法のように産地や品種を紹介するだけにとどまらず、気候風土や歴史文化などワインが生まれた背景を描き、ワインに込められた生産者の情熱や哲学を語るようにしました。

題名には基礎力を掲げていますが、読者のみなさんはその内容が基礎を超えていると感じるかもしれません。それというのも、みなさんが勉強をはじめると出合うであろう疑問に対して、できるだけ丁寧にお応えしようと心がけたためです。

ワインを愉しく学びたい方に本書をお読みいただきたいのはもちろんですが、ソムリエなどの試験勉強をしている方、すでに業界で活躍している方も、体系的に情報を整理したいとき、背景を的確に理解したいときなどに役立てていただけると思います。

具体的には、ワインに関する基礎的知識を80のステップに分け、栽培や醸造、産地など幅広くテーマを設けました。また、ワインをより愉しむための実践的な10のテーマを収め、最後に資料編として産地一覧や人物一覧を加えました。

すべて1つのテーマを見開きで構成していますので、興味のあるテーマや分野だけをかいつまんで読んでいただいても、支障がないようになっています。ワインを飲む傍らに置き、疑問と出合うたびに見開いていただけることを願っています。

本書をまとめるにあたり、国内外の多くのワイン関係者の方々に指導をいただきました。また、ともにワインを愉しむ多くの友人からも、いくつもの示唆をいただきました。紙面の都合上、ご紹介することはできませんが、謹んでお礼申し上げます。

斉藤研一

80 Steps

for
Understanding
Wine

目次 Contents

ステップ編 Step Page 9

大項目	中項目	No.	タイトル	補足	Page
ぶどうから ワインへ Grape & Wine		01	ぶどう 1		10
		02	ぶどう 2		12
		03	ぶどうとワインの成分		14
		04	テロワール 1		16
		05	テロワール 2		18
	栽培	06	栽培サイクル	ぶどう畑の1年	20
		07	栽培方法		22
		08	収穫		24
		09	自然派ワイン	ヴァン・ナチュール	26
		10	病害虫		28
	醸造から出荷まで	11	醸造		30
		12	白ワインの醸造		32
		13	赤ワインの醸造		34
		14	発酵		36
		15	マセラシオン		38
		16	圧搾		40
		17	熟成		42
		18	清澄、ろ過、瓶詰め		44
		19	添加物	酸化防止剤、補糖、補酸、オークチップ	46
		20	最新技術		48
		21	クロージャー	コルクとスクリューキャップ	50
	ワインの種類	22	発泡酒		52
		23	ロゼワイン		54
		24	甘口ワイン	貴腐ワイン、遅摘みワイン	56
		25	マセラシオン・カルボニック		58
		26	その他のワイン	酒精強化酒など	60
フランス France	フランス	27	フランス概論		62
	ボルドー	28	ボルドー 1	生産地	64
		29	ボルドー 2	格付け	66
		30	ボルドー 3	メドック	68
		31	ボルドー 4	グラーヴ、ソーテルヌほか	70

	32 ボルドー 5	サン・テミリオン、ポムロールほか	72
	33 ボルドー 6	9大シャトー	74
ブルゴーニュ	**34** ブルゴーニュ 1	概論	76
	35 ブルゴーニュ 2	原産地と生産者の二重奏	78
	36 ブルゴーニュ 3	コート・ド・ニュイ	80
	37 ブルゴーニュ 4	コート・ド・ボーヌ	82
	38 ブルゴーニュ 5	シャブリ、コート・シャロネーズ、マコネ	84
	39 ボージョレ		86
その他のフランス	**40** シャンパーニュ 1		88
	41 シャンパーニュ 2		90
	42 アルザス		92
	43 ヴァル・ド・ロワール		94
	44 ヴァレ・デュ・ローヌ		96
	45 ラングドック・ルーション		98
	46 南西地方		100
	47 プロヴァンス、コルス		102
	48 ジュラ、サヴォワ		104

ヨーロッパ
Europe

イタリア	**49** イタリア1	概論	106
	50 イタリア2	北部	108
	51 イタリア3	ピエモンテ	110
	52 イタリア4	北東部	112
	53 イタリア5	トスカーナ	114
	54 イタリア6	中部	116
	55 イタリア7	南部、シチリア	118
ドイツ	**56** ドイツ1	概論	120
	57 ドイツ2	2大銘醸地	122
スペイン	**58** スペイン1	眠れる獅子のめざめ	124
	59 スペイン2	伝統的産地	126
	60 スペイン3	新興産地	128
	61 シェリー		130
その他のヨーロッパ	**62** ポルトガル		132

Contents

Step ステップ編

		63	ポルト、マデイラ	134
		64	オーストリア	136
		65	ハンガリー	138
		66	ギリシャ	140
新興産地 New World	アメリカ	67	アメリカ 1 カリフォルニア・ビジネス・モデル	142
		68	アメリカ 2 カリフォルニア	144
		69	アメリカ 3 ニュー・フロンティア	146
		70	アメリカ 4 北西部太平洋岸など	148
	オーストラリア	71	オーストラリア1 概論	150
		72	オーストラリア2 南オーストラリア	152
		73	オーストラリア3 ビクトリア、NSW	154
		74	オーストラリア4 西オーストラリア、タスマニア	156
	その他の国々	75	ニュージーランド	158
		76	チリ	160
		77	アルゼンチン	162
		78	南アフリカ	164
		79	日本	166
		80	その他の生産国	168

Training 実践編

Page 171

		Page
1	テイスティングの理論と方法	172
2	提供温度とサービス方法	174
3	料理とワインの相性	176
4	保存方法と飲み頃	178
5	ヴィンテージ	180
6	劣化・ワインのダメージ	182
7	食前酒・食後酒の楽しみ	184
8	品種	186
9	ワイナリー	188
10	ワインの仕事と資格	190

資料編
Data
Page **193**

分類	No.	タイトル	Page
ワイン法	01	EUの新旧ワイン法比較	194
フランス	02	ボルドーA.O.C.	196
	03	ボルドー格付け/メドック1	198
	04	ボルドー格付け/メドック2	200
	05	ボルドー格付け/その他	202
	06	ブルゴーニュA.O.C./コート・ドール	204
	07	ブルゴーニュA.O.C./その他	206
	08	ロワールA.O.C.	208
	09	その他のフランスA.O.C 1	210
	10	その他のフランスA.O.C 2	212
ドイツ	11	産地区分/代表的な銘醸畑	214
	12	代表的な銘醸畑	216
代表的生産者・著名人一覧	13	ボルドー代表的生産者1	218
	14	ボルドー代表的生産者2	220
	15	ブルゴーニュ代表的生産者1	222
	16	ブルゴーニュ代表的生産者2／特級畑	224
	17	シャンパーニュ代表的生産者	226
	18	その他のフランス代表的生産者	228
	19	イタリア代表的生産者	230
	20	ドイツ代表的生産者	232
	21	その他のヨーロッパ代表的生産者	234
	22	新興産地代表的生産者	236
	23	著名人一覧 1	238
	24	著名人一覧 2	240
	25	著名人一覧 3	242
歴史	26	ワインの起源と伝播	244
	27	年表	246
統計など	28	生産統計と市場動向	248
	29	流通と価格	250
	30	価格と商品構成	252
ワイン用語	31	日仏英用語対応表	254

ステップ編

Step

80 Steps
for
Understanding
Wine

Step 01 ぶどう1

ぶどうは環境適応力の強い蔓性植物で、亜寒帯から亜熱帯にいたるまでの幅広い土地で栽培されています。果樹作物としては生産量が最も多く（年間8500万t）、そのうちの80％が醸造用にあてられているといわれます。主に醸造用に使われる欧州・中東系（ヴィティス・ヴィニフェラ）だけでも5000品種以上といわれますが、そのうち有名なものは100品種ほどに限定されます。

強い適応力により幅広い栽培地

ぶどうの生育条件は年間平均気温が10～20℃であるため、およそ北半球では北緯30～50°で、南半球でも南緯30～50°でぶどうが栽培されています※。ただし、降水量が多い土地だと病気の発生頻度が高くなる上、吸い上げすぎた水分により果粒が破裂することもあるので、降水量が少なめの土地か、あるいは水はけのよい土地であることも重要です。また、近年では昼夜間の温度較差が大きい土地の方が、風味のよい果実を実らせることができることが知られるようになりました。

※従来は不可能とされたインドやタイ、ブラジルなどでも、近年はぶどうが栽培され、「低緯度帯ワイン」として注目されている

1万数千のうちの数十種が人気品種

ぶどう属には1万数千品種にものぼる品種※1があるともいわれますが、そのなかでも一般的に醸造用に用いられるのは、欧州・中東原産のヴィニフェラ種のみです。とくに人気が高いのは、カベルネ・ソーヴィニヨンやシャルドネなど仏系を中心とした数十品種となります。また、同一品種に分類されていても、わずかな遺伝子の違いがあるものはクローン※2と呼ばれています。そのほかの種では、主に生食用に用いられるラブルスカ種（北米原産）、台木用に用いられるリパリア種（同）やルペストリス種（同）、アジア原産のアムレンシス種などがあります。

※1 主に醸造用に使われる欧州・中東系だけでも5000品種以上といわれる
※2 ピノ・ノワールのように突然変異性が強く、研究も進んでいる品種では、100種ほどのクローンが登録申請をしている

欧州系と北米系の違い

北米品種が醸造用に用いられないのは、欧州品種にはない生臭い風味（いわゆるフォクシー・フレーヴァー）があるためとされます。そのため、欧州諸国では北米品種、あるいは北米品種との掛け合わせ（ハイブリッド品種）から造られたものを、ワインとは認めないこともあります。北米品種やハイブリッド品種は、色素の分子構造が欧州品種とは違うことが近年の研究で確認されたため、現在は分子構造の解析により、これらの判別が可能となっています。

図1: 世界のぶどう栽培地

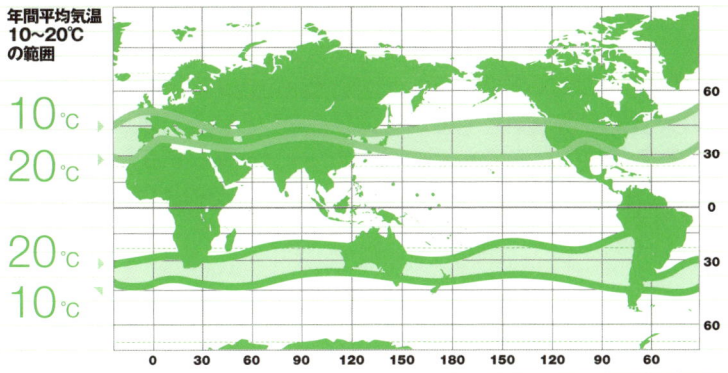

栽培条件

温度	年間平均気温10〜20℃（醸造用は10〜16℃） ⇒ 北緯30〜50°／南緯30〜50° ※昼夜の温度較差が大きい方が望ましい
日照量	生育期間（開花から収穫までの約100日間）に 1000〜1500時間
降水量	年間降水量500〜900mm

図2: ぶどうの系統図

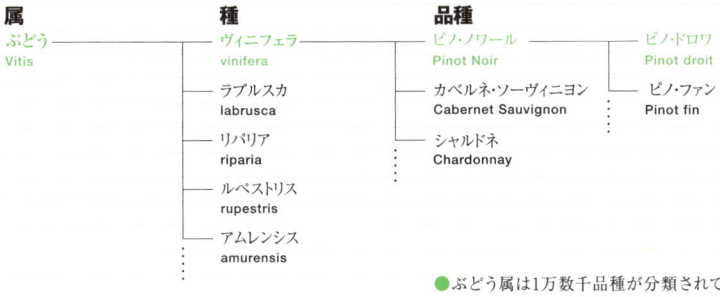

- ぶどう属は1万数千品種が分類されている。主に醸造用に使われる欧州・中東系のヴィティス・ヴィニフェラ種だけでも5000品種以上ある
- 醸造用はヴィティス・ヴィニフェラ種を使う（新興産地ではそれ以外を使うこともある）
- 交配（Clossing）は品種間の掛け合わせにより、別の優良品種を得ること
  例) Pinot Noir×Cinsaut=Pinotage／Riesling×Chasselas (Gutedel)=Müller-Thurgauなど
- ハイブリッド（Hybrid）は種間の掛け合わせを行うもので、ヨーロッパでは禁止されている

Step 02 ぶどう2

ぶどうは環境適応力が強い反面、その樹勢が強いあまり自然に任せるままだと、樹体の大型化が進みすぎて良果を実らせないという問題があります。そのため、好みの品種のなかでも望ましいクローンを選択するだけでなく、台木の特性や相性を理解した上で、ぶどう畑を構成するのが理想的です。

樹体が大きくなると良果を実らせない

植物には枝や葉を繁茂させて樹体を大きくする栄養成長、開花結実により子孫を残そうとする生殖成長があります。植物はその環境に応じて、みずからを大きくするか、子孫を残すかという選択を行っています。とくにぶどうはその樹勢が強いあまり、育つままにしておくと花芽がつかずに実がならない傾向があります。一方、栄養成長を抑えすぎると、必要な栄養すら不足してしまい、結実しても未熟果で終わったり、途中で落果したりしてしまいます。そのため、ぶどう栽培においては、これらのバランスを保ちつつ、良果を得る努力が求められます。

欧州品種も完全な純血ではない

醸造用途では欧州品種が席捲しているように思われますが、一般的には北米品種の台木に欧州品種の穂木を接ぎ木する方法で栽培されます。欧州品種はぶどうの根に寄生するフィロキセラというアブラムシへの抵抗力がないので、そのままでは枯死してしまいます。そのため、抵抗力があるリパリア種やルペストリス種など、北米品種のいくつかを台木に利用しています。また、近年では各種の土壌や乾燥などへの適応力に応じて、あるいは収穫量や樹勢の制御のためにといった、さまざまな栽培条件にあわせて台木も選択されるようになっています。

良果の種子が良果を実らせるとは限らない

ぶどうは世代間での遺伝的特徴が変わりやすいヘテロ接合性（Heterozygosity）であるため、良果を実らせた樹が良果を実らせる種を残すとは限りません。そのため、植え替えの際や優良株を増やす際は、ぶどう畑に植わっている樹のうち、優良なものの枝を挿し木にする圃場選抜、あるいは株分け（Massal Selection）と呼ぶ方法が行われます。また、近年ではウイルスに侵されていない苗木を得るために、優良株の芽の細胞を培養して苗木に育てた成長点培養（Clonal Selection）も利用されます。いずれの場合にも優良株の遺伝子を、そのまま次の世代に残すことができるため、優れた遺伝的特徴を維持することができます。

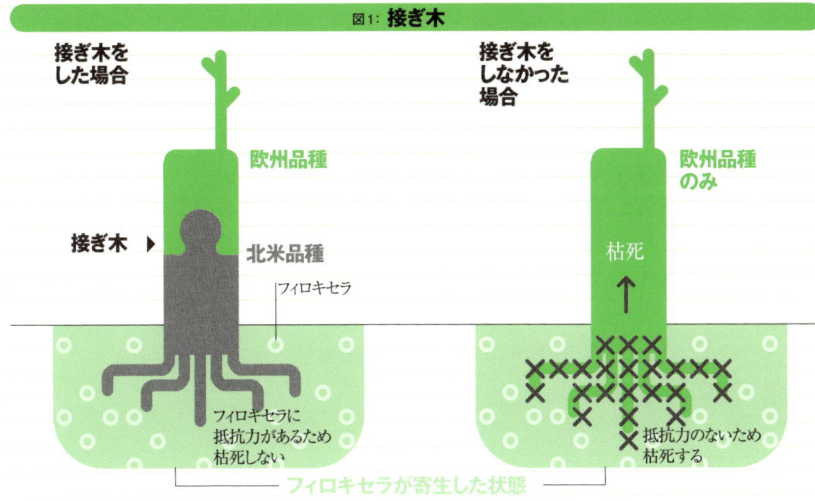

図1: 接ぎ木

台木選択の主な留意事項

土壌との適合性	石灰土壌との適合性など
耐乾燥性	降雨量の少ない新興産地では重要
耐塩性	同上
線虫（ネマトーダ）耐性	線虫に寄生されても枯死しない
活性	穂木の樹勢を制御して、収穫量を操作するため

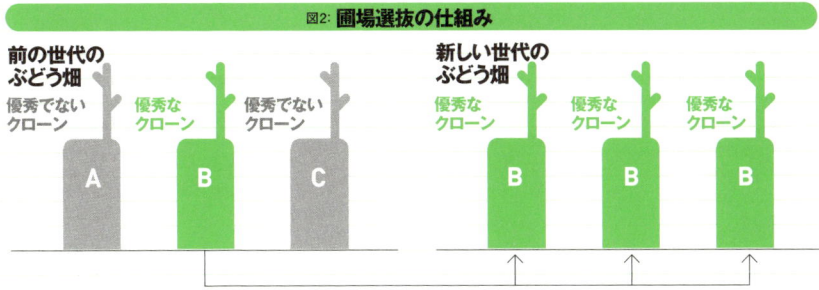

図2: 圃場選抜の仕組み

前の世代ではぶどう畑のなかに優秀なクローンと優秀でないクローンがありました。そのうちの優秀なクローンの枝のみを挿し木で育て、植え替え時にそれだけでぶどう畑を構成することにより、次の世代では優秀なクローンのみで構成されたぶどう畑ができます。

※新種開発の方法としては、伝統的には異種間での受粉を行い、種子を取って育苗する方法がある。近年は遺伝子操作による方法も開発されているが、ほとんどは病害虫耐性を向上させるために行われる

新種開発の主な留意事項

品質	好ましい風味を持つもの
量	伝統的には高収量種のニーズが高かったものの、近年は品質を確保するため低収量種が人気
形状	果房が大きい／果粒がまばらであること／果粒の大きさが均一
成熟速度	早い／遅い
病気耐性	品質を考慮しつつ、病気になりにくいもの
耐寒性／霜耐性	ドイツなどの寒冷地で重要

Step 03 ぶどうとワインの成分

基本的には、ワインはぶどうだけを原料としており、それに含まれる成分は、〈1〉ぶどうに由来するもの、〈2〉発酵過程で生成したもの、〈3〉熟成過程で生成したもの、のいずれかになります。これらの成分は数100種以上が確認されており、その複雑な組み合わせにより、ワインのさまざまな個性が生まれると考えられます。

小粒であるため生食用ぶどうより風味が濃い

一般的に醸造用ぶどうは生食用に比べて果粒が小さいため、果肉に対する果皮や種子の比率が大きくなります。果肉には水分のほか、グルコースやフルクトースなどの糖類、酒石酸やリンゴ酸などの有機酸が含まれています。一方、果皮や種子にはフェノール化合物が多く含まれており、こちらがワインの風味や色合いに大きな影響を与えます。白ぶどうも黒ぶどうもほぼ同程度のタンニンを種子や梗を中心に含んでいますが、黒ぶどうは果皮にアントシアニンという色素を含んでいるため、合計では白ぶどうの2倍のフェノール量を含むといわれます。

図1: ぶどうの構造

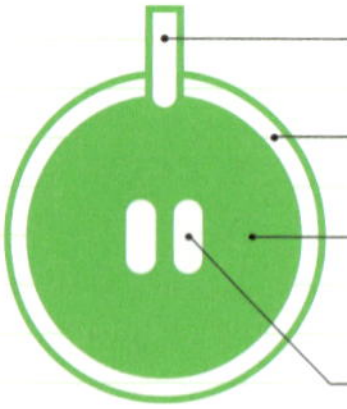

梗	Pédicelle	房の重量の5%程度で、渋味や苦味があるので、一般的には仕込み時に取り除かれる
果皮	Pellicule	房の重量の10%程度で、風味となる成分を多く含むほか、黒ぶどうでは色素を含む。
果肉	Pulpe	房の重量の80%程度で果汁（水分）を大量に含み、そのなかに糖類などがある。果皮に近い部分に糖類が多く、種に近い部分に有機酸が多い
種子	Pépin	房の重量の5%程度で、1つの果粒に2〜3個。渋味を多く含む

	果肉	果皮	種子	梗
水分	●●●	—	—	●●
糖分	●●●	—	—	—
有機酸	●●●	—	—	—
ミネラル	●●	—	—	●●●
タンニン	—	●●●	●	●●●
色素	—	●●●	—	—
脂質	—	—	●●●	—

一般的なスティル・ワインに含まれる成分

スティル・ワインに含まれる成分は水分(75〜90%)とエタノール(9〜15%)でほとんどを占めています。これらのほかに有機酸やフェノール化合物、糖類、窒素成分、無機成分が含まれており、その量の微妙な違いがワインの色や風味などの個性を生み出します。ぶどうに含まれる成分がそのまま残るものもありますが、醸造過程で生成される成分も多くあります。

分類	比率	成分名	備考 比率	詳細
水分	75〜90%			
アルコール	9〜15%			エタノール(90〜150g/ℓ)、高級アルコール(100〜150mg/ℓ)、メタノール(0〜35mg/ℓ)
エキス分	2%〜	有機酸	0.5〜0.7%	酒石酸(1.5〜4.0g/ℓ)、リンゴ酸(0〜4.0g/ℓ)、クエン酸(0〜0.5g/ℓ)
		フェノール化合物	0.02〜0.4%	タンニン、アントシアニン、カテキンなど
		糖類	0.02%〜	辛口で0.02〜0.2%、甘口では9%に及ぶものも
		窒素成分		アミノ酸やタンパク質など
		無機成分		全体で1.5〜3.0g/ℓ程度。カリウムが3/4を占め、ほかにカルシウムなど

※表は各種データをベースに筆者作成

アルコール

エタノール
酵母の代謝活動によって、グルコース(ぶどう糖)やフルクトース(果糖)などの糖類から生成されます。理論的には、完全発酵させれば糖類の重量のおよそ半分のエタノールが得られます。

高級アルコール
炭素数がエタノールやメタノールよりも多く、3個以上持つアルコールを「高級」と分類します。少量の場合には風味の複雑さに寄与するといわれます。

メタノール
ぶどうに含まれるペクチンから生じます。大量に摂取すると人体に有害とされるものの、健康を害するほどの量は含まれていません。

糖類

ぶどうに含まれる糖類は、ほぼ同量のグルコースとフルクトースでほとんどを占めます。これらの糖類は酵母の代謝活動によって消費され、アルコールに転化されます。

フェノール化合物

フェノール化合物は、ワインの色、苦味、渋味、収れん性、熟成などに関与しています。ワインに含まれるフェノール化合物のほとんどは、分子内に2個以上のフェノール基(炭素6個が環状になったものに水酸基がついたもの)を持つポリフェノールの中のフラボノイド類に属します。

タンニン
渋味に主に関与する成分で、フラボノイド類が2個以上結合したものを呼びます。ほかの物質と結合しやすいので、重合が進んで水に溶けていられなくなると、赤ワインでは「澱」となって沈殿します。

アントシアニン類
主に赤ワインの色に関わる成分で、アントシアニンにグルコースが結合したものです。

有機酸

ぶどうに含まれる有機酸は、最も多い酒石酸とそれに次ぐリンゴ酸でほとんどを占めています。

酒石酸	ぶどう以外の果物にはほとんど含まれていません。発酵直後のワインでは、酒石酸が飽和状態にあるため、温度が下がると酒石酸塩(「ワインの宝石」と喩えられる)が析出します。一般的には、瓶詰め前に冷却して、酒石酸塩が析出しないようにします。
リンゴ酸	赤ワインではほぼすべて、白ワインでも一部のものが、乳酸菌によって乳酸に転化させられます。

ぶどう由来のもの	酒石酸、リンゴ酸、クエン酸、ガラクチュロン酸
発酵で生じたもの	グルクロン酸、コハク酸、乳酸、酢酸

※貴腐ワイン特有の有機酸であるグルコン酸は、ボトリティス・シネレア菌が繁殖した貴腐ぶどうに含まれる
※貴腐ワインではガラクチュロン酸は酸化されて粘液酸となって結晶化するため(粘液酸カルシウム)、貴腐ワインには白色の結晶がよく見られる

Step 04 テロワール 1

ぶどう畑を取り巻く環境をテロワールと呼び、この如何によってワインの個性や品質が左右されると考えられています。テロワールは気候、地勢、地質、土壌など自然環境の総体として理解されています。これらの条件は複雑に絡みあって成り立っているため、1つの条件が良いからというように、一元的に優劣が語れるものではありません。

陽当たりがよいのが最大の生育条件

ぶどう畑に降り注ぐ日照量の違いは、気温の違いを生む最大要因であり、ぶどうの成熟状態に大きな影響を与えます。一般的には気温が高い方が果実の成熟速度は早く、成熟度合も高くなります。ただし、暖かいだけだと酸度が落ちてしまうことから、昼夜較差（一日の中での寒暖差）が大きい方が望ましいとされます。夜間の冷えこみにより、酸度が維持されるため、酸味ののった起伏のある風味になり、優良品を生産できることが近年の研究で明らかになりました。

果樹栽培を生態系として捉えるようになった

かつては土壌組成の違いが議論の的となり、「石灰質土壌の畑だから、ワインがミネラル豊富になる」といった誤解が広まっていました。近年は植物の養分吸収のメカニズムが解明されてきたことから、組成そのものではなく、組成の違いによる保水性や保温性などの特徴の違いが注目されるようになりました。社会的な環境意識の高まりとも呼応して、ぶどう栽培も単なる果樹栽培ではなく、エコ・システムとして捉える動きが生産者のなかにも広まってきています。

寒い土地の方が風味は濃くなるという矛盾

風味に大きな影響を与えるフェノール類の成熟速度は、糖度の上昇速度に比べて遅いといわれます。そのため、温暖地では糖度が急激に上がり、収穫期を早く迎えるのに対して、フェノール化合物の成熟が追いつかずに、風味の乏しいものになりがちです。一方、寒冷地では糖度の上昇が比較的遅いため、フェノール化合物が成熟にいたったところで収穫を迎えます。また、寒冷地では夜間の冷えこみが厳しいので、有機酸の減少が鈍化されるため、風味に起伏が現れます。この逆説的現象をクール・クライメイト・パラドクスと呼びます。

図1: 温暖地と寒冷地における風味の違い

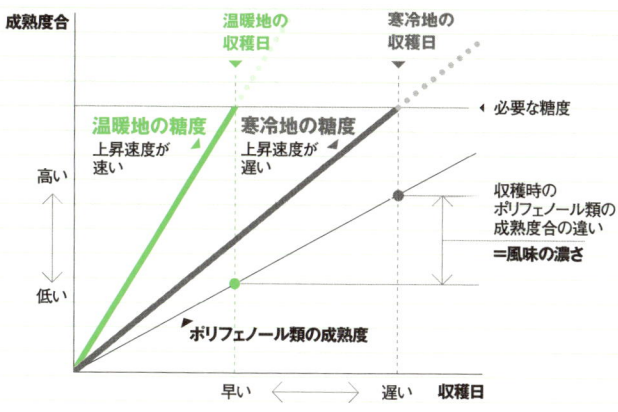

糖度の上昇速度は気温と比例関係にあり、温暖地では早く収穫を迎えるのに対して、寒冷地では遅くなります。一方、ポリフェノール類は糖度ほどには、気温の影響を受けないので、この収穫日の違いがそのままポリフェノール類の成熟度合の違い（風味の濃さ）になります。

表1: 植物の構成成分

成分名	比率(%)	(内訳)		備考
水	75.0			根から吸収
有機物	23.5	炭素 11.0　水素 2.0 酸素 10.0　窒素 0.5		葉から吸収されるほか、根からイオンのかたちで吸収
無機物※	1.5			根からイオンのかたちで吸収

※比較的多く必要とされるものとしてリン、カリウム、カルシウム、マグネシウム、硫黄がある。また、微量のものとして鉄、マンガン、銅、亜鉛、モリブデン、ホウ素、塩素がある。

図2: 養分吸収の様子

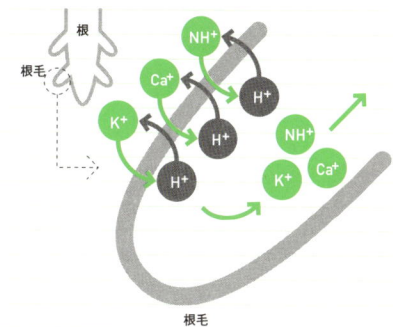

植物は根の先端部にある根毛で養分を吸収します。
土中水のなかには、鉱物の風化によってできた無機養分や、動物の死骸や排泄物などを微生物が分解してできた有機養分が、イオンの状態で溶け込んでいます。植物は根の先端部にある根毛からこれらの養分を吸収します。しかし、必ずしも土壌は植物に必要な量の成分だけを含んでいるわけではないので、植物はそれらを選択的に内部に取り込み、取り込まれた養分は、毛細管現象によって水とともに吸い上げられ、茎や葉などの組織へと運ばれていきます。昔ながらにいわれたような「シャブリは貝の化石でできた土地で育つから、貝がらの味がする」という考え方は科学的には間違いとなります。

Step 05 テロワール 2

ヨーロッパではテロワールという概念をもとにして原産地制度を整備しましたが、新興産地はそれを「幻想」と一蹴してきました。近年になってぶどうの生理が解明されていくに従い、テロワールを土壌だけでなく、総体的に捉える発想が広まり、新興産地でもあらたにテロワールを謳う商品が増えてきました。

産地が換われば条件も変わる

テロワールの概念は、中世のブルゴーニュで修道士が土を舐めて畑の区割りを行ったとの伝承に由来します。実際、「畦道ひとつで（ワインの風味が）変わる」という経験則が原産地制度の基本となっています。しかし、その条件となると産地によって事情が違うため、まちまちになります。寒冷地にあるドイツでは陽当たりのよい「河岸丘」、同じくブルゴーニュでは南向きや東南向きの「斜面」、雨の多いボルドーでは水はけのよい「砂利小丘」が銘醸畑の条件とされます。

ぶどう畑の設営から考える

新興産地ではテロワールを幻想と一蹴し、その違いを醸造工程での微生物の影響と結論づけていました。しかし、ぶどうの生理が解明されるに従い、新旧世界を問わずにテロワールを総体的に捉える発想が広まりました。皮肉にもそれを後押ししたのは、1980年代にカリフォルニアでフィロキセラ（タイプB）被害が広まり、改植を迫られたためです。このような流れのなかから、例えば温暖地にぶどう畑を設営するにしても、標高が高い土地、直射日光が当たりにくい北向きの傾斜地（北半球）、河川や海流によって霧が発生しやすい土地などを選ぶことで、強すぎる日照条件を緩和しようといった動きがあります。

土壌改良に関する立場の違い

原産地制度は土地の個性の違いに基づいているため、ヨーロッパでは土地改良は厳しく管理されています。例えば農業では一般的に行われている客土は、まったく別の土地から土を運ぶため、土地の個性が犠牲になるとして、ぶどう畑では禁止されています。また、フランスでは生育に必要な降水量が確保されているため、灌漑も原則的に禁止されています（夏季の灌漑は許可制）。これに対して新興国や南ヨーロッパでは、灌漑に関しては寛容で、必要に応じて適宜に行われています。

表1: 土壌改良の例

客土
土壌改良のために、ほかから土を運び込むこと。通常の農業では一般的に行われているものの、フランスのぶどう栽培では「テロワールを破壊する」として禁止されています。

排水工事
排水溝の敷設だけでなく、ぶどう畑の地中から水分を吸収するための排水管の敷設などもあります。ボルドーのメドック地区などでは、資金力のある生産者は一般的に行っています。

レインカット
ぶどう畑に雨水が浸透するのを防ぐため、地面にビニール・シートを敷設する、あるいはぶどう樹に傘状の覆いをかけるものです。ただし、フランスでは排水工事は認められているものの、レインカットは「自然条件を変えてしまう」として禁止されています。

灌漑
降水量が少ない新興国では一般的に行っているものの、フランスなど降水量が確保されている生産国では禁止、あるいは許可制になっています。さまざまな方法があり、散水機（スプリンクラー式）が一般的だったものの、最適量だけを供給する滴下式（ドリップ式）が普及してきています。

表2: テロワールの主な構成要素

気候

ぶどう（ワイン）の個性を決める最重要要素
気温：低すぎても、高すぎても生育しない
降水量：生育（地中から養分を吸収する、光合成を行うなど）に必要な条件
日照量：光合成を行い、炭水化物を合成するために必要な条件
※いわゆる適地をはずれても成功例はある

地質

形成された時代や過程によって土性が決まり、土壌のさまざまな特性が決まる
土性：石灰/砂利/粘土などで表現される
構成要素：礫/粗砂/細砂/シルト/粘土など粒子の割合
構造：団粒構造/単粒構造

地勢

以下の条件の違いにより、同じ気候下でも日照や気温などに違いが生まれる
傾斜：日照だけでなく、地表水や地下水の排水性にも影響する
方位：日照に影響する（北半球では、強化される南向き、抑制される北向きなど）
標高：標高が100m上がるごとに、気温が0.6℃下がる

土壌

物理的特性：水や空気の流動性をはかるもので、固体/液体/気体の割合によって決まる。秀逸な畑のような団粒化された土壌では、毛管現象により、水分や空気の流動が起こりやすく、作物の生育によいほか、旱魃などの天候変化に対する適応力が増す
化学的特性：pH（酸度）やEC（電気伝導度）などによってはかられる。これらのバランスが崩れると、作物が水分や栄養を吸収しにくくなるほか、枯死してしまうなどの生理障害を起こす
生物的特性：微生物の働きにより、土壌の団粒化がはかられるほか、養分吸収に関わる働きをする

Column

「ミネラル」は表現上のお約束

「ミネラル」はテイスティング用語として多用されますが、金属（ミネラル）そのものの風味がするわけではありません。かたいイメージを「ミネラル」と呼ぶというコミュニケーション上の約束と理解してください。ちなみにワイン中のミネラルは、土壌に含まれるものがイオンとして吸い上げられて、ぶどうに備わったものがほとんどで、風味に影響をおよぼすほどではないといわれています。

Step 06

栽培サイクル
ぶどう畑の1年

食品製造のなかでも、ワイン製造は最も農業の色彩が強いといえます。秋に行われる収穫と仕込みに向けて、畑でのさまざまな作業が年間を通して行われます。また、仕込んだワインは数ヵ月から数年を経て商品となるので、製造管理も農作業と並行して行われます。そのため、ワイナリーでは年間を通して休む間もなく作業が続きます。

収穫までの努力が続く 生育期（春・夏）

春の到来とともに剪定の切り口から樹液が滴り（「泣く」と呼ぶ）、これを合図にぶどう樹は活動を始めます。若葉や新梢が勢いよく茂り、花が咲いて実を結ぶ……というように、この時期が1年のうちで最もダイナミックな季節になります。この時期に天候不良による生育障害が起きると、通常は小花の2〜6割が結実して果粒に成長するものの、「花振るい（花流れ）」と呼ばれる結実不良を起こします。また、この時期はぶどうの生長と呼応するように、新梢誘引や夏季剪定など、栽培家は秋の収穫に向けてのさまざまな農作業を行います。また、醸造所の改装や改築はこの時期のうちに済ませ、盛夏を迎える頃には発酵容器の洗浄などを行って、仕込みの準備を完了させます。

風味や色合いを作る 色付期（盛夏）

結実後、果粒は徐々に肥大化して、盛夏を迎える頃には外観が大きく変化します。それまで硬くて不透明な緑色をしていた果粒は、白ぶどうであれば透き通るようで輝きと弾力を持った黄緑色に、黒ぶどうであれば艶と弾力を持った深い紫色になっていきます。この果粒が色づくことを「ヴェレゾン」と呼び、これを機として果房の重量が著しく増加を始め、果汁中の糖分が増加する一方、有機酸が減少を始めます。また、風味を形作るアミノ酸やフェノール化合物もこの時期から増加を始め、黒ぶどうでは果皮内で色素が合成されます。

1年のクライマックスとなる収穫期（秋）

収穫のおよその目安は、昔ながらには「開花から100日」で収穫とされています。現在は各地の生産者委員会が果汁中の糖度を測定するなどして収穫許可を出しますが、栽培家によっては風味のさらなる成熟を待って、公示日が過ぎてから収穫を行う場合もあります。この収穫期は常勤スタッフだけでなく、収穫に携わる臨時スタッフを雇い入れるので、従業員は普段の何倍にも膨れ上がり、ワイナリーは賑わいを見せます。

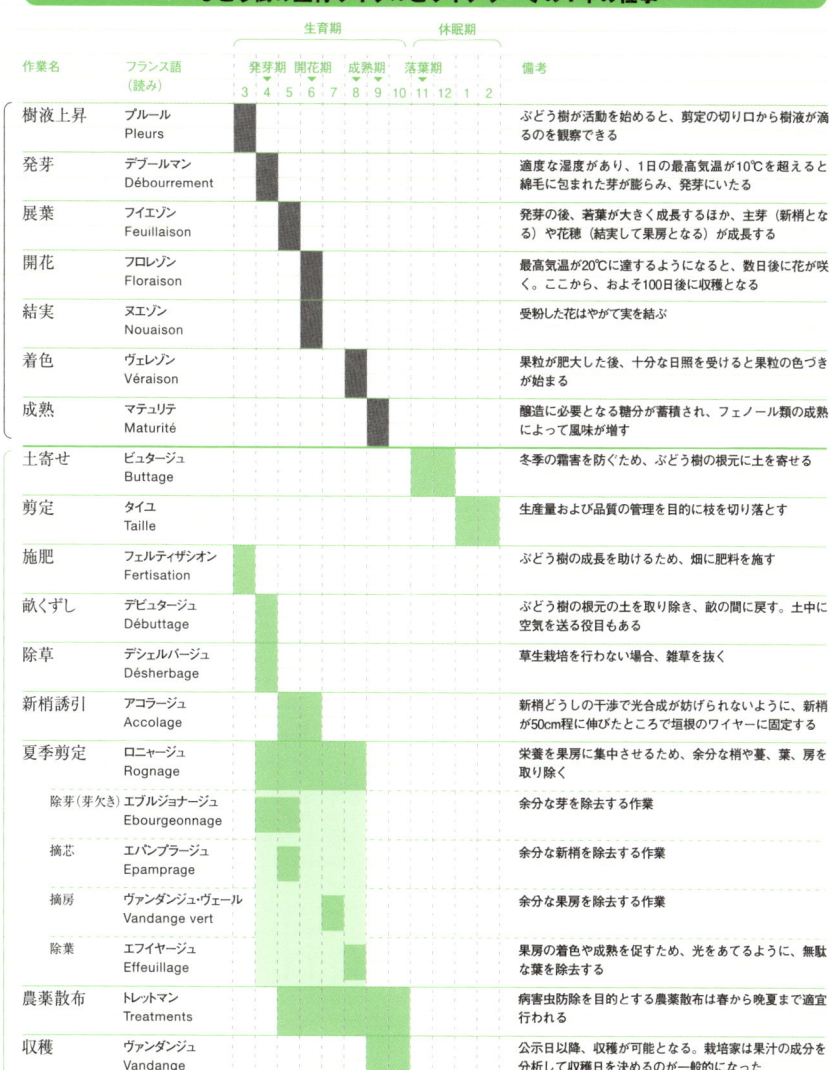

図1: ぶどう樹の生育サイクルとワイナリーでの1年の仕事

	作業名	フランス語(読み)	生育期 発芽期	生育期 開花期	生育期 成熟期	休眠期 落葉期	備考
生育状況	樹液上昇	プルール Pleurs	3-4				ぶどう樹が活動を始めると、剪定の切り口から樹液が滴るのを観察できる
	発芽	デブールマン Débourrement	4				適度な湿度があり、1日の最高気温が10℃を超えると、綿毛に包まれた芽が膨らみ、発芽にいたる
	展葉	フイエゾン Feuillaison	4-5				発芽の後、若葉が大きく成長するほか、主芽（新梢となる）や花穂（結実して果房となる）が成長する
	開花	フロレゾン Floraison		6			最高気温が20℃に達するようになると、数日後に花が咲く。ここから、およそ100日後に収穫となる
	結実	ヌエゾン Nouaison		6-7			受粉した花はやがて実を結ぶ
	着色	ヴェレゾン Véraison			7-8		果粒が肥大した後、十分な日照を受けると果粒の色づきが始まる
	成熟	マチュリテ Maturité			8-10		醸造に必要となる糖分が蓄積され、フェノール類の成熟によって風味が増す
農作業	土寄せ	ビュタージュ Buttage				11-2	冬季の霜害を防ぐため、ぶどう樹の根元に土を寄せる
	剪定	タイユ Taille				12-3	生産量および品質の管理を目的に枝を切り落とす
	施肥	フェルティザシオン Fertisation	3-4				ぶどう樹の成長を助けるため、畑に肥料を施す
	畝くずし	デビュタージュ Débuttage	3-4				ぶどう樹の根元の土を取り除き、畝の間に戻す。土中に空気を送る役目もある
	除草	デシェルバージュ Désherbage	3-10				草生栽培を行わない場合、雑草を抜く
	新梢誘引	アコラージュ Accolage		5-7			新梢どうしの干渉で光合成が妨げられないように、新梢が50cm程に伸びたところで垣根のワイヤーに固定する
	夏季剪定	ロニャージュ Rognage		5-8			栄養を果房に集中させるため、余分な梢や蔓、葉、房を取り除く
	除芽（芽欠き）	エブルジョナージュ Ebourgeonnage	4-5				余分な芽を除去する作業
	摘芯	エパンプラージュ Epamprage		6			余分な新梢を除去する作業
	摘房	ヴァンダンジュ・ヴェール Vandange vert			7		余分な果房を除去する作業
	除葉	エフイヤージュ Effeuillage			7-8		果房の着色や成熟を促すため、光をあてるように、無駄な葉を除去する
	農薬散布	トレットマン Treatments	3-9				病害虫防除を目的とする農薬散布は春から晩夏まで適宜行われる
	収穫	ヴァンダンジュ Vandange			8-10		公示日以降、収穫が可能となる。栽培家は果汁の成分を分析して収穫日を決めるのが一般的になった

Column

冬はほっとひと息、翌シーズンに備える休眠期

収穫を終えると畑仕事はひと段落しますが、醸造所は仕込みを終えた後も、発酵や圧搾などのさまざまな作業があり、晩秋まで忙しい日々が続きます。初冬を迎える頃には、ようやく醸造所も落ち着きをみせますが、すぐに次のシーズンに向けて剪定などの作業が始まります。強いて言えば、初冬から翌春までがワイナリーで最も慌しくない時期なので、「黄金の3日間」のような祭や大規模な品評会が各地で開催されるほか、この時期は生産者の出張シーズンとも重なり、生産者の来日ラッシュになります。

Step 07　栽培方法

蔓性植物のぶどうを育て、良果を獲るためには、支柱が必要です。一般的に醸造用のぶどう栽培では、ぶどう畑に立てた杭にワイヤーを張って、それに梢や蔓を這わせる「垣根」と呼ばれる仕立方法が取られます。この方式はブルゴーニュやボルドーなど、ほとんどの生産地で採用されていますが、特殊な事情を抱えた生産地では独自の栽培方法を取っています。

垣根方式が一般的だが産地の事情にもよる

作業効率上、または品質上で最も良いとされている整枝法は垣根仕立とされており、枝の這わせ方によりギュイヨ式やコルドン式などがあります。いずれにしても樹体は腰上から背丈ほどが一般的で、土地の形状に合わせて作業しやすいように、あるいは日照をより受けやすいように、垣根が仕立てられています。一方、ドイツのような急傾斜地での栽培では、垣根を張ると作業が困難であるため、樹ごとに杭をあてがう棒仕立が採用されます。また、乾燥地で樹勢が強くない品種などには株仕立、降雨が多い生産地では湿った地面から遠ざけるために棚仕立が採用されています。

植樹密度を上げて果房へ栄養を向ける

栄養成長を抑制して樹体の大型化を防ぎつつ、生殖成長を促進して果房に栄養を向けさせるためには、植樹密度を上げて樹同士を競合させるのが良いと言い伝えられています。そのため、ブルゴーニュ地方やボルドー地方のメドック地区ではヘクタールあたり1万本近い高密植が行われていたりもします。また、栄養や水分が過多の土地では、牧草や雑草を繁茂させる草生栽培（これらの植物をカバー・クロップと呼ぶ）が行われ、競合を強化することもあります。ただし、密度を上げれば効果も上がり続けるというわけでもありません。肝心なのは根が大きく張ることで、それによってぶどうが生理的に安定化するのです。

適宜の剪定により良果を得る

最適な収穫量を維持するため、あるいは樹体の大型化を抑制するため、季節ごとにさまざまな剪定が行われます。枝葉を刈り込むにしても、単純に刈り込むのではなく、太陽光を最大限に吸収するために葉が重ならないようにする、あるいは病気になりにくくするために枝葉の間を空気の流れができるようにするなどを考慮します。近年は樹体周辺の環境をより良く管理するという発想から、キャノピー・マネジメント（枝葉が覆い＝canopyのようになることからそう呼ぶ）として理論づけが行われるようになりました。

図1: 栽培方法

ギュイヨ・ドゥーブル

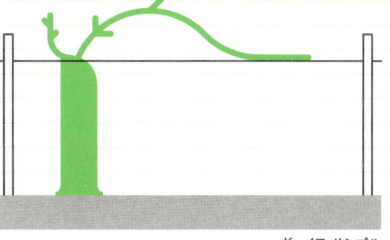

ギュイヨ・サンプル

垣根仕立（ギュイヨ式）
主幹に最も近い結果枝を、翌年の母枝とし、ほかは剪定する。母枝が毎年、更新される。コルドンに比べ収量が多く、樹勢が弱い品種に用いられる傾向がある。母枝を左右に2本伸ばすものがギュイヨ・ドゥーブル、長い母枝と短い母枝を伸ばすものがギュイヨ・サンプル

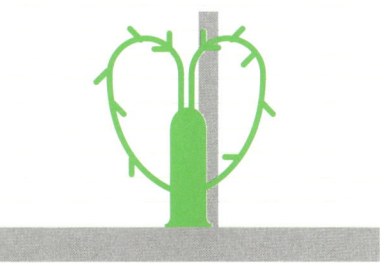

垣根仕立（コルドン式）
母枝を水平に伸ばし、結果枝を垂直に伸ばす。母枝は剪定時にも残し、結果枝のみを更新する。収量がギュイヨに比べ3割ほど低いので、樹勢が強い品種に用いられる

棒仕立
1本の樹体に1本の杭をあてがう方法で、ドイツやローヌ河流域北部などのような急傾斜地で採用されている

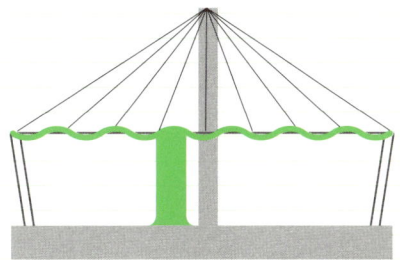

株仕立
主幹をコブ状に刈り込む方法。枝が傘のようになり、日陰ができるので、日照が強すぎて土壌の乾燥が考慮される土地などで採用される

棚仕立
主幹を人間の背丈ほどまで伸ばし、そこから棚に枝を這わせる方法。日本など降水量が多い土地では、病気の発生を防ぐほか、雑草の繁茂から樹体を遠ざけるために採用される

Column　剪定の目的

1. 収穫量・品質の最適化
2. 農作業の効率化：耕作・剪定・収穫・農薬散布
3. キャノピー周辺の微小気候の改善：
　　　　日照条件の改善・病気の発生率低減
4. 樹体の制御：大型化による負担増を抑制

Step 08　収穫

収穫は農作業のクライマックスともいえるもので、いくら良果が実ったとしても、この作業の如何によっては、それを台なしにしてしまうこともあります。極めて多大な労働力が必要となるため、機械化されることもありますが、いずれにしても迅速さや丁寧さが極度に求められています。

効率の機械収穫と品質の手摘み

収穫方法にはハーヴェスト・マシーンを利用した機械によるもの、昔ながらに人間の手で摘むものがあります。ぶどうが実る高さはせいぜいが腰の辺りですから、そこから膨大なぶどうを摘みとるのは大変な重労働です。また、収穫期は摘み手のほかにも搬送や仕込みにあたる人々、それらの賄いにあたる人々など、たくさんの人手が必要となります。そのため、近年では大量生産を図るところでは機械収穫が普及しています。ただし、機械は収穫が迅速に行えるものの、揺り落とした際にぶどうが傷む、できの良くないぶどうも一緒くたになるなどの問題から、品質重視の場合には導入しないのが一般的です。

ぶどうが傷まないように搬送する

収穫されたぶどうが傷まないうちに迅速に仕込むため、ぶどう畑と醸造所は近接していることが望ましいとされます。また、収穫されたぶどうが太陽に温められて傷むのを防ぐため、収穫は午前の涼しいうち（ときには夜間）に行われることもよくあります。さらにぶどうが搬送中に傷まないために、収穫されたぶどうを小箱に入れて潰れないようにして搬送する、ドライアイスなどの保冷剤を用いてぶどうが腐敗するのを防ぐなど、入念な気遣いを行う生産者もいます。

入念な選別が品質向上の鍵

醸造所に搬入されたぶどうは、まず選果台に載せられて、人手によって不良果を除去する作業が行われます。わずかな不良果が混ざったことによって、品質劣化が起きては元も子もないため、比較的大人数で入念に行われます。また、手摘みでは摘みとる際にも良果のみを選別するため、収穫時と仕込み前に2段階の選別が行われていると考えることもできます。ちなみに貴腐ぶどうの収穫では、貴腐化した果粒だけを選びとる「粒選り」を、1シーズンのうち数度に渡って行うことも間々あります。

表1: 機械収穫と手摘みの違い

	機械収穫	手摘み
迅速さ	○ 早い	× 遅い
人手	○ 少ない	× 多い
選果	× できない	○ できる
ぶどう	× 傷みやすい	○ 傷みにくい

図1: 機械収穫の様子

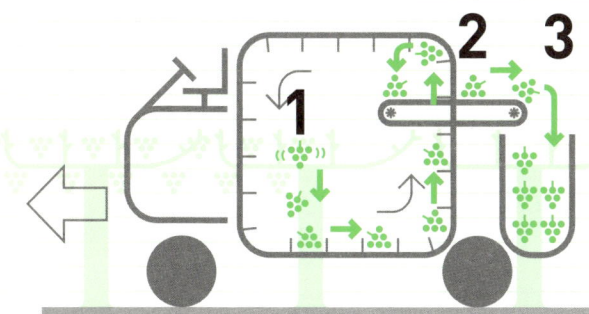

1 ぶどう樹に振動を与えて果房を落とす
2 ベルトコンベアで果房を運ぶ
3 車体後部に取り付けられたバスケットに果房を蓄える

図2: 粒選り収穫／部分収穫

貴腐ワインの収穫では、貴腐化した果粒のみを手で選び取って摘みとりが行われます（粒選り）。貴腐菌の繁殖は同じ房のなかでも粒によって異なるため、1シーズンに数回の収穫が行われることも時々あります。また、貴腐の粒選りほどではないにしても、ぶどうの果房のなかでも、よく熟す部位（糖度が高い部位）のみを選り分けて仕込むといったことを行う生産者もいます。

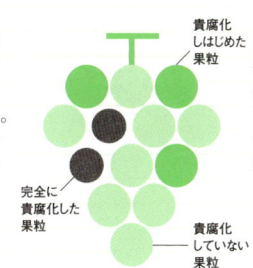

貴腐ぶどうの粒選り
果房の貴腐化は一様ではないので、完全に貴腐化した果粒のみを選び、手で収穫しなくてはならない

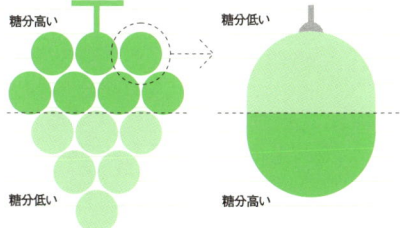

ぶどうでよく熟す部位
ぶどうは果房の上部から熟すので、下部に比べて上部は糖分が高くなる。また、1つの果粒のなかでは、果梗とは反対側の下部から熟すので、果粒の下部の方が色づきもよく、甘味がある

Step 09 自然派ワイン
ヴァン・ナチュール

環境問題への関心の高まりとともに、栽培現場や醸造現場での自然志向が強まっています。とくにぶどう栽培においては、他の果樹栽培よりも思想性が強いのが特徴で、テロワールをより忠実に表現するための方法と理解されています。ただし、一般論として自然志向は歓迎すべきことですが、それに伴う困難があるという事実も認識する必要があります。

化学農業への反動から自然派が普及

ぶどう栽培において自然派農法が声高に叫ばれるようになったのは、化学物質が生態系を破壊しているとの認識が広まった1980年代以降です。農薬・殺虫剤・合成肥料の普及によって、ぶどう畑が瀕死状態にあるといった衝撃的な報告もなされたことから、その反動として自然派農法が徐々に広まりました。これはぶどう畑を1つの生態系として捉え、環境を保全しながら栽培を行うという考え方で、現在はブルゴーニュやロワールで圧倒的な存在となっているほか、その他の生産地や国々にも普及しつつあります。

テロワールの忠実な表現方法としての自然派

たしかに自然志向は環境問題への関心から始まったのですが、その実践者たちのなかではテロワールの忠実な表現方法として理解されています。この潮流を牽引したのが高品質を誇る生産者ばかりだったのも、アメリカなどの台頭に伴ってアイデンティティの確立を迫られ、自らの潜在的優位性を立証するための方法論が求められたためです。この動きを市場は素直に歓迎していますが、その意図は生産者のなかにあるものとは大きく違っており、環境問題としてのみ理解するのは皮相的です。

自然派なら品質に対する議論が抜けていてよいか

栽培現場や醸造現場で自然志向を実践するには、従来は化学薬品に頼っていた病害虫や劣化に対するリスクの回避を如何に行うかが課題となります。卓越したぶどう畑であれば、これらのリスクそのものが低いため、転換も容易といえます。一方、そうでない場合には、品質をひどく落とすことにもなります。世辞にも優良品とはいえない、マイナー産地の商品が「自然派」をいち早く謳ったとき、ボルドーやブルゴーニュなどからは当初、安手の販売戦略とさげすまれたのもそのためです。

また、化学薬品のなかでも硫黄や銅は昔から利用されていたため、自然派でも使用が許可されている場合もあります。近年は他の化学薬品を使用しないために、これらを多量に使用している例もあることが問題視されています。

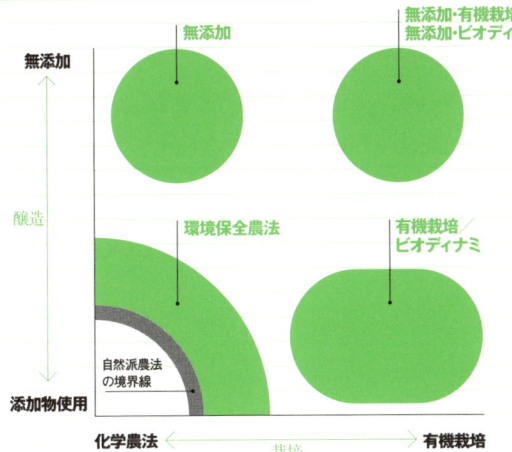

図1: **自然派の見取り図**

自然派農法としてひとくくりにされていますが、論拠の違いによっていくつかのグループに分けられます。ただし、国際的に統一された定義がまだ確立されていないため、地域によって定義が違うのが現状です。また、違う立場にありながらも、交友関係などから同じ団体に加盟している生産者がいるのもおもしろいところです。

自然派用語

有機栽培（オーガニック）
化学薬剤（農薬・殺虫剤・合成肥料）を排除する立場にある農業。国や団体によってその定義、あるいは使用禁止薬剤は違う

ビオディナミ
天体の運行から割り出された播種暦に基づく農作業で、昔ながらの施療法を用いるのが特徴。20世紀はじめの哲学者ルドルフ・シュタイナー（オーストリア）が農村共同体の再興のために説いた理論が端緒といわれる

環境保全農法（サステイナブル）
「不使用」を掲げるまでではないものの、化学薬剤の使用を極力減らす立場にある減農薬農法。リュット・レゾネやリュット・ビオロジックという名称でも呼ばれる

無添加醸造
主には醸造工程における二酸化硫黄の不使用を指す。ただし、樽のくん蒸時の使用や瓶詰め時の微量添加は行うことが多い。代替の酸化防止策として発酵に伴う二酸化炭素を利用する生産者もいる

Column

裸の王様はなぜ笑われたか

アンデルセン童話の『はだかの王様』が笑われたのは、「はだか」だからではなく、見るに耐えない体だったから笑われたという解釈もできます。仮に王様がダビデ像のような肉体美を誇ったとしたら、平伏すことはあっても笑うことはできません。実は自然派ワインもこれと同じで、もともとは新世界ワインのような厚化粧（技術）で美しさを装うのではなく、生まれながら（潜在性）の美しさを訴えることが主題だったわけです。ところが、現在では、「はだか」であれば美醜にこだわらないという、やや皮相的で観点のずれた捉え方が広まっています。

Step 10 病害虫

ぶどう栽培に被害を及ぼすものには、さまざまな病気や有害生物があり、これらの管理はぶどう栽培の大きな部分を占めています。かつては農薬や殺虫剤など、化学薬剤の大量散布で抑えることが一般的でした。近年ではぶどう栽培への負荷を少なくするように、いろいろな方法が模索されながら、科学的に病害虫の管理を行うようになってきています。

さまざまな有害生物たち（小動物・害虫・線虫）

有害生物には有害動物や有害昆虫のほか、線虫が含まれます。また、有害生物には直接的に被害をもたらすものもいれば、病気を媒介して間接的に被害をもたらすもの（媒介生物をベクターと呼ぶ）もいます。一般的に病気に比べて、有害生物の管理は容易といわれていますが、相当の労力を費やしてさまざまな対応が図られています。主な対応としては、①ぶどう畑の周囲に有害生物やその宿主が生育しにくい環境を作る、②天敵を利用して有害生物を減らす、③ホルモンを使って有害生物を寄せつけない、④耐性のある台木やクローンの選抜を行う、などがあります。

病害虫防除は対処療法から予防療法へ

病気の原因はカビ、細菌、マイコプラズマ、ウイルスとさまざまなものがあり、その症状もさまざまです。昔ながらには対処療法的にボルドー液などの薬剤を散布することが行われていますが、近年はキャノピー・マネジメントによってカビや細菌が繁殖しにくくするなど、予防療法が重要視されてきています。また、圃場選抜の際に穂木を温水に浸して害虫や病原菌を殺すことが、昔ながらに行われているほか、近年では成長点培養の際に熱処理を行うことで、ウイルスに侵されていないクローン（FKVと呼ぶ）を作るようにしています。

史上最悪の被害を与えたアブラムシ

有害生物のなかでも、最も大きな被害を与えたのが一般的にフィロキセラと呼ばれるブドウネアブラムシです。北米東海岸を原産とする寄生虫で、研究用苗木を持ち帰った際に付着してヨーロッパに広まったと考えられています（1863年にイギリス南部で確認）。欧州品種は耐性がないため寄生されると枯死にいたり、フランスでは生産量が6割まで落ち込むほどの大打撃を受けました。北米品種のなかで耐性を持つものが発見されてからは（1875年）、それらを台木にした接ぎ木法を採用することで、被害を防いでいます。

表1: 代表的な病気と有害生物

有害生物	小動物	うさぎ、ねずみ、鳥など	葉や枝、根、果房を食い荒らす
	昆虫	カミキリムシ、コガネムシ、ブドウネアブラムシ、アブラムシ、ヨコバイ、カイガラムシ など	葉や枝、根を食い荒らすもののほか、吸汁による生育障害を与えるものもいる。また、ウイルスなどの媒介となることも多い
	線虫(Nematoda)		地中生活種のように根瘤を作って生育障害を起こすもののほか、寄生種などがある
病気	カビ	晩腐病、黒痘病、ベト病、灰色カビ病、ウドンコ病 など	作物の病気のほとんどがカビ(糸状菌)によるもの。菌糸を形成して植物の細胞内に入り込み、養分を吸収したり、毒素を生成する
	細菌	ピアス病、クラウン・ゴールド	糸状菌とは違って、細胞がそれぞれ個々に活動しており、植物の養分を吸収したり、毒素を生成したりする
	マイコプラズマ	フレヴェセンス・ドレ	細菌とウイルスの中間的存在で、細菌よりはるかに小さいものの(ウイルスに近い)、自己増殖が可能
	ウイルス	リーフ・ロール、ファン・リーフ など	自己増殖ができないので、宿主に寄生して増殖を行う

表2: ぶどうの代表的な病気と対処法

病名	症状	部位 葉/枝/果房/根	対策	季節 春/初夏/盛夏/晩夏/秋
晩腐病 英) Ripe rot	あらゆる部位に発生するが、主に成熟期の果房を腐敗させる。日本では最も被害が大きい	●　●	ベンレート水和剤の散布	●　●　●　·
黒痘病 英) Black rot	新梢や幼果など若い組織が侵されやすく、病斑が現れて生育不良を起こす	●　●　●	ベンレート水和剤の散布	·　●　●
ベト病 英) Downy mildew 仏) Mildiou	葉の場合、白色のカビが発生して、早期落葉する。また、花穂の枯死や果粒の脱粒が起きる	●　　●	ボルドー液(硫酸銅+生石灰+水)の散布	●　●　●　●　●
灰色カビ病 英) Grey mold 仏) Pourriture grise	灰色のカビが発生して、枯死にいたる。ある品種の場合には貴腐となる	●　●　●	イプロジオン水和剤の散布	●　●　●　●
ウドンコ病 英) Powdery mildew 仏) Oïdium	葉全体が白色の粉で覆われたようになり、生育障害を引き起こす	●　●　●	硫黄を含む農薬の散布	·　●　●　●

Step 11

醸造

ワイン醸造は糖化作業や加水が必要ないため、ほかの酒類に比べると工程が簡素といえます。しかし、ワインのタイプにより原料や工程の違いがあるため、幅広い技術が用いられるともいえます。また、原料が生鮮果実であるため、その取り扱いにはことさらの注意が求められます。

ぶどうを唯一の原料とする酒類

ぶどうは糖分と水分を含むため、その他の酒類のように糖化作業や加水が必要ないことが特徴です。原料が腐りやすいため運搬や保存には不適となりますが、この制限があることによりワインが土地と密接な繋がりをもった個性豊かな飲料となる理由ともいえます。ワインにはさまざまなタイプがあり、製造方法の違いにより①スティル・ワイン（無発泡性酒）、②発泡酒、③酒精強化酒、④風味付酒に分類されます。また、外観（色）による分類では、①赤ワイン、②白ワイン、③ロゼワインなどがあります。

果皮を使用するかどうかが白赤の違い

赤ワインの醸造における最大の特徴は、もちろん原料は黒い果皮をもった黒ぶどうを使用しますが、果汁に果皮や種子を漬け込むことです。この工程は「かもし（マセラシオン）」と呼び、一般的には発酵と同時に行うことで酒精分の生成を図るとともに、色素や渋味などの抽出を行います。一方、白ワインではまず搾汁作業を行い、無色（実際は黄緑色）の果汁のみを発酵させるため、果皮から色素や渋味がほとんど抽出されません。また、ロゼワインでは、一般的に赤ワインのかもしを短期化したセニエ法（瀉血法）が行われます。

選別と迅速な作業が仕込みの鍵

良質なワインを造るには良質のぶどうを必要とします。収穫されたぶどうは傷つかないように小箱に入れられ、温度の上昇を防ぎながら迅速に醸造所に搬入されます。傷んだぶどうでは含まれているフェノール化合物が酸化するなど、品質劣化を招く恐れがあるためです。収穫と仕込みに際しては、入念な選別を行い、良果のみを仕込むことが高品質化の鍵となります。一般的には酸化防止の目的とともに、かもし時の色素の効果的な抽出を行うために、二酸化硫黄（亜硫酸）の添加が仕込みの際に行われます。ただ、近年は亜硫酸添加量を低減させる目的から、仕込み工程を低温で管理するなどの技術も導入されています。

表1: ワインの主な分類

製造方法による分類	スティル・ワイン（無発泡性酒）		発泡酒	
	酒精強化酒	風味付酒		
外観による分類	白ワイン	赤ワイン	ロゼワイン	
原産地制度による分類	指定地域優良ワイン	テーブル・ワイン		
品種による分類	品種名商品（ヴァラエタル・ワイン）		ジェネリック・ワイン	

表2: 原料とワインの関係

原料の部位	糖分（果汁）	果皮	種子	かもし工程
ワインの成分	アルコール	色素	渋味	
白ワイン	○	×	×	不要
赤ワイン	○	○	○	要
ロゼワイン	○	△	△	要（短期）

表3: 亜硫酸添加による主な効果

一般的には醸造のはじめの仕込みの際に、果汁の腐敗を防ぐため、亜硫酸（二酸化硫黄）を添加します。

1. 酸化防止作用
2. 有害菌の繁殖防止（酵母の働きは妨げない）
3. 清澄作業が容易になる
4. 色素溶出の促進
5. 色素の安定化
6. アセトアルデヒドの生成を防止

図1: 除梗・破砕機を用いた作業の様子

現在、ある程度の規模を超えるワイナリーでは、除梗・破砕機を用いてこれらの作業を行うことが一般的です。収穫されたぶどうを投入口に入れると、円筒の中にある軸が回転して、梗から果粒をとりはずします。そのとき、果皮が破れて果汁が流出を始めます。梗はそのまま排出されます。

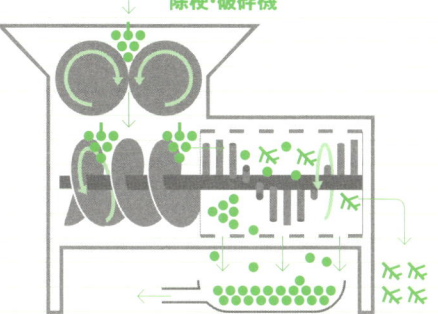

Step 12 白ワインの醸造

白ワインの醸造の基本的な流れは、〈1〉除梗・破砕、〈2〉圧搾、〈3〉発酵、〈4〉熟成、〈5〉瓶詰め、となります。赤ワインのように果皮から色素を抽出する必要がないため、仕込みの際に圧搾作業を行い、果汁を分離して発酵させます。ひとことで白ワインとくくってもさまざまなタイプがあり、それに応じてさまざまな技術が導入されています。

白ワインの第1工程は果汁を搾り出すこと

白ワイン用のぶどうは、仕込みの際に果皮を分離するため、一般的には白ぶどうを用いるものの、シャンパーニュのように黒ぶどうを用いることもあります。収穫されたぶどうは迅速に除梗・破砕機にかけられ、フリーラン・ジュースが得られます。さらにぶどうを圧搾機にかけ、プレス・ジュースを得ます。これらの果汁は混ぜられることもあれば、分けて発酵させられることもあります。特徴としては、フリーラン・ジュースは繊細で華やか、プレス・ジュースは複雑で力強いということです。ただし、圧搾時の圧力が強すぎると、雑味が強くなることから、風味を確認しながらの微妙な調整が必要となります。

白ワインの発酵温度は赤ワインより低め

白ワインの発酵温度は赤ワインよりも低く、一般的に10〜20℃の間で行われています。繊細で華やかなスタイルを求める場合には、芳香性の高いエステル成分の生成が増加する低温での発酵が望ましいとされ、近年はジャケット式ステンレス・タンク（冷水を流せる冷却管を備えた発酵タンク）が用いられます。

一方、ブルゴーニュのように複雑で重厚なスタイルを求める場合には、小樽での発酵を行います。発酵温度が高くなることから、分子量の大きい高級アルコールの生成が増加します。また、小樽発酵の際に新樽を用いることにより、樽材からの芳香成分が抽出され、高級感が生まれます。以前は小樽発酵はシャルドネに限られていましたが、近年はソーヴィニョン・ブランなどでも用いられ、複雑で重厚なタイプが登場しています。

樽発酵と樽熟成を使い分けることで樽風味の幅を広げる

果汁を小樽に入れて発酵させる小樽発酵に対して、ステンレス・タンクなどで発酵させたワインを小樽に入れて熟成させることを小樽熟成といいます。前者は酵母の活動により果汁の対流が起き、樽材の内壁にさまざまな固形物が付着して、樽材からの風味成分の抽出が抑えられるのに対して、後者は酵母の活動がないため効率的に樽材からの風味成分の抽出が図られます。同じような作業に見える上、小樽のなかに入れられている期間とは対照的な効果となります。ブルゴーニュのような小規模生産者の場合、小樽発酵を採用していることが一般的で、アメリカやオーストラリアなどの新世界諸国では、求めたい商品のスタイルを考慮して、小樽発酵と小樽熟成を併用したり、ステンレス・タンクで発酵させた原酒の一部のみを小樽熟成させたりします。

図1: 白ワインの醸造工程

収穫
↓
除梗・破砕
……圧搾
↓
発酵
↓
熟成(貯蔵)
……清澄
……ろ過
↓
瓶詰め
……瓶熟成
↓
出荷

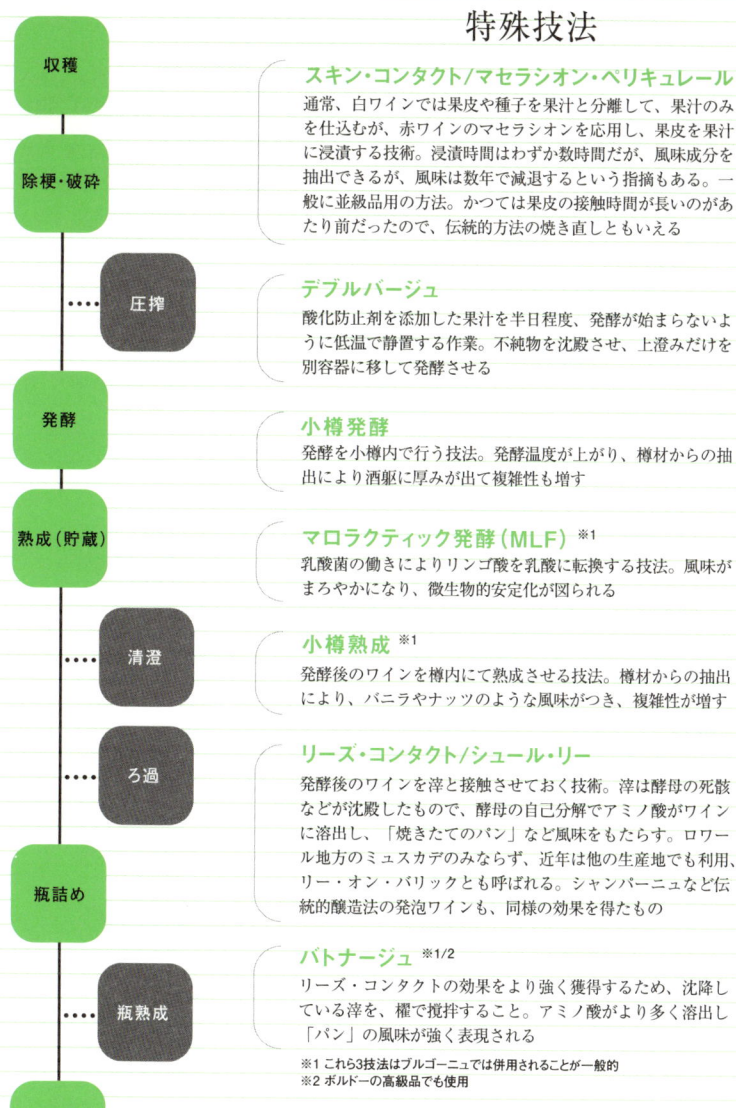

特殊技法

スキン・コンタクト/マセラシオン・ペリキュレール
通常、白ワインでは果皮や種子を果汁と分離して、果汁のみを仕込むが、赤ワインのマセラシオンを応用し、果皮を果汁に浸漬する技術。浸漬時間はわずか数時間だが、風味成分を抽出できるが、風味は数年で減退するという指摘もある。一般に並級品用の方法。かつては果皮の接触時間が長いのがあたり前だったので、伝統的方法の焼き直しともいえる

デブルバージュ
酸化防止剤を添加した果汁を半日程度、発酵が始まらないように低温で静置する作業。不純物を沈殿させ、上澄みだけを別容器に移して発酵させる

小樽発酵
発酵を小樽内で行う技法。発酵温度が上がり、樽材からの抽出により酒躯に厚みが出て複雑性も増す

マロラクティック発酵(MLF) ※1
乳酸菌の働きによりリンゴ酸を乳酸に転換する技法。風味がまろやかになり、微生物的安定化が図られる

小樽熟成 ※1
発酵後のワインを樽内にて熟成させる技法。樽材からの抽出により、バニラやナッツのような風味がつき、複雑性が増す

リーズ・コンタクト/シュール・リー
発酵後のワインを滓と接触させておく技術。滓は酵母の死骸などが沈殿したもので、酵母の自己分解でアミノ酸がワインに溶出し、「焼きたてのパン」など風味をもたらす。ロワール地方のミュスカデのみならず、近年は他の生産地でも利用、リー・オン・バリックとも呼ばれる。シャンパーニュなど伝統的醸造法の発泡ワインも、同様の効果を得たもの

バトナージュ ※1/2
リーズ・コンタクトの効果をより強く獲得するため、沈降している滓を、櫂で攪拌すること。アミノ酸がより多く溶出し「パン」の風味が強く表現される

※1 これら3技法はブルゴーニュでは併用されることが一般的
※2 ボルドーの高級品でも使用

醸造工程の日仏対訳

収穫	ヴァンダンジュ	熟成	ヴィエイスマン
除梗	エグラパージュ	滓引き	スーティラージュ
破砕	フーラージュ	清澄	コラージュ
圧搾	プレシュラージュ	ろ過	フィルトラージュ
発酵	フェルマンタシオン・アルコリック	瓶詰め	アンブテイヤージュ
かもし	マセラシオン(赤ワインのみ)		

Step 13 赤ワインの醸造

赤ワインの醸造の基本的な流れは、〈1〉除梗・破砕、〈2〉発酵、〈3〉圧搾、〈4〉熟成、〈5〉瓶詰め、となります。白ワインとは違って果皮から色素を抽出する必要があるため、果汁に果皮を浸漬する工程の後、ワインと果皮を分離する圧搾作業が行われます。ひとことで赤ワインとくくってもさまざまなタイプがあり、それに応じてさまざまな技術が導入されています。

赤ワインは果皮や種子を果汁に浸漬させる

赤ワイン用のぶどうは、果皮からの色素の抽出が必要なため、黒ぶどうが用いられます。かつての時代は黒ぶどうと白ぶどうの区別なく仕込み、ボルドーの「クラレット」に代表されるような色調のやや淡い赤ワインが造られることもありました。あるいは品種の区別もなく仕込み、成熟期の違いから過熟ぎみのぶどうと未熟ぎみのぶどうが混ざり、品質が低下することもありました。近年は品種ごと、さらには成熟にあわせて収穫して仕込むことで、色調が濃くて風味も充実したワインに仕上げようという考えが一般的になってきています。除梗・破砕機にかけられたぶどうは、果汁とともに果皮や種子も発酵槽に投入されます。また、ピノ・ノワールなどの渋みの少ない品種では、果梗を一部または全部混ぜることで、渋みの補強を行うこともあります。

赤ワインの発酵温度は白ワインより高め

赤ワインの発酵温度は白ワインよりも高く、一般的に20〜30℃で行われています。果皮や種子からの成分を抽出するため、やや高めの温度となるものの、繊細で華やかなスタイルを求める場合には、芳香性の高いエステル成分の生成が増加する低温での発酵が望ましいとされ、複雑で力強いスタイルを求める場合には、高級アルコールの生成が増加する高温での発酵が望ましいとされます。ただし、高温でのマセラシオンでは力強さは表現されるものの、雑味や渋みが強くもなるため、若いうちは飲みづらくなります。そのため、伝統的にボルドーでは「高級ワインは寝かせてから飲む」とされてきましたが、近年は技術革新により若いうちからも飲みやすい力強いワインが登場しています。

薄暗く、10〜18℃の環境が赤ワインの熟成に適

浸漬工程後、ワインだけを熟成工程に移します。ボージョレ・ヌーヴォーのような軽快な赤ワインは短期間で熟成を切り上げ、重厚な赤ワインでは数年に及ぶ樽熟成に加え、瓶熟成を行う場合もあります。熟成中はワインの劣化を防ぐため、日光が差し込まないようにして、貯蔵庫内の温度を10〜18℃ほどの低温に保ちます。また、マロラクティック発酵を行う際には、乳酸菌が活動しやすいように、その間だけは貯蔵庫内を20℃以上に保ちます。求めるワインのスタイルに応じて、熟成容器や熟成期間の違いがあります。その選択を誤ると、熟成は必ずしも良好なものとはならず、却って劣化を起こしてしまうこともあります。

図1: 赤ワインの醸造工程

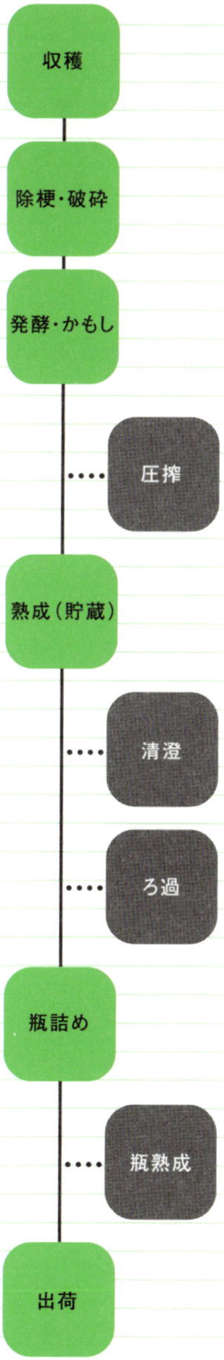

工程:
収穫 → 除梗・破砕 → 発酵・かもし → (圧搾) → 熟成(貯蔵) → (清澄) → (ろ過) → 瓶詰め → (瓶熟成) → 出荷

特殊技法

マセラシオン・カルボニック
ボージョレで有名な技法。除梗・破砕していないぶどうを炭酸ガスが充満している密閉タンクに置くことで、色素のみを効率よく抽出する

マセラシオン・ア・ショー
タンニンの溶出を抑えるため、もろみを80℃まで加熱する技術。早飲みの赤ワインを製造する際に南フランスなどで用いられる

デレスタージュ
南フランスで昔から行われていた技術で、もろみから果汁全量を一旦抜き取り、1〜2時間後に果汁を戻す操作。ポリフェノールの酸化により、淡い色合いでやわらかな質感が得られる

セニエ
もろみから液体の一部を抜き取り、固体比を高くすることで、色素や風味の抽出を向上する技法。ボルドーの赤ワインの有名生産者で販売しているロゼは、このときに抜き取ったものが多い

ミクロ・オキシジェナシオン
発酵／熟成中の赤ワインに、セラミック製筒を通して酸素の微泡を吹き込む技術。ポリフェノールの重合を促進して、濃厚な色合いや風味に対してきめ細かい質感が得られる

新(小樽)熟成
ワインを新樽内にて熟成させる技法。樽材からの抽出により、コーヒー、チョコレートのような風味がつき、複雑性が増す。また、新樽内でMLFすると、オリゴ糖生成量が増加する。通常は小樽(ボルドーの「バリック」など)で行う

大樽熟成
嫌気的状態で熟成を行うと、ポリフェノールの重合が著しく進み、滓となって沈降するため、若くして熟成感が際立った風味となる

無清澄／無ろ過
無清澄とは、清澄剤などを用いずに、自然沈降によるもの。無ろ過とは、風味の欠落を避けるため、フィルターをかけずに瓶詰する方法

Grape & Wine　ぶどうからワインへ　赤ワインの醸造

Step 14 発酵

一般的に、「発酵」は微生物が人間にとって有益なものを造ることと理解されています（有益でない場合は腐敗という）。科学的な意味では、酵母が空気のない状態でエネルギーを得るために、糖分などの栄養を摂ってエタノールや二酸化炭素などに分解する活動を指すので、発酵も腐敗も同じと考えられます。ワインのほかにもビールや清酒など、酒造りはこの酵母の活動を利用したものです。

発酵は酵母による糖の分解

この代謝活動は十数段階の化学反応から構成され、果汁の温度や含有する酸素量の違いなど、条件の違いに大きな影響を受ける複雑で微妙な工程です。約20%の糖分を含む果汁を発酵させると、約96.3g/ℓ（約12.2vol.%）のエタノールを含むワインができる計算となります。また、微量ながらエタノール以外の副生成物もあるほか、これらの生成物が二次的反応により別の物質を生成することもあり、これらの物質の多少により風味が大きく変化すると考えられています。

条件の違いによる風味の違い

発酵によって生成されるアルコールはエタノールがほとんどですが、それ以外のものが150〜550mg/ℓほど含まれると報告されています。これらは同じアルコールでも分子量がエタノールより大きいので、揮発性が低く油のように重たい風味になります。また、発酵や熟成の過程では、160種類以上が確認されているエステル（アルコールと酸が結合した物質）が生成されます。このエステルは微量でも風味に極めて大きな影響をおよぼすため、多すぎても少なすぎてもよくないようです。一般的には日本酒の吟醸酒に代表されるように、低温下で発酵がゆっくり進む場合、生成量が増加します。

酵母の種類と働きの違い

酵母にも数多くの種類が存在しており、ぶどうに付着している自然酵母では、複数の種類が混ざっている上、そのほかの微生物が付着していることから、風味に複雑性をもたらすものの、発酵の管理が難しくなります。安定的に発酵を進めるためには、その特性を把握した純粋培養の酵母を利用することが一般的です。現在、市販されている酵母は、どの種類の酵母がどの香りを特異的に生成するとか、色を出しやすいとかの特性を把握できているので、目的とする風味に応じて添加する酵母を選択することもできます。ただし、ワインはぶどう由来の成分が風味に大きく影響を与えるため、清酒に比べれば酵母選択の重要度は低いといわれています。

図1: 発酵（糖代謝）の概略図

エネルギー物質であるATPを合成するために、糖分の分解を行います（これを解糖系と呼ぶ）。この際にNADHも同時に合成されますが、細胞内のNADは限られているため、解糖系で合成されたNADHをNADに戻すことで、解糖系を動かし続けることができます。

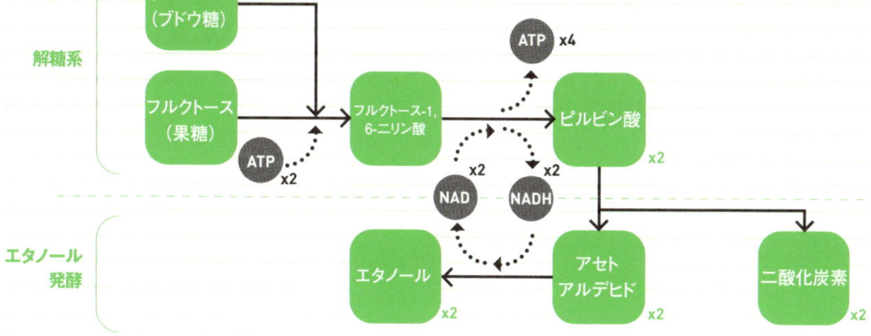

【解糖系】
グルコース（ブドウ糖）／フルクトース（果糖） → フルクトース-1,6-二リン酸 → ピルビン酸 ×2
ATP ×2、ATP ×4、NAD／NADH ×2

【エタノール発酵】
ピルビン酸 → アセトアルデヒド ×2 → エタノール ×2
→ 二酸化炭素 ×2

表1: 代表的な酵母の種類と特徴

	SO₂耐性	アルコール生成能(%)	特徴
ハンゼニアスポラ・ウヴァルム Hanseniaspora uvarum クロエケラ・アピチュレタ Kloeckera apiculata	×	4	ぶどう果に付着する酵母のうち50～70％を占める。発酵初期に見られるが、アルコール耐性が低く、発酵が進むに連れて減少
サッカロミセス・セレヴィシエ Saccharomyces cerevisiae	○	17	発酵中期に糖の大半を代謝する酵母で、醸造用酵母として多くの種類（菌種）が分離・培養されて市販されている
サッカロミセス・バイアヌス Saccharomyces bayanus	○	17-	発酵後期に活躍する酵母で、醸造用酵母として多くの種類（菌種）が分離・培養されて市販されている。アルコール耐性が強いので、再発酵の原因にもなる
サッカロミセス・ロゼイ Saccaromyces rosei	○	8-14	高糖度の果汁を発酵できる
シゾサッカロミセス Schizosaccharomyces	○	16	
ブレタノミセス Brettanomyces			野生酵母の1つで、「ねずみ臭」「金属臭」といった汚染臭を生成する

酵母は円形または長円形の単細胞の菌で、大きさは5～10μ（0.005～0.01mm）。さまざまな種類があるが、醸造用にはサッカロミセス属のものが使用される。市販されている酵母を使用する際には、微生物学的特性（増殖・発酵速度／低温発酵性／SO₂耐性／キラー活性／アルコール生成能など）や官能的特性（芳香成分の生産性／揮発酸の低生産性／オフ・フレーバーの非生産性など）から選択される

Step 15 マセラシオン

マセラシオンとは色素や渋味などの成分を抽出するために、果汁に果皮や種子を漬け込む工程です。主に赤ワインに用いられる工程ですが、重厚／軽快の違い、あるいはロゼワインなどのタイプにより作業にも違いがあります。従来は発酵と同時に行われましたが、近年の技術革新によりさまざまな方法が考案されています。

撹拌による抽出効率の向上

果皮や種子は放置しておくと液面に浮き上がってしまい※、抽出の効率が悪くなるばかりでなく、雑菌汚染の原因にもなるため、もろみの撹拌が行われます。伝統的には発酵槽に人が入って足で果帽を突き崩す、あるいは槽の上から櫂棒で果帽を突き崩すピジャージュという方法が行われますが、大変な労力と危険を伴うため敬遠される向きがあります。また、近年ではルモンタージュと呼ばれる、発酵槽下部から抜き取った果汁をポンプで汲み上げ、果帽の上に注ぐ方法も行われます。ただし、これらの技術を行いすぎると、果皮から種子がはずれて、過剰な渋味が溶出する恐れもあることから、適度な回数にとどめます。
※その浮き上がったものを果帽という

用途に応じた特殊なマセラシオン

目的とするワインのタイプにより、特殊なマセラシオンが考案されています。最も一般的な発想としては、鮮やかな色調と華やかな風味を引き出す一方、渋味の抽出を抑えるというものです。代表的なものとしては、ボージョレ地方などで知られるマセラシオン・カルボニックで、除梗や破砕をせずに炭酸ガスで充満した密閉容器内に静置する方法です。また、近年のブルゴーニュ地方ではもろみを数日間、発酵が始まらない低温下に置き、発酵前に果皮や種子を取り除く発酵前低温浸漬と呼ばれる技術が導入される例もあります。このほか、南フランスなどではもろみを加熱する高温浸漬、発酵中のもろみから果帽を一旦取り除き、空気にさらした後に改めてもろみに投入するデレスタージュなどがあります。

白ワインにも使われるマセラシオン

白ワインでは一般的にマセラシオンは行いませんが、1980年代にボルドー大学のドゥニ・デュブルデュー教授がボルドーの白ワインに導入しました。果汁に果皮を漬け込むことで、並品質のぶどうからでも華やかな風味を引き出すことができるようになるのが特徴です。しかし、この方法で引き出された風味は寿命が長くないうえ、数年で色が褐色化するため、一般的には早飲み商品に利用されます。赤ワインの場合、重厚なタイプを造ろうとすると長期間の浸漬を行いますが、白ワインの場合には果汁の酸化が進みすぎてしまうため、数時間程度の浸漬にとどまります。

図1: 主なもろみ撹拌の方法

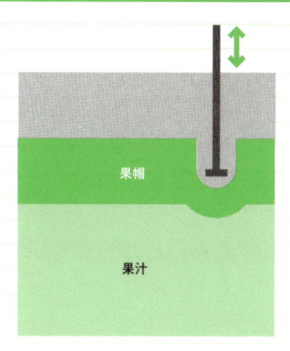

ピジャージュ

方法：発酵槽に入って足で果帽を突き崩す、あるいは櫂棒で果帽を突き崩して撹拌する

特徴：強めの抽出が可能なことから、色素含有量の少ない品種にも向く。また、ワインに対するストレスが少ない

欠点：人力で行うため、相当の力が必要。発酵槽内に溜まった二酸化炭素により、窒息事故が起きることもある

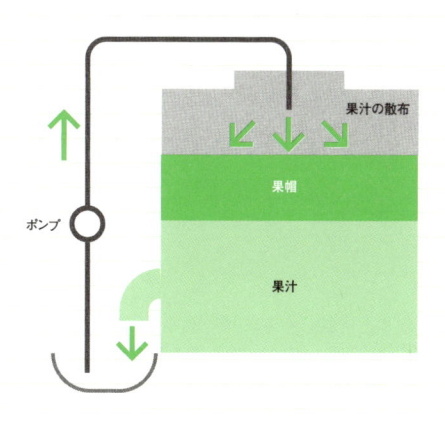

ルモンタージュ

方法：果汁をポンプで汲み上げ、果帽の上に注ぎ、撹拌する

特徴：機械に頼るため、作業性が高く、大規模施設に向く

欠点：汲み上げる際の果汁に対するストレスが大きい。また、果帽のなかに決まった通り道ができ、均一な抽出が難しい

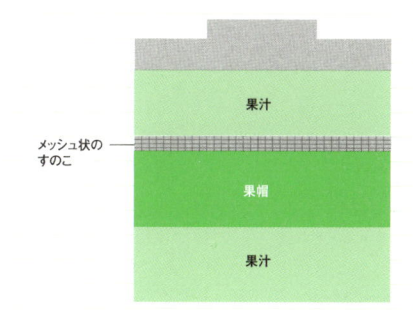

イメルジュ

方法：発酵槽の中ほどにすのこを設置して、果帽が浮き上がるのを防ぐ

特徴：空気と接触しないため、果帽の腐敗や酸化のリスクが小さい

欠点：微妙なコントロールができない

Step 16

圧搾

作業時期の違いこそありますが、いずれのワインでも固体と液体を分離する圧搾工程が不可欠となります。白ワインでは果皮浸漬を行わないため発酵前に、赤ワインでは果皮浸漬を行うため発酵後に行われるのが一般的です。圧搾工程は重労働である上、果汁やワインの劣化を防ぐため迅速に行う必要があることから、近年は機械化されることが一般的です。

フリーランとプレスの違い

赤ワインの固液分離を行う場合、発酵槽下部のコックを開けて自然に流れ出たワインをフリーラン・ワインと呼びます。一方、フリーランが出きった後、果帽を圧搾機にかけて搾り出したワインをプレス・ワインと呼びます。前者は繊細な風味を持つのに対して、後者は果皮に由来する成分が多くなり、濃いものの雑味を伴った風味になります。そのため、目的とする風味に応じて前者だけを使う、両者を混ぜて使うといった使い分けが行われます。また、白ワインの場合でも破砕機から流れ出たフリーラン・ジュース、圧搾機にかけて搾り出したプレス・ジュースは、目的に応じて使い分けが行われます。

小規模醸造所で使われる縦型圧搾機

昔ながらの縦型圧搾機は、1回あたりの搾汁量が少ないため、小規模醸造所で利用されることが一般的です。すのこ状になった円筒内に果帽を投入して蓋板をかぶせ、万力で上から圧力をかけるというものです。果帽の状態などを確認しながら操作しやすいのですが、1回搾るごとに果帽を交換するなど重労働を伴います。また、シャンパーニュ地方では黒ぶどうからでも色素や渋味を抽出しないで繊細な果汁を得るために、幅広底浅の形状をした独自の縦型圧搾機を用いて、除梗しないままのぶどうが圧搾機にかけられます。

中規模以上では機械式圧搾機が普及

作業効率が求められる中規模以上の醸造所では、大型の水平式圧搾機が利用されます。横に寝かされた、巨大なすのこ状の円筒の中に果帽を投入して、その果帽に圧力をかけるというものです。圧搾方法には円筒の前後壁が狭まって搾る機械式、円筒内の風船が膨らんで搾る空圧式があり、近年はワインへの負担を減らすために後者が好まれているようです。いずれも1回の搾汁量は多いのですが、その度に果帽を交換する手間が必要です。それに対して、搾汁／入換といった作業が必要ない連続式圧搾機が、大規模醸造所では利用されることもあります。

図1: 圧搾機の種類

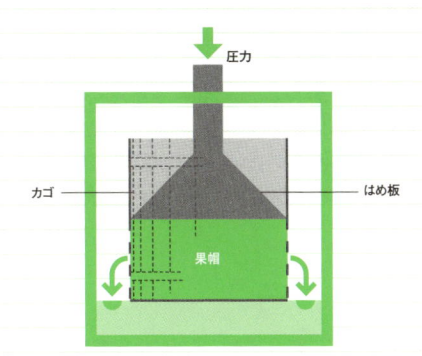

縦型圧搾機
比較的、小規模な醸造所で使われる昔ながらの圧搾機。果帽を円筒のなかに投入して蓋を閉めた後、上から押さえて果汁（ワイン）を搾り出す。果帽の状態を確認しながら作業ができるものの、1回ごとに搾り糟を取り出さなくてはならないので、効率が悪い上、重労働を伴う

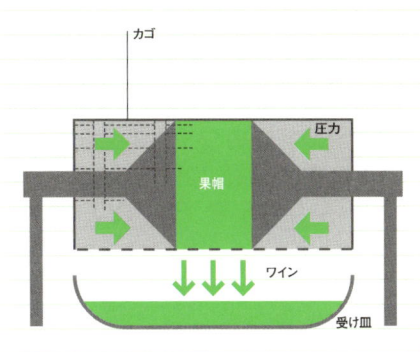

水平式圧搾機／機械式
中規模以上の醸造所で使われる大型圧搾機。果帽を円筒のなかに投入して蓋を閉めた後、両方の壁面が狭まって果汁（ワイン）を搾り出す。一度に多量の果汁（ワイン）を搾り出すことができるので、効率が良い

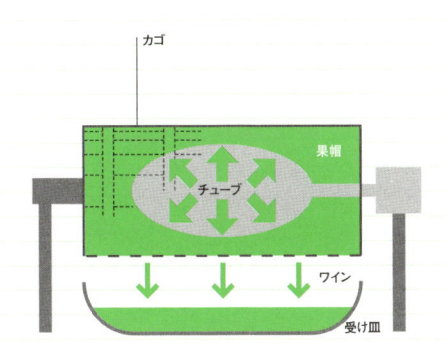

水平式圧搾機／空圧式
機械式の水平式圧搾機と同じような構造で、作業工程も同じ。果帽を投入した後、円筒内のバルーンに空気を送り込んで果汁（ワイン）を搾り出す。機械式に比べて果帽にかかる負荷が小さいとされており、品質を重視する場合に使われる

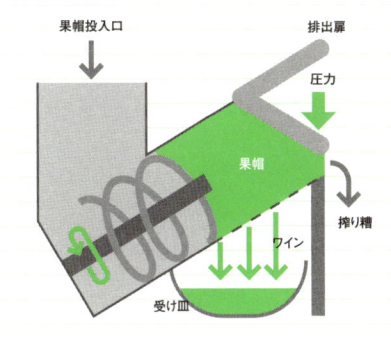

連続式圧搾機
作業効率を求められる大規模醸造所などで用いられる大型圧搾機。投入口から投げ込まれた果帽は、円筒内を徐々に上方向に押し上げられ、果汁が搾り出される。搾り糟は自動的に排出口から押し出されるので、水平式圧搾機のように1回ごとに果帽を入れ替える必要がないのが特徴

Step 17　熟成

熟成が長くなれば高級になるという先入観がありますが、そのワインの潜在性を超える熟成を経た場合には、かえってワインは弱っていきます。熟成の期間はそのワインの潜在性に見合った程度にとどめる必要があるといえます。一般的には軽快な早飲みワインは短期間で切り上げ、重厚な長熟ワインは数年程度の熟成を行います。

材質の違いと空気接触の関係

適度な空気接触（酸化）は、ポリフェノールのある程度までの重合を促進しますが、沈降しやすいほどの巨大な重合（澱の発生）を防ぐため、赤ワインでは濃い色調と風味をもたらします。そのため空気接触を意図する際には、新樽（木目から微量な空気を通す）での熟成を行います。一方、軽快なタイプでは空気接触によって風味が劣化する恐れがあることから、ステンレス・タンクのほか、数十年に渡って使用された木樽（樽の内壁にワインの成分が結晶化して、木目が塞がっている）など、密閉性の高い容器での熟成が行われます。

樽の大きさと空気接触の関係

体積に比べて表面積が大きい小樽は、空気接触（つまり酸化）のリスクが高くなります。また、樽材からバニラやタンニンなどの成分が抽出されるため、甘く香ばしい風味が付加されます（赤の場合には先述した濃い色調と風味も得られる）。一方、大樽は体積と表面積の関係ばかりでなく、数十年以上に渡って使用されることから、樽の内壁にワインの成分が結晶化して、さらに空気接触のリスクが小さくなるため、ポリフェノール（とくに色素の）の巨大な重合が起こり、澱となって退色が進みます。そのため、同じ長さの熟成期間でも、小樽では黒々とした色調と若々しい風味になるのに対して、大樽では赤褐色の色調と枯れた風味になります。

風味をまろやかにするMLF

発酵（アルコール発酵）の後、ほぼすべての赤ワインと一部の白ワインでは、リンゴ酸を乳酸に転換させる、マロラクティック発酵（MLF）と呼ばれる工程があります。リンゴ酸はぶどうに含まれる有機酸の1つで、名前の通り爽やかな風味を持ちます。一方、乳酸は乳酸菌の働きによって、リンゴ酸が分解されたもので、まろやかな風味を持ちます。かつては瓶詰め後の風味の変化を防ぐために、あらかじめ転換するといったことが行われていました。現在では微生物管理が徹底されてきていることから、予防的な意図で行われることは少なくなってきています。それに対して、例えば白ワインでは風味のデザインといった発想から、MLFを行ったものと行わなかったものを瓶詰め前にブレンドするといったことも行われたりします。

図1: 新樽の効果

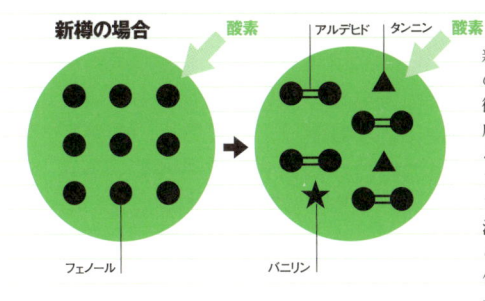

新樽の場合

フェノール → バニリン（酸素、アルデヒド、タンニン、酸素）

新樽の効果は主に、①微量な酸素の供給、②樽材からの成分抽出になります。

微量の酸素はワイン中に微量のアルデヒド（=）を生成し、そのアルデヒドがフェノール（●）間に重合することで、比較的小さなポリフェノール分子を形成します。

また、樽材からは甘く香ばしい芳香のバニリン（★）、渋味のもとでもあるタンニン（▲）などが補強されることから、風味豊かで骨組みのしっかりしたワインに仕上がります。

密閉容器（大樽など）の場合

フェノール → 澱（酸素）

一方、大樽などの密閉容器の場合、酸素が不足しているため、フェノールは重合を続けて巨大なポリフェノール分子にまで成長し、やがて澱となって沈降します。そのため、こういった容器で熟成したワインは、若いうちから赤橙色に仕上がります。

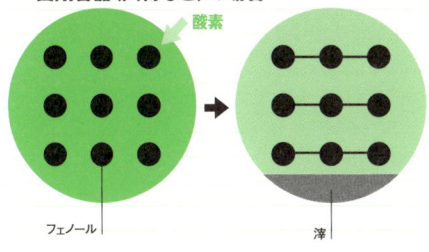

図2: 澱攪拌（バトナージュ）

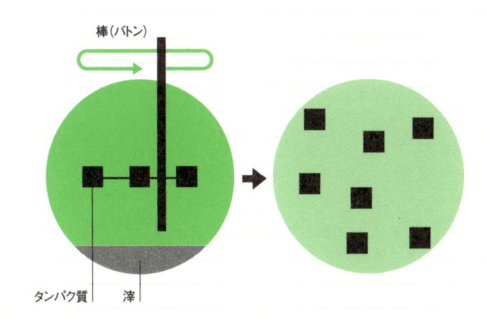

棒（バトン）／タンパク質／澱

澱が沈降している熟成中のワイン（左）に棒（バトン）を入れて、なかを攪拌すると、澱が舞い上がります。やがて酵母の死骸である澱を構成するタンパク質（■-■-■）が分解されて、ワイン（右）のなかに溶け出します。そして、ワインの風味を強化するようになります。

表1: 樽の名前と容量

名称	容量(L)	産地
バリック Barrique	225	ボルドー
ピエス Pièce	225〜228	ブルゴーニュ
フーダー Fuder	1000	モーゼル
シュトゥック Stück	1200	ラインガウ

表2: 樽材の違いと特徴

樽材名	タンニン	バニリン	備考
フレンチ・オーク	○	△	風味はさほどつかないが、タンニンが樽から供給されて、酒躯が強くなる
アメリカン・オーク	△	○	酒躯はさほど強くならないが、甘い風味がつきやすい

Grape & Wine　ぶどうからワインへ　熟成

Step 18 清澄、ろ過、瓶詰め

発酵直後のワインは、果肉繊維やたんぱく質などの微粒子が浮遊して濁っており、そのままでは商品化できないため、この濁りを取りのぞいた上で瓶詰めされます。現在ではこの作業を迅速に行う技術も確立されているものの、昔ながらの長期間、貯蔵して沈降した沈殿物（滓）を分離するといった自然な方法も再び注目を集めています。

発酵後の微粒子を除く清澄作業

滓は腐卵臭を発生する恐れなどがあるため、通常は発酵後にできるだけ早く除去します。工業的には遠心分離機を用いることがあるものの、中小規模施設では清澄剤を用いて微粒子の沈降を促進する方法が取られています。対象物質の種類など用途に応じて、卵白やタンニン、ゼラチン、ベントナイトなどの清澄剤が使用されます。ただし、清澄による風味の減退が避けられないことから、濃厚な風味を志向する生産者の間では、昔ながらの自然沈降のみにとどめる方法が広まっています。

ワインを冷却して「ダイヤ」を除去

果汁中の酒石酸は、アルコール濃度の上昇や品温の低下に伴い、酒石酸カリウムとなって析出します（この結晶のことを「ワインのダイヤモンド」と呼ぶ）。寒冷地では外気温の低下に伴い、樽での貯蔵中などに析出が起こるものの、温暖地では瓶詰めの後に析出が起こり、消費者からの苦情につながったりもします。この瓶内での析出を予防するために、通常はワインを冷却して（約−5℃で1〜2週間）、あらかじめ酒石酸カリウムを除去します。

瓶詰め前に行われるろ過作業で固形物を除去

ろ過は、瓶詰め前に固形物や微生物を除去して、ワインの透明度や安定性を向上させる作業です。目詰まりを防いで効率を上げるため、通常は多段階のろ過（粗ろ過・仕上ろ過・無菌ろ過）が行われたりもします。ろ過方式としては、セルロース粉末や珪藻土を板状に成型したものを使うシート式、プラスチック製のフィルターなどを使うメンブラン式があります。ただし、清澄と同じようにろ過による風味の減退は避けられないことから、無ろ過で瓶詰する生産者もいます。

図1: 代表的な滓引き方法

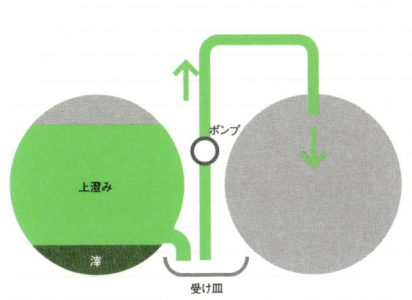

樽での滓引き作業
樽の鏡面下部、滓のすぐ上辺りに蛇口が取り付けられる。その蛇口からワインの上澄みだけを受け皿に取り出す。そのワインをポンプで汲み上げ、別の樽に上部から注ぐ。この方法の場合、ワインが空気とよく触れるので、酸素供給が望ましい場合に行う

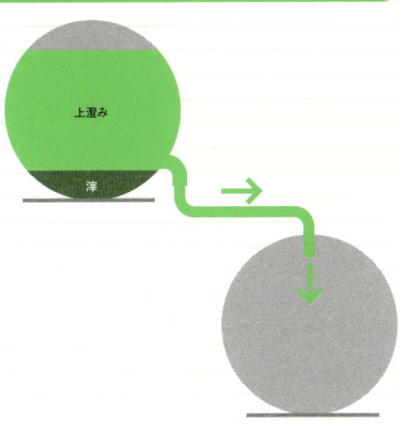

重力式の滓引き作業
樽同士の高低差を利用してワインの移しかえを行うもので、樽の鏡面下部の蛇口に接続されたチューブを伝って、ワインは別の樽に移される。ワインにポンプによる負荷を与えたくない場合に行う

タンクでの滓引き作業
タンクの下部にある蛇口からワインの上澄みだけを受け皿に取り出す。そのワインをポンプで汲み上げ、別のタンクに下部のコックから注ぐ。ワインを空気と接触させたくない場合には蛇口とポンプをそのまま接続する

補酒（ウイヤージュ／Ouillage）
樽熟成を行う際には、発酵が終わってからワインを樽に移します。ボルドーの高級ワインの場合には、熟成期間は18〜24ヵ月にもおよびます。最初の1年間程度は樽の注入口を密閉せず、発酵時に発生した炭酸ガスを放出させます。熟成容器が新樽の場合、ワインが樽に吸収されやすいので、目減りした分を数日ごとに注ぎ足していきます（補酒という）。炭酸ガスが放出された後は注入口を密栓しますが、3〜4ヵ月ごとに清澄作業（滓引き）を行います。この際にも容器内をワインで満たすため、補酒を行います。また、クリカージュ（48ページ参照）や酸化防止剤の添加もこのときに行ったりします。

Column
瓶詰め作業は、衛生管理が重要ポイント

瓶詰め作業といっても瓶内を洗い、ワインを充填して、コルク栓をするといったいくつかの工程からなります。これらを昔ながらに手作業で行う生産者もいれば、自動化された瓶詰めライン（キャップシールやラベルの装着まで行うこともある）を導入している生産者もいます。瓶詰め時の汚染などが原因で、製品が劣化してしまうこともあるので、使用頻度が限られているわりに、衛生管理を十分に行う必要があります。そのため、近年では委託することも多く、バルクタンクで瓶詰め工場に搬入して行うこともあれば、無菌ろ過装置と瓶詰めラインを積載したトラックがワイナリーに来て瓶詰めを行うこともあります。

ぶどうからワインへ　清澄、ろ過、瓶詰め

Step 19 添加物
酸化防止剤、補糖、補酸、オークチップ

ワインの原料はぶどうだけとはいわれるものの、実際にはさまざまなものが添加されることもあります。一部の消費者には「添加物は悪」という誤解が広まっており、ワインの消費が伸びるのを抑える原因にもなっています。これらの添加物の目的と効能などを正しく理解することが求められています。

悪役と誤解されている亜硫酸塩

いわゆる酸化防止剤あるいは二酸化硫黄は、二酸化硫黄を発生させる薬剤のことで、亜硫酸カリウムなどの亜硫酸塩が使用されています。一部では健康被害を心配して、使用すべきでないとの意見があるものの、残留量がきわめて低く規制されており、重篤な持病がある場合を除けば、健康被害はないといわれています。二酸化硫黄は、①ワインの成分よりも酸素と結合しやすいためワインの酸化が防げる、②腐敗酵母や雑菌の繁殖を抑制することで発酵を安定化できる、などの効能があります。古代ローマ時代から酸化防止剤として使用されてきた歴史があることから、自然派の生産者のほとんども二酸化硫黄の使用を容認しています。ただし、二酸化炭素などの不活性ガスの利用により、近年は二酸化硫黄の使用量が低減される例も増えています。

産地の事情により補糖や補酸が行われている

発酵前あるいは発酵時に、糖類（主にショ糖）をもろみに加えてアルコール度数を高めることを補糖といいます。この技術を確立した化学者ジャン・アントワーヌ・シャプタルの名前から、シャプタリザシオンとも呼ばれます。ブルゴーニュやボルドーをはじめ、フランスでは一般的に行われています。同じヨーロッパでもイタリアでは禁止（濃縮モストは許可）、ドイツでは上級品では禁止など、補糖に関する考え方に違いがあります。一方、アメリカなどの温暖な生産地では、十分な糖度が確保できるため、補糖をする必要がありません。むしろ高くなりがちなアルコールをほどよいレベルに抑えるかが課題になることもあります。また、補糖とは反対に十分な酸度を確保ができないため、発酵時に主に酒石酸を添加する補酸が行われるのが一般的です。

オークチップで割安に豪華な雰囲気を作る

樽風味は高級品の指標として理解されていますが、新樽の購入費は5～10万円ほどで、ワインの製造原価の大きな部分を占めています。日常消費用の低価格品でも高級感を持たせるため、オークチップ（木屑）やスターヴ（木片）を用いる事例が増えてきています。これらをタンクや古樽に投入し、風味を抽出することで、新樽購入費用を削減し、価格を大幅抑制できます。ヨーロッパでも2006年に使用が認められたものの、高級品を手掛けるボルドーの生産者の間では反対の声もあります。一方、新世界と競合するラングドックやボルドーでも低価格品を手掛けるネゴシアンは、オークチップの使用許可を歓迎しています。

図1: 酸化防止のしくみ

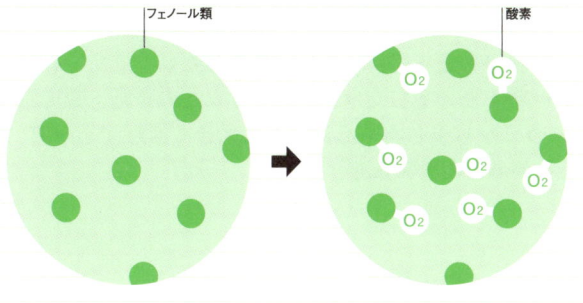

酸化防止剤未投入の場合
フェノール類が酸素と結合しワインが酸化した状態

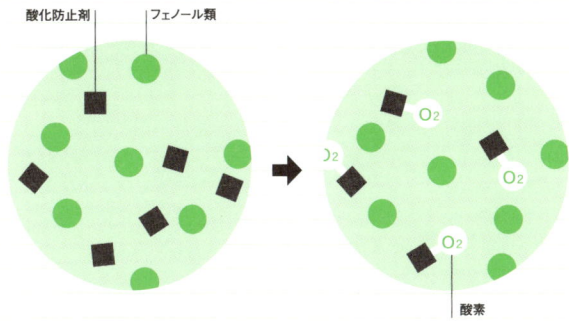

酸化防止剤投入の場合
酸化防止剤と酸素が結合し、ワインは健全な状態に

表1: 二酸化硫黄の効能とタイミング

効能	
	1 酸化防止作用
	2 雑菌繁殖の抑制
	3 色素や風味の効率的な抽出
タイミング	
	1 ぶどうの圧搾果汁、破砕後の黒ぶどうのもろみに添加し、腐敗酵母や雑菌の繁殖を抑制する
	2 発酵終了時に添加することで、マロラクティック発酵を抑制したり、その他の腐敗菌の繁殖を防止する
	3 熟成中に添加することで、ワインの酸化を防ぐ
	4 瓶詰め時に添加することで、瓶内での酸化を防ぐ

※一般的には錠剤あるいは水溶液を添加

Column

残留の規制値

ワインなどの果実酒において日本で認められている添加物は、保存料としてソルビン酸、ソルビン酸カリウム、ソルビン酸カルシウムがあります。また、酸化防止剤としては亜硫酸ナトリウム、次亜硫酸ナトリウム、二酸化硫黄、ピロ亜硫酸カリウム、ピロ亜硫酸ナトリウムがあります。このほか、甘味料としてアセチルファムカリウム、スクラロースが認められています。厚生労働省はワインに添加される酸化防止剤の残留値を、二酸化硫黄で350mg/ℓ以下に規制しています。一方、EU基準においては赤ワインで160mg/ℓ以下、白ワイン210mg/ℓ以下と定めています。いずれも規制値内であれば、人体に影響はないとされています。ときどき「ヨーロッパで買ったワインは飲んでも頭が痛くならないが、同じものを日本で買うと酸化防止剤が多く添加されているため、頭が痛くなる」という意見を聞きます。筆者が訪ねたワイナリーでは、輸出向けだから添加物を多くするといった話は聞きません。もし「頭が痛くなる」のであれば、輸送や管理の問題が関係しているのかもしれません。

Step 20 最新技術

伝統的に行われてきたワイン造りも近年は技術革新がいちじるしく進んでいます。以前、技術は親から受け継ぐだけでしたが、今は大学などの研究・教育機関により技術が普及するようになりました。品質向上に大きく貢献する一方、ワインの没個性化にいたらしめるとの批判もあります。

水分を除く果汁濃縮

果汁濃縮技術は果汁中の水分だけを除去することで、ワインの濃縮感を表現するもので、現在2つの技術が確立されています。逆浸透膜[※1]は水分子のような小さな分子だけを通す浸透膜(半透膜)を用いて、果汁に圧力をかけて水分を取り除きます。糖分だけでなく、有機酸や色素、タンニンなどのほとんどを残留させることができます。一方、常温減圧濃縮[※1]は気圧が低いと沸点が降下する原理を利用した技術です。もろみを入れた密閉容器内を減圧することで、常温(18～20℃)で水分だけを蒸発させます。低温で行われる上、果汁に圧力がかからないため、果汁の劣化がほとんどないといわれます。いずれにせよ、EUの法律では元のもろみの容量の20%未満の濃縮、あるいはアルコール分2%相当未満の糖分の濃縮までを許可しています。ボルドーを中心とした資金力のあるワイナリーでの導入例があり、白赤を問わずに利用されています。

※1 欧文表記は、逆浸透膜Osmose inverse／常温減圧濃縮 Concentration sous vide à basse

発酵前低温浸漬

赤ワインの濃い色調と華やかで豊かな風味を引き出す技術として注目されているのが発酵前低温浸漬[※2]です。発酵が進行しないように低温(5～10℃)でもろみを数日間保ち(酸化防止剤を添加することもある)、その後は圧搾を行って果汁を分離して発酵させます。従来の発酵を並行させる浸漬とは違い、濃縮感を得つつもタンニンをほどよい程度に抑えられるのが特徴です。ブルゴーニュの若手を中心とした現代的スタイルのワインで普及しているほか、サン・テミリオンなどでも導入する例があります。1980年代のブルゴーニュで普及するものの、熟成能力が疑問視されて1990年代以降は衰退。2000年代になってから再び注目を集めるようになりました。

※2 欧文表記は、プレファーメンテーション・コールド・マセレーション Prefermentation cold maceration、マセラシオン・ア・フロワ Macération-à-frois

ミクロ・オキシジェナシオン

ミクロ・オキシジェナシオンは発酵中もしくは熟成中の赤ワインにセラミック製筒を通して酸素の微泡を吹き込む技術です。ポリフェノールの酸化を促進して、適度な重合をもたらすことで、濃厚な色調や風味に対して、きめ細かい質感が得られます。フランス・南西地方(マディラン)で、そのかたい風味をやわらげるために導入されましたが、現在はボルドーでも普及しています。発酵中(貯蔵中も含む)に行うものをミクロビュラージュ、樽熟成中に行うものをクリカージュと呼びます。新樽熟成の際に微量な酸素が供給されることで、色調や風味の濃縮化が行われることを再現した技術ともいえます。

図1: ミクロ・オキシジェナシオンのしくみ

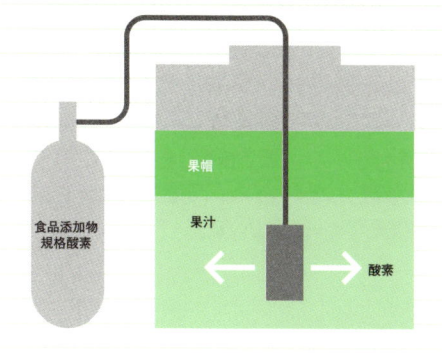

食品添加物規格酸素
果帽
果汁
酸素

方法：もろみ中に空気を送り込む。空気が果帽の上に抜けようとして、果汁の循環が起きる

特徴：フェノール化合物の適度な重合が促進され、きめ細かく滑らかな質感が得られる

Column

その他の最新技術

オクソライン

白ワインで行われていたバトナージュを密閉状態で行えるように開発された技術で、主にボルドーやトスカーナなどの大手ワイナリーの赤ワインで利用されています。滑車を備えた骨格の上に小樽を置けるようになっており、その滑車により小樽を人力で回転させることで、ワインと滓の攪拌ができます。従来は樽に開けた穴に棒を差し込み、ワインを攪拌させていたものの、空気との接触が不用意に起きる、ワインがこぼれるなどの問題が指摘されていました。オクソラインは多段に組むこともできるため、作業効率を落とさずに省面積化できるのも利点とされています。

オクソライン工程図

1 樽を回転させる前は滓が底部に沈んでいる
2 樽を回転させると、滓が攪拌される
3 ワインと滓が混ざり、濃厚なワインになる

赤ワインの小樽発酵

従来、桶やタンクなどの開放容器で行っていた赤ワインの浸漬・発酵作業を小樽で行うものです。小樽で行うことで果汁と果皮との接触頻度が向上し、より濃縮感のある赤ワインに仕上げることができると注目されています。また、容積を小さくしたことで、発酵時の温度も抑えられるようになり、やわらかな質感も得られるとされています。果皮の攪拌を行うために、初期は鏡面を外して行っていたものの、現在は樽内に金属板を備えた密閉型も考案されており、オクソラインで回転させることで、密閉状態で攪拌ができるようにもなっています。

クリオ・エクストラクション

伝統的なアイス・ワインを人工的に再現したもので、甘口の白ワインを造る技術です。収穫されたぶどうを氷点下7℃以下の貯蔵庫で冷凍し、凍結したぶどうを圧搾することで、糖度の高い果汁を得られます。カナダなどの新興国で、簡易にアイス・ワインを造る技術として普及しています。

発酵後浸漬

浸漬作業を発酵後も継続させる技術で、濃縮感のある赤ワインを造るときに利用されます。浸漬・発酵は通常10日から半月ほどで終えるものの、発酵終了後も浸漬を長い場合には1〜2ヵ月継続させます。

Step 21 クロージャー
コルクとスクリューキャップ

スクリューキャップは新世界で生産される低価格品を中心にして、コルク栓の代替として最も普及しています。コルク不良によるワインの劣化がない上、その寿命も極めて長いのが特徴です。業界内でも一部で熱く注目されているものの、安物的な印象が拭えないため、高級飲食店や消費者の理解が得られないなどの課題も抱えています。

コルクの寿命は15年

ワイン・ボトルの栓は伝統的にコルクが使われており、とくに高級ワインのほぼすべてがコルクで栓をされています。コルク栓が発明されたのは、ガラス瓶の普及と同じく産業革命期（18世紀）といわれます。これらの高密閉度の容器と栓の開発により、ワインの長期保存が可能となり、流通・消費形態に大きな変化をもたらしました。コルクはブナ科コナラ属の常緑樹で地中海地方を原産とします。樹皮を剥がして、乾燥や殺虫消毒などの処理を経て、円筒型に打ち抜いて栓にします。ポルトガルが栓用コルクの生産量では約70%を占めています。打栓してからの寿命は、コルクの長さにもよりますが、長さが5cm以上の高級品で15～20年程度と見られています。

スクリューキャップの機能は完璧すぎるのか？

コルクの問題点はブショネのリスクがあることに加え、自然物であるため機密性に幅があることです。一方、スクリューキャップはブショネのリスクがなく、高品質コルクと同じ程度に機密性が高いことが実証されています。しかもコルクは経年劣化により機密性が低下するのに対して、スクリューキャップは機密性が低下することはないと考えられています。また、コルクではブショネとまではいかないまでも、スクリューキャップのサンプルには感じられない別の風味が加わることがあります。この風味を好ましいと感じる人もいることから、いずれの栓が良いとは一概にいえないものの、保存においてワイン以外のものの関与を排除するには、スクリューキャップは有効と考えられています。

赤ワインの熟成に空気は必要？

現在、通説として理解されているのが、白ワインの瓶熟成には空気は必要ない（あるいは必要としてもきわめて少ない）のに対して、赤ワインの瓶熟成にはある程度の空気が必要というものです。もし空気が必要となるならば、どの程度が最適なのかという議論が求められるわけですが、空気の有無による瓶熟成の違いに関する科学的な知見は報告されていないようです。高級ワインを手掛ける生産者のほとんどは、イメージの低下を恐れてスクリューキャップへの転換を避けているので、科学的アプローチどころか、比較そのものができないという事情もあります。一部の生産者で実験的に行われている比較では、スクリューキャップはコルクに比べて、一般的に熟成がゆっくりと進み、高品質コルクと同じように良い状態を保っているといえます。

図1: スクリューキャップのスマートな開け方

1
右手でスクリューキャップのスカート部分を握り、左手でボトルの底部を握る

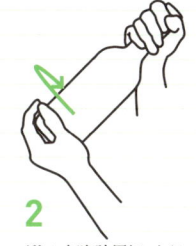

2
ボトルを時計周りにねじる

3
右手でスクリューキャップの上部を回して、はずす

図2: 空気透過率 スクリューキャップ対コルク（そのほかの代替栓）

- スクリューキャップは空気透過率が低く、固体による品質差が小さい
- 一方、コルクは高品質なものは空気透過率が低いものの、固体による品質差が大きい
- また、一般的なものでは空気透過率が高い上、固体による品質差も大きい
- 意外にも合成コルクは空気透過率が高い

資料提供：ジェフリー・グロセット
栓の素材による酸素透過率の違いを説明するためにわかりやすくイラストで図解しているもので、スケールは正確な数値に基づく表記ではない

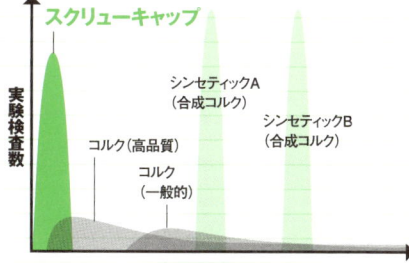

（グラフ：縦軸＝実験検査数、横軸＝空気透過率（色））
スクリューキャップ／コルク（高品質）／コルク（一般的）／シンセティックA（合成コルク）／シンセティックB（合成コルク）

Column

リコルク

ボルドーのように長期保存を行うワインでは、リコルクというシステムがあります。ネゴシアンなどの大口顧客が抱えるワインをシャトーが引き取り、経年により減った量を補充して、あたらしいコルクを打ち直すというものです。補充分は引き取ったワインで行う場合（引き取った本数より戻る本数が減る）のほか、ワイナリーの備蓄で行う場合もあります。この際には必ずしも同じヴィンテージのものが詰められることはないようです。

CHÂTEAU MOUTON-ROTHSCHILD 1979
REBOUCHE EN 1995 AU CHÂTEAU

（シャトー・ムートン・ロートシルト1979　シャトーにおいて1995年にリコルク）

Grape & Wine　ぶどうからワインへ　クロージャー

Step 22 発泡酒

発泡酒とは二酸化炭素を蓄積する特殊な工程を経ることにより、ガスを多量に含み発泡性を呈するワインを指します。その端緒は発酵途中のワインを瓶詰めしたことといわれており、シャンパーニュをはじめとするさまざまな商品が誕生しました。伝統的製法では1本ずつ瓶の中で二酸化炭素を蓄積しますが、今日は簡素化された製法もいくつか考案されています。

瓶内二次発酵によるガスの蓄積

伝統的な発泡酒の製法は、原酒を糖分と酵母とともに瓶詰めして、瓶内で2度目の発酵を行うものです（これを瓶内二次発酵という）。また、瓶詰めされたワインは長いものでは数年間に渡ってそのまま寝かされ、二酸化炭素の蓄積の後に澱の自己分解によりアミノ酸が溶出され、「焼いたパン」などに喩えられる独特の風味をもたらします。さらに商品化する際には、澱を除去するために瓶を倒立させて瓶口に澱を集める作業（ルミアージュ）などが行われます。

さまざまな風味のデザインが可能

シャンパーニュ地方では品質の安定化を図るために、複数の品種・土地・収穫年のブレンドが一般的に行われます。例えば、肉づきのよい風味を求める場合には黒ぶどうを多く、繊細な風味を求める場合には白ぶどうを多くといった操作が行われます。また、ルミアージュ後にはそれに伴って失われた分の補酒を行いますが、その際にも糖分を多く入れて甘口にする、赤ワインをベースにしたリキュールを入れてロゼにするといったことが行われます。発泡酒はこうしてさまざまな風味のデザインができることが特徴です。

簡素化された製法

伝統的製法では二酸化炭素が蓄積するために、複雑で煩雑な工程（しかも瓶1本ずつの）が不可欠です。これは発泡酒が開発された当時、瓶のほかに密閉容器が存在しなかったためです。近年は蓄積工程を簡素化するために、①瓶内二次発酵の後、澱抜きを密閉タンク内で行うトランスファー法、②密閉タンク内で二次発酵そのものを行うシャルマ法、などがあります。工程の簡素化に伴いコスト軽減が図れるため、安価な商品を供給する際に用いられますが、風味も素直になるためシャンパーニュ地方など有名産地では瓶での二次発酵を義務づけているところもあります。

図1: 伝統的製法の工程図

- 黒ぶどう / 白ぶどう : 品種、産地ごとに果汁を得る
- 第一次発酵 : 原酒として貯蔵する（品種、産地、収穫年ごと）
- ブレンド : 品質の安定化と味わいのデザイン
- 瓶詰め : 糖分と酵母の混合液（Liqueur de Tirage リキュール・ド・ティラージュ）を添加して瓶詰めを行う
- 瓶内二次発酵 : ガスの蓄積：糖分→アルコール＋二酸化炭素
- 熟成 : シャンパーニュでは最低15ヵ月、ヴィンテージ商品は最低3年が義務づけられている。長いものでは10年熟成もある
- 動瓶 : 澱を取り除くために、瓶を逆さにしながら回し、瓶の口に集める
- 澱抜き : 出荷直前に、集まった澱を凍らせ取り除く
- 補酒 : 目減りした分、リキュール（Liqueur d'Expédition リキュール・デクスペディション＝門出のリキュール）を足して味を調整
- 栓打ち : コルク栓をする
- ラベル貼り : ラベルを貼る
- 出荷

表1: そのほかの発泡酒の造り方

	工程 二次発酵	工程 澱抜き	特徴
伝統的醸造法	○	○	
トランスファー法	○	△	操作：瓶内二次発酵は行うものの、動瓶〜澱抜きの工程を簡素化する方法。密閉容器で複数本分の澱抜きをまとめて行い、改めて瓶詰めする 風味：熟成期間が十分に保たれれば、伝統的醸造法に見劣りしないといわれる。ただし、手間は伝統的方法と変わらないので、用いられることが少ない
シャルマ法	△	×	操作：タンク内で二次発酵を行う方法で、大量のワインにガスを蓄積できる上、澱抜きもまとめて行うことが可能 風味：瓶内二次発酵を行う製法に比べると、品質的には見劣りがするものの、大量生産が可能なので安価品に用いられる
炭酸ガス注入法	×	×	操作：密閉容器内でワインにガスを溶かし込む方法で、二次発酵〜動瓶・澱抜きを省略した 風味：極めてカジュアルなタイプで、工業的に作られる安価品に用いられる

図2: 動瓶のしくみ

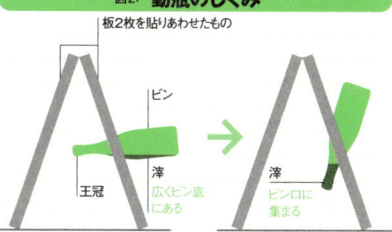

穴が開いた板に瓶口を差し込み、毎日、瓶に振動を加えて少しずつ回転させる。その際に澱が舞うので、瓶に角度を徐々につけていき、最終的には逆立ちの状態にする。澱が瓶口に集まると、動瓶作業は終了し、澱抜き作業に移る。ただし、近年はジロパレットと呼ばれる自動機を使い、数百本をまとめて動瓶することが一般的になっている

表2: 醸造工程の日仏対訳

日本語	フランス語
ブレンド	アッサンブラージュ
動瓶	ルミュアージュ
澱抜き	デゴルジュマン
補酒	ドサージュ

Step 23　ロゼワイン

ロゼワインの魅惑的な薔薇色は、赤ワインに白ワインを混ぜて薄めたものではありません。ヨーロッパ諸国では通常は「混ぜる」ことを禁止しており、一般的には赤ワインと同じように仕込み、かもしを短縮することで微妙な色合いを表現します。ただし、ロゼ・シャンパーニュのように特殊な事情により、例外的にブレンドが行われる場合もあります。

ほどよく色づいたところで分離する

一般的なロゼワインの製法は、赤ワインと同じように黒ぶどうを仕込み、かもし期間を短縮することで（通常の赤ワインが2週間であるのに対して、数時間～4日間）、ロゼ色を作るというものです。発酵槽から発酵途中の果汁を抜きとる様子が「瀉血（セニエ）」に似ていることから、セニエ法と呼ばれています。また、ボルドーなどでは濃厚な赤ワインを造るために、この方法で果汁の一部を抜きとり、果汁に対する果皮や種子の比率を高めることが間々行われ、その副産物としてロゼワインが造られることがあります。

その他のロゼワインの製造法

アメリカで「ブラッシュ・ワイン」と親しまれているロゼワインなどは、かもし期間を設けずに白ワインのように仕込む（直接圧搾法）のが特徴です。破砕時に黒ぶどうの果皮からわずかに溶出する色素を利用するため、一般的なロゼワインが深みのある薔薇色であるのに対して、淡い薔薇色もしくは淡い橙色をしています。また、ドイツでは白ぶどうに黒ぶどうを加えて仕込むことで、淡い色合いを作り出すロトリングという製法があります。

ロゼ・シャンパーニュの例外的な製造法

シャンパーニュなどの発泡酒では、原酒のブレンド時に白ワインと赤ワインを混ぜて、あるいは滓抜き後の補酒時に赤ワインから造ったリキュールを添加して、ロゼ・シャンパーニュを造ることが一般的です。もちろんロゼワインを瓶内二次発酵させてロゼ・シャンパーニュにすることもできますが、出荷時における色の安定化が難しいという技術的課題に加え、添加する方法はロゼの需要に応じて生産量を調整できるという経営的利点もあります。ヨーロッパではワインを混ぜてロゼを造ることは禁止されていますが、このような事情から発泡酒だけは例外的製法が認められているわけです。

図1: 一般的なロゼワインの製法

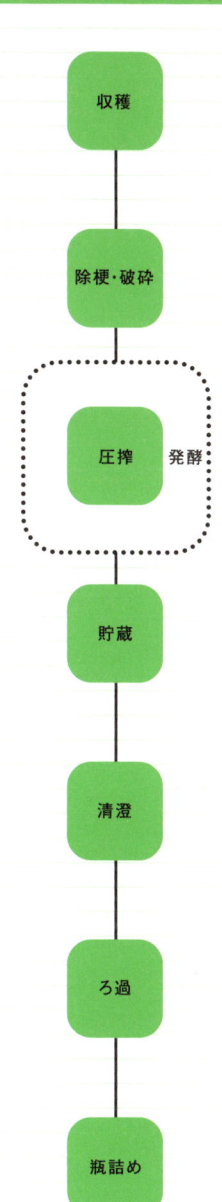

- 収穫
- 除梗・破砕
- 圧搾／発酵
- 貯蔵
- 清澄
- ろ過
- 瓶詰め

表1: ロゼワインの製法とその特徴

		原料	かもし	特徴
セニエ法		○	△	深い色合い
直接圧搾法		○	×	淡い色合い
ロゼ・シャンパーニュ	セニエ法	○	△	一般的には安定的生産のためにブレンド法が行われ、セニエ法は極めて例外的
	ブレンド法	適宜	×	

図2: フランスの3大ロゼワイン

1. **ロゼ・ダンジュー** Rosé d'Anjou — ロワール河中流域で生産されるロゼワイン。グロロ種で造られ、アルコール度がやや低めの中甘口に仕上げるものが一般的。やわらかで軽快なので初心者にも飲みやすい

2. **タヴェル** Tavel — アヴィニョン近郊で造られるローヌ地方のロゼワイン。グルナッシュ種が主に用いられる。アルコールは高めでスパイシーな風味が強いので、赤ワインに近い飲みごたえがある

3. **プロヴァンス** Provence — プロヴァンスでは地方生産量の70%がロゼワインといわれている。さまざまなA.O.C.でロゼが認められているものの、最も有名なものは生産量の圧倒的多さもあって、コート・ド・プロヴァンス（Côte de Provence）が代表的

Step 24 甘口ワイン
貴腐ワイン、遅摘みワイン

デザート・ワインとも呼ばれる甘口ワインは、大量の糖分（残糖と呼ぶ）を含むワインの総称です。さまざまな製法により生産することができますが、大きくは果汁糖度を上げる方法、酒精強化による方法、ワインに果実や薬草を浸漬する方法があります。いずれも極めて個性的な造り方をしており、とても深くて広い世界を作っています。

発酵しきれないほどの高い糖度

一般的な甘口ワインは、ぶどうが熟して果汁のなかの糖度が上がり、発酵しきれずに糖分が残った※ものです。なかでも貴腐ワインやアイス・ワインのように、特殊な自然現象によって生みだされたものは、とくに希少性が高くなります。また、貴腐ワインほどではないにしても、収穫時期を遅らせて糖度を上げたヴァンダンジュ・タルティヴ（アルザス）やアウスレーゼ（ドイツほか）などの遅摘みワインもあります。これらの過熟を人為的に再現したものとしては、収穫したぶどうを乾燥させてから仕込むヴァン・ド・パイユ（ジュラ）やレチョート（ヴェネト）があります。

※醸造用酵母は理論上、アルコール濃度が約17%以上では活動できない上、糖分濃度が高すぎる場合には活動が抑制されてしまうという性質もある

最高の甘口と珍重される貴腐ワイン

甘口のなかでも貴腐ワインは、極めて限られた自然条件が重ならないと生産できないことから、最も希少性が高いといえます。貴腐ぶどうが収穫されるためには、夜間には霧の発生（20℃前後で湿度が75％以上）によって貴腐菌が繁殖し、昼間には乾燥によって水分が蒸散するというサイクルが必要であるため、河川のそばの生産地などに限定されます。しかも自然条件が毎年整うわけではないほか、収穫時期が極めて遅いというリスクを抱え、収穫量が少ないわりに貴腐化の進行にあわせて、1シーズンに何度も収穫を行うという生産効率の低さもあって、最も困難なワイン造りに挑んでいるともいえます。

すべてのぶどうが貴腐になるわけではない

ボトリティス・シネレア（貴腐菌あるいは灰色カビ病菌）が付着しても、すべての品種が貴腐ワインになるわけではありません。普通の品種では同時に雑菌が繁殖して、果粒を腐敗させてしまいます（灰色カビ病）。ところが、果皮の外側を覆うワックス層の厚さなど、果皮組織の違いにより、シュナン・ブランやセミヨン、リースリングなどの一部の白品種では、貴腐化が起こります。これらの品種では、水分蒸散により果粒の重量が減る一方、糖分比率が2倍程度に増します。また、健全なぶどうではあまり存在しないグルコン酸が生成されるほか、発酵中にグリセロール（こちらも健全なぶどうから造ったワインでは少ない）が多く生成されます。

図1: 果汁糖度の上昇による甘口ワインの製造

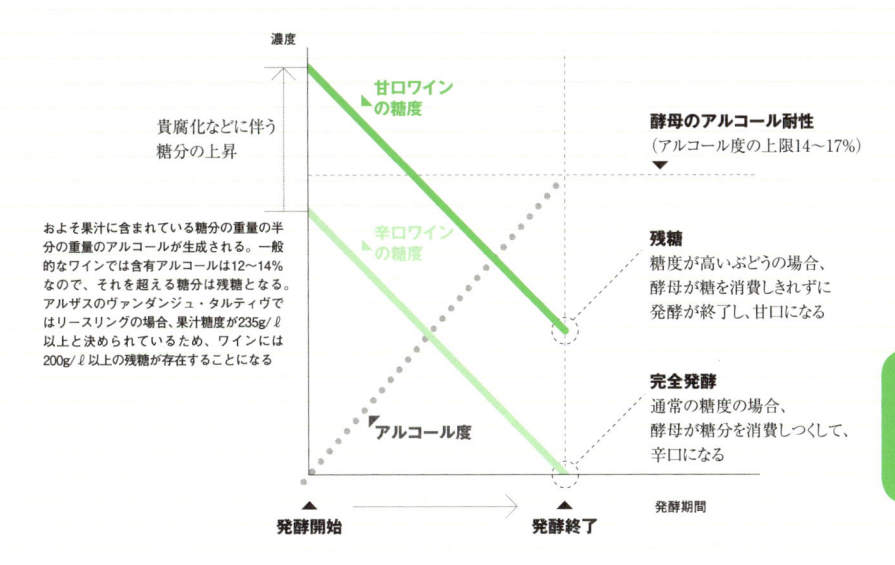

およそ果汁に含まれている糖分の重量の半分の重量のアルコールが生成される。一般的なワインでは含有アルコールは12〜14%なので、それを超える糖分は残糖となる。アルザスのヴァンダンジュ・タルティヴではリースリングの場合、果汁糖度が235g/ℓ以上と決められているため、ワインには200g/ℓ以上の残糖が存在することになる

- 濃度
- 貴腐化などに伴う糖分の上昇
- 甘口ワインの糖度
- 辛口ワインの糖度
- アルコール度
- 酵母のアルコール耐性（アルコール度の上限14〜17%）
- 残糖：糖度が高いぶどうの場合、酵母が糖を消費しきれずに発酵が終了し、甘口になる
- 完全発酵：通常の糖度の場合、酵母が糖分を消費しつくして、辛口になる
- 発酵開始 → 発酵終了　発酵期間

Column

世界3大貴腐ワイン

ソーテルヌ
Sauternes／フランス（ボルドー地方）

ボルドー地方内陸部のガロンヌ河流域にある、ソーテルヌ村周辺から生産される貴腐ワインは、フランスで最も評価が高く、イケムを筆頭とする格付けが設けられています。また、ガロンヌ河流域ではバルサック村や、これらの対岸にあるサン・クロワ・デュ・モン村からも貴腐ワインが生産されます。

トロッケンベーレンアウスレーゼ
Trockenbeerenauslese／ドイツ

ドイツの階級制度の最高峰に位置する貴腐ワインで、指定栽培地域であれば、法律上はどの産地でも生産することができます。寿命が長い甘口のなかでも、とくに長寿であることが知られており、100年以上もの熟成をするものもあります。

トカイ・アスー・エッセンシア
Tokaji Aszú Eszencia／ハンガリー

ハンガリーの北東部スロヴァキア国境にある、トカイ・ヘジアッヤ地方で生産される貴腐ワインです。3大貴腐のなかでも最古といわれています（17世紀）。トカイ・アスー・エッセンシアは、糖度が高く発酵が進みにくく、またアルコール度が6%を超えないと出荷できないため、市場に出ることはあまりありません。一般的には、貴腐ぶどうと普通のぶどうを混ぜて造る甘口のトカイ・アスーの方が流通しています。

Grape & Wine　ぶどうからワインへ　甘口ワイン

Step 25 マセラシオン・カルボニック

通常、赤ワインは色素や渋味などの成分を抽出するものの、マセラシオン・カルボニック（炭酸ガス浸漬法）では渋味を溶出させず、あざやかな色合いと華やかな風味を引き出します。赤ワインは渋いものという常識を塗りかえた画期的な技術で、ボージョレなどの新酒（ヌーヴォー）に用いられています。

芳香を引き立たせ、渋味を抑える

マセラシオン・カルボニックは、二酸化炭素が充満した容器内で浸漬を行う技術です。二酸化炭素が充満した状態で発酵がわずかに進み始めると、リンゴ酸が減少する一方、コハク酸やグリセリンが増加して、風味がまろやかになるほか、色素や芳香成分が効果的に抽出できます。目的とする色合いや風味が抽出できたところで（3日〜1週間）、果帽を圧搾するなどして、果汁を取り出して発酵を継続させます。

ボージョレでは破砕せずに仕込む

伝統的にボージョレでは、ぶどうを破砕せずに発酵容器に投入します。ぶどうは自重でわずかに潰れ、そこから流れ出た果汁により発酵が徐々に始まることで、容器内に二酸化炭素が充満します。数日から1週間弱のマセラシオン・カルボニックを行った後に圧搾を行い、得られた果汁の発酵を継続する方法が取られています。ボージョレでは人工的に二酸化炭素を入れたものではないとして、「マセラシオン・ナチュール」と呼んだりもします。

ボージョレだけではない新酒のいろいろ

新酒のなかでも圧倒的な存在感を示すのがボージョレ・ヌーヴォーで、毎年11月第3木曜日に、その年に仕込まれた新酒の販売が解禁となります。しかし、フランス国内にはほかにも新酒が認められているアペラシオンがあります（解禁日は同じ）。また、イタリアでもフランスにならって、マセラシオン・カルボニックによる新酒を手掛けるようになり、ノヴェッロとして販売するようになりました（毎年11月6日以降は出荷可能）。

表1: **新酒を手掛けるアペラシオン**

A.O.C.	白	赤	ロゼ	品種
ボージョレ Beaujolais	·	●	●	Gamay
ボージョレ・ヴィラージュ Beaujolais Villages	·	●	●	Gamay
ブルゴーニュ Bourgogne	●	·	·	Chardonnay, Aligoté etc.
ブルゴーニュ・グラン・オルディネール Bourgogne Grand Ordinaire	●	·	·	Chardonnay, Aligoté etc.
ブルゴーニュ・アリゴテ Bourgogne Aligoté	●	·	·	Aligoté
マコン Mâcon	●	·	●	Chardonnay, Gamay
マコン・シュペリュール Mâcon Supérieur	●	·	·	Chardonnay
マコン・ヴィラージュ Mâcon Villages	●	·	·	Chardonnay
コート・デュ・ローヌ Côtes du Rhône	·	●	●	Carignan, Grenache, Cinsault etc.
タヴェル Tavel	·	·	●	Grenache
トゥーレーヌ Touraine	·	●	●	赤：Gamay
ロゼ・ダンジュー Rosé d'Anjou	·	·	●	Grolleau
アンジュー Anjou	·	●	·	Gamay
ミュスカデ Muscadet	●	·	·	Melon d'Bourgogne
ガイヤック Gaillac	●	●	·	赤：Gamay
ラングドック Languedoc	·	●	●	Grenache etc.
コート・デュ・ルーション Côtes du Roussillon	●	●	●	Grenache etc.

Grape & Wine ぶどうからワインへ マセラシオン・カルボニック

Step 26 その他のワイン
酒精強化酒など

いわゆるワインばかりでなく、ワインに関連する飲料として、醸造工程でブランデーを添加した酒精強化酒、未発酵果汁にブランデーを添加したヴァン・ド・リクール、さまざまな薬草や果実で風味づけしたフレーヴァード・ワインがあります。これらは極めて個性的なスタイルを持っており、食前酒や食後酒として楽しまれます。

ブランデーを添加する酒精強化酒

醸造過程でブランデーを添加したものを酒精強化酒と呼び、一般的なスティル・ワインに比べて酒精分が高いので、保存性に富みます。かつて航海中の飲料として重用されたので、世界3大酒精強化酒（シェリー、ポルト、マデイラ）のほか、シチリアのマルサラ、南フランスのバニュルスなどのように、港周辺に有名産地が形成されました。また、遠隔地にも輸送できることから、新興産地でも輸出品として発展しました。発酵途中に酒精強化を行うと果汁中の糖分が残り、ポルトのような甘口になります。一方、発酵終了後に酒精強化を行うと、シェリー・フィノのような辛口になります。

未発酵果汁にブランデーを添加するV.D.L.

未発酵果汁にブランデーを添加して、発酵を回避した甘口の飲料をヴァン・ド・リクール（V.D.L.）と呼びます。フランスのさまざまな生産地で造られますが、有名なものはブランデーの銘醸地で産出されるもので、コニャックを産出するシャラント地方のピノー・デ・シャラント、アルマニャックを産出するガスコーニュ地方のフロック・ド・ガスコーニュになります。

風味づけを行うフレーヴァード・ワイン

さまざまな薬草や果実、香辛料などを浸漬して独特の風味に仕上げたワインをフレーヴァード・ワイン（アロマタイズド・ワイン）と呼びます。また、カラメルで着色したものやアルコールを補強したものなどもあります。代表的銘柄としては、18世紀にイタリアで商業化されたヴェルモット（白ワインにさまざまな薬草を浸漬したもの）、ギリシャの松脂を溶かしたレッチーナなどがあります。そのほか、フランスのリレやシャンベリー、スペインのサングリアなどが有名です。

表1: **その他の種類一覧**

タイプ	アルコール度	色	タイプ	銘柄	産地	
酒精強化酒	15度	淡黄色	辛口	フィノ Fino	スペイン	アンダルシア地方
	18度	琥珀色	辛口(熟成型)	アモンティリャード Amontillado	スペイン	アンダルシア地方
	20度	暗赤色	甘口	ルビー・ポート Ruby Port	ポルトガル	トラズ・オス・モンテス地方
	20度	琥珀色	辛口〜甘口	マデイラ Madeira	ポルトガル	マデイラ島
	18度	暗赤色	甘口	バニュルス Banyuls	フランス	ルーション地方
	15度	淡黄色	甘口	ミュスカ・ド・ボーム・ド・ヴニーズ Muscat de Beaumes-de-Venise	フランス	ローヌ地方
V.D.L.	18度	淡黄色	甘口	ピノ・デ・シャラント Pineau des Charentes	フランス	コニャック地方
	19度	淡黄色	甘口	フロック・ド・ガスコーニュ Froc de Gascogne	フランス	アルマニャック地方
香味づけワイン	16度	白/赤	辛口〜甘口	ヴェルモット Vermouth	イタリア/フランス	
	17度	白/赤		リレ Lillet	フランス	ボルドー地方
	7度	白/赤	甘口	サングリア Sangria	スペイン	

※アルコール度は一般的銘柄のもので、銘柄によっては前後する
※ヴェルモットは香味づけワインのなかでもニガヨモギを浸漬したもの
※香味づけワインは白ワインに薬草類や果実類を浸漬してスピリッツを加えたもの。カラメルで着色した赤色のものもある

Column

安価ドイツ・ワインに用いるズス・レゼルヴ

ドイツおよびオーストリアの中級までの商品※は、発酵後にぶどう果汁を添加して、ワインに甘味を加えることがあります。仕込み時に果汁の一部を冷蔵で保存するため、ズス・レゼルヴ(糖分の保存)と呼ばれます。ドイツでは補糖が認められていないため、その代わりに安価品の風味を改善することを目的に行われています。

※ドイツではQ.m.P.で、オーストリアではクヴァリテーツヴァインのカビネット以上で禁止されている

Step 27 フランス概論

フランスの最大の特徴は、生産量でイタリアと首位を争うというだけでなく、白赤ロゼにはじまって発泡酒、甘口や酒精強化酒にいたるまで、その品揃えの豊かさにあるといえます。北部を除くほぼ全土でぶどう栽培が行われており、地方ごとにさまざまな栽培法や醸造法を用いて、気候風土や歴史文化を映し出した個性豊かな生産地が誕生しました。

品揃えの豊かさという幸運

品揃えの豊かさは、国土がぶどう栽培域のなかほどから北寄りにあり、西部の海洋性気候、南東部の地中海性気候、北東部の大陸性気候など、複雑な気候条件にまたがることによります。一般的には寒冷地は白ぶどうを多く、温暖地では黒ぶどうを多く栽培する傾向があります。周辺諸国も含めて俯瞰してみると、その均衡がちょうどフランスのなかほどに位置することがわかります。

原産地制度を先駆けて確立

19世紀から20世紀は度重なる戦争といった社会問題だけでなく、ワイン産業においても重大な出来事が続きました。度重なる病害に加えて、北米大陸から侵入したフィロキセラがヨーロッパ全域に渡るぶどう畑の多くを枯死にいたらしめます。この頃にはしばしば偽称商品や劣悪商品が出回り、商品に対する信頼性が大きく揺らいだことから、優良商品（優良産地）の保護を目的とした原産地制度（原産地統制名称／A.O.C.：Appellation d'Origine Contrôlée）が導入されました（1935年）。現在、ヨーロッパ諸国はこの原産地制度を基本に各国の歴史文化を加味して、優良商品の保護にあたっています。また、近年は欧州市場の縮小や新興国との競合による打撃に対応するため、改革が行われています（2008年）。

個性際立つ6大産地

国内でひときわ目立つ存在は、2大銘醸地と讃えられるボルドー地方とブルゴーニュ地方です。「ワインの女王」と呼ばれる前者が完全性や調和に価値を置くのに対して、「王」である後者は超越性や妖艶さを掲げるのが面白いところです。また、発泡酒では世界最高峰の存在であるシャンパーニュ地方が、優雅さの極みともいえる独特の世界観を築き上げています。このほか、軽快で親しみやすいロワール河流域、軽快で華やかなアルザス地方、やわらかで膨らみのあるローヌ河流域などが有名な生産地です。偏西風の影響が強い北部沿岸はぶどう栽培が行われておらず、代わりにノルマンディー地方ではりんごや梨を原料にした発泡酒シードルが生産されています。

図1: フランス全図

1. ヴァル・ド・ロワール / Val de Loire
2. シャンパーニュ / Champagne
3. アルザス / Alsace
4. ブルゴーニュ / Bourgogne
5. ジュラ、サヴォア / Jura et Savoire
6. オーヴェルニュ / Auvergne
7. ヴァレ・デュ・ローヌ / Vallée du Rhône
8. ボルドー / Bordeaux
9. 南西地方 / Sud-Ouest
10. ラングドック・ルーション / Languedoc et Roussillon
11. プロヴァンス、コルス / Provence et Corse

栽培面積	86.7万ha（うちA.O.C.は48.3万ha） ／白：黒 = 約35％：約65％
年間生産量	456.7万kℓ（うちA.O.C.は276.9万kℓ）

フランスの気候はおおよそ偏西風とともに、国土の真ん中にある中央山地（マッシフ・サントラル）から区分できます。中央山地より西にあるロワールとボルドーでは、冷涼湿潤な偏西風の影響が強くなり、ぶどうが熟しにくいため、青臭い風味になります。北の方がその影響が強くなるため、ブルターニュやノルマンディーより北ではぶどう栽培ができません。一方、中央山地より東にある産地では、フェーン現象により暖かで乾燥した気候がもたらされます。そのため、アルザスやブルゴーニュのような高緯度帯でも、華やかで飲み応えのある風味になります。

気候区分	生産地	気温	降雨量	特徴
海洋性気候	ロワール中下流域	穏やか	多い	メキシコ暖流により高緯度でも温暖で、比較的穏やかな気候。北西沿岸部は偏西風の影響により、国内では最も降雨量が多く、冷涼な土地となり、ぶどう栽培には不適
	ボルドー	穏やか（高め）	多い	
地中海性気候	地中海沿岸 ローヌ南部	高い	少ない	夏暑く、冬は穏やかな気候。年間を通して乾燥している。内陸（北）に行くほど高山性や大陸性の気候の影響が強くなる
大陸性気候	ブルゴーニュ シャンパーニュ アルザス ロワール中上流域	寒暖さが激しい	少なめ	夏冬の寒暖差が大きく、比較的降雨の少ない気候。内陸（東）に行くほど偏西風の影響が少なくなり、日照量が増える
高山性気候	ジュラ、サヴォワ	低め	多い	アルプス山麓の高山帯で、気温はやや低めで、降雨量は夏冬ともに国内で最も多い土地となる

図2: 原産地制度（旧原産地統制呼称）の階層図

階級	名称	生産比率	新しいカテゴリー
A.O.C.	アペラシオン・ドリジーヌ・コントロレ Appellation d'Origine Contrôlée (A.O.C.)	46%	A.O.P.
V.D.Q.S.	アペラシオン・ドリジーヌ・ヴァン・デリミテ・ド・カリテ・スペリュール Appellation d'Origine Vin Délimite de Qualité Supérieure (A.O.V.D.Q.S.=V.D.Q.S.)	1%	
V.d.P.	ヴァン・ド・ペイ（地酒） Vins de Pays	25%	I.G.P.
V.d.T.	ヴァン・ド・ターブル（日常用テーブルワイン） Vins de Table	28%	Vin

Step 28 ボルドー 1

生産地

ボルドー地方はフランス南西部の大西洋岸にある生産地で、ブルゴーニュとともに2大銘醸地に讃えられています。その地名の由来を「水の辺（au bord l'eau）」にたどれるように、複数の大きな河川が作った比較的、起伏の小さい土地にぶどう畑が形成されています。基本的に複数品種をブレンドしてワインを造るため、生産者の個性が品質基準となっています。

壮麗な城館に象徴される土地

ボルドー地方は大土地所有に基づく大規模生産が基本となっています。とくにメドック地区の壮麗な城館が広大なぶどう畑の中に立ち並ぶ様子は、優雅なボルドー地方の象徴的な光景といえます。これは2大銘醸地でもブルゴーニュ地方が革命後に土地の細分化に進んだのとは対照的です。その理由には革命の被害が小さかったこと、ぶどう園を株式化するなどして土地の細分化を防いだことなどがあげられます。

※シャトーは元来、城館を表わす言葉だが、ボルドー地方ではぶどう園（栽培から瓶詰めまで行う生産者）を表わす言葉として用いられる

品質基準は生産者の違い

大土地所有を背景とするボルドー地方では、それぞれのぶどう園の内部に土地の違い（栽培条件の違いや優劣など）や品種の違いを抱えています。そういったことから、基本的には複数品種をブレンドしてワインを造るため、土地や品種は要素的な問題でしかなく、生産者の違いこそが品質基準となっています。原産地制度がブルゴーニュ地方のように緻密に整備されていないのはそのためで、その代わりに生産者の格付けが行われています。

※特級はブルゴーニュ地方では土地に与えられる階級になるが、ボルドー地方では生産者に与えられる階級をさしている

河川が地区の色分けを行う

ボルドー地方にはピレネー山脈から流れ込むガロンヌ河、中央山地から流れ込むドルドーニュ河があります（これらは合流してジロンド河になる）。これらの河川が運んでくる堆積物の違いから適合品種の違いが生まれ、生産地区の個性の幅広さを作り出しています。基本的な捉え方としては、前者は砂礫を堆積させて水はけのよい土地を形成するため、流域では主にカベルネ・ソーヴィニヨンが栽培されます。後者は粘土を堆積させて保湿性の高い土地を形成するため、流域では主にメルロが栽培されます。一方、合流後のジロンド河流域ではこれらが微妙に混ざり合い、複雑で秀逸な土地を形成するため、品種のブレンドの妙が表現されるといわれています。

図1: ボルドー地方の産地

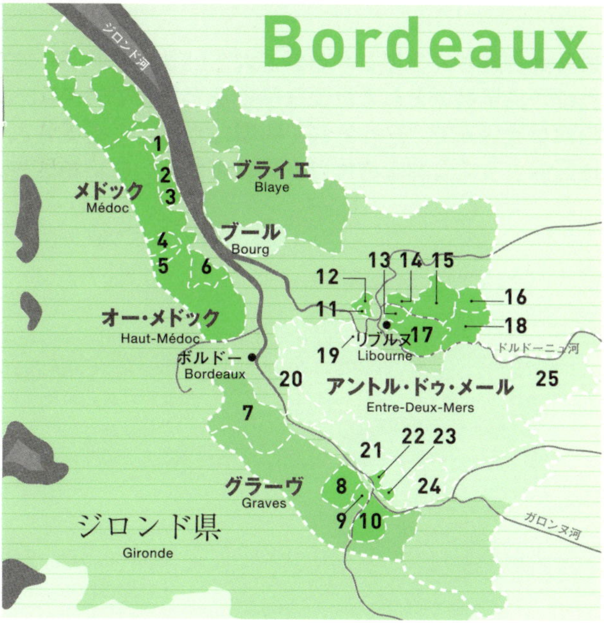

1 サン・テステーフ
　Saint-Estèphe
2 ポイヤック
　Pauillac
3 サン・ジュリアン
　Saint-Julien
4 リストラック・メドック
　Listrac-Médoc
5 ムーリ・アン・メドック
　Moulis en Médoc
6 マルゴー
　Margaux
7 ペサック・レオニャン
　Pessac-Léognan
8 セロン
　Cérons
9 バルサック
　Barsac
10 ソーテルヌ
　Sauternes
11 カノン・フロンサック
　Canon-Fronsac
12 フロンサック
　Fronsac
13 ポムロール
　Pomerol
14 ラランド・ド・ポムロール
　Lalande-de-Pomerol
15 サン・テミリオン衛星地区
　Satellite Saint-Émilion
16 コート・ド・フラン
　Côtes de Francs
17 サン・テミリオン
　Saint-Émilion
18 コート・ド・カスティヨン
　Côtes de Castillon
19 グラーヴ・ド・ヴェイル
　Graves-de-Vayres
20 プルミエール・コート・ド・ボルドー
　Premières Côtes de Bordeaux
21 カディヤック／プルミエール・コート・ド・ボルドー
　Cadillac/Premières Côtes de Bordeaux
22 ルピアック
　Loupiac
23 サント・クロワ・デュ・モン
　Sainte-Croix-du-Mont
24 コート・ド・ボルドー・サン・マケール
　Côtes de Bordeaux-Saint-Macaire
25 サント・フォワ・ボルドー
　Sainte-Foy-Bordeaux

栽培面積	12.3万ha
年間生産量	58.7万kℓ（赤・ロゼ89％／白11％）
気候タイプ	海洋性気候
県名	Gironde
主要品種	黒ぶどう：Cabernet Sauvignon、Cabernet Franc、Merlot、Malbec、Petit Verdot 白ぶどう：Sémillon、Sauvignon Blanc、Musucadelle

Column

ボルドーの原産地制度

ボルドーの原産地制度は「地方名」「地区名」「村名」の3階級です。大土地所有が基本となっているため、原産地制度がブルゴーニュのように細分化されていません。その代わりに生産者の格付けが行われています。

Step 29 ボルドー 2
格付け

原産地制度が村までしか整備されていないボルドー地方では、生産者の格付けが品質基準として重要な役割を果たしています。この格付けは各地区の事情を汲んで、それぞれで別個のかたちで導入されており、ポムロール地区のように公的な格付けが整備されていない地区もあります。

格付けは経済政策の1つ

史上初の公的な生産者格付けであるメドック地区格付け、およびソーテルヌ地区格付けは、パリ万博（1855年）の目玉としてナポレオン3世の命に従い、ボルドー商工会議所によって作成されました。旧体制下、海外との交易で潤ってきた南西地方は、ナポレオン・ボナパルト（3世の伯父）時代の大陸封鎖以降、経済低迷に喘いでいました。南西地方の安定化が政権のアキレス腱であったことから、その振興策としてパリ－ボルドー間の鉄道開通とともに企図されました。

所有者の格式がワインの格付け

格付けの序列は主に当時の取引価格に基づいたのですが、その取引価格はぶどう園の所有者が有力な貴族であるとか、富裕市民であるとかで決まっていたようです。この根底にはボン・サンス（良識）やノブレス・オブリガード（高貴なる義務）という貴族意識があります。つまり、良識があれば優良なぶどう園は適切な価格で売買され、そのぶどう園は健全なかたちで維持されるであろうということです。そのため、ボルドー地方では所有者＝ぶどう園＝品質という構図が成り立ち、所有者の格式が品質基準と成り得たのです。また、所有者がぶどう園を維持できなくなると、あたらしい所有者に引き継がれるのも慣習化しています。19世紀には貴族のほか、革命の英傑や富裕市民が名前を連ねましたが、20世紀にはネゴシアンが数多くのぶどう園を所有しました。現在では保険会社や投資会社、服飾関係などがあらたに加わりました。

地区の事情により格付けが違う

格付けは各地区の事情を汲んで、それぞれで別個のかたちで整備されています。例えば、メドック地区では約800軒のぶどう園のうち秀逸なもの60軒を選び（対象は赤のみ）、5層構造の格付けを作成しました。また、ソーテルヌ地区ではイケムを別格扱いとした上で、ほかの秀逸なぶどう園を2層構造の格付けにまとめました（対象は貴腐のみ）。一方、これらから約1世紀後に作成されたグラーヴ地区は、白と赤を対象に格付け内の序列がない構造を導入しました。また、サン・テミリオン地区（対象は赤）は約10年ごとに改正（降昇格）を行う制度を導入しました。

図1: ボルドーの地理的特徴

大西洋
臨海部にあるので、湿潤な海洋性気候に属する。夏は温暖で、冬の冷え込みがやわらぐ

ランドの森
塩分を含んだ偏西風を防ぐものの、空気の流れを悪くするため、霜の原因ともなる

メドック&グラーヴ
ガロンヌ河が運んだ砂利が堆積しているため、水はけの良い土壌となる。とくにメドック地区はジロンド河の照り返しもあって温暖なため、カベルネ・ソーヴィニヨンに適する

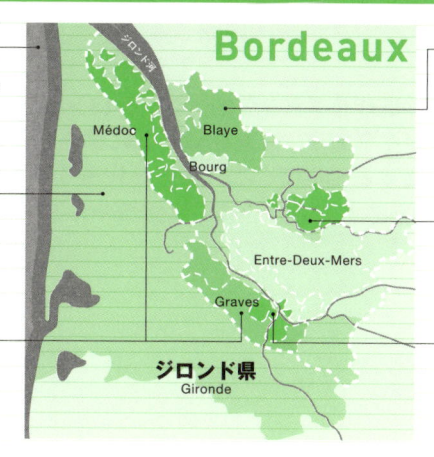

右岸地区
ドルドーニュ河が運んだ、石灰石が混ざった粘土が堆積しているため、湿って冷たい土壌となり、メルロに適する

サン・テミリオン
石灰岩の台地と斜面の土地は、右岸のなかでも秀逸で、個性的な土壌

ソーテルヌ
グラーヴ地区のなかでも、ソーテルヌ近隣は河川の影響により川霧が発生しやすい

表1: 各地区の格付けの特徴

	対象	構造	降昇格	制定年	備考
メドック地区	赤	5層	×	1855	1973年に例外的にシャトー・ムートン・ロートシルトのみが1級に昇格
ソーテルヌ地区	貴腐	2層	×	1855	シャトー・ディケムは1級のなかでも別格扱いで、実質は3層構造
グラーヴ地区	白・赤	1層	×	1953	白および赤をそれぞれ格付けしており、格付け内では序列がない
サン・テミリオン地区	赤	2層	約10年ごと	1954	シャトー・オーゾンヌおよびシャトー・シュヴァル・ブランは別格扱い

※ポムロール地区は秀逸な生産地として知られるが、格付け制度は制定されていない

Step 30 ボルドー 3
メドック

ボルドー市街の北に広がるメドック地区は、ジロンド河河岸のぶどう畑のなかに壮麗な城館が立ち並ぶ、優雅な雰囲気に満たされた土地です。基本的には赤のみを生産する地区で、この地方を代表する5大シャトーのうち4つを抱えることからもわかるように、銘醸地ボルドーの象徴的存在ともいえます。

壮麗な城館が立つまばゆい土地

メドック地区はジロンド河の河口域に広がる起伏の小さい土地で、もともとはジロンド河に付属する沼沢地が多く広がっていました。18世紀に干拓工事が行われるまではぶどう畑はなく（密売を防ぐため市街より下流にはぶどう園を作らせなかったともいわれる）、工事によって生まれた広大な土地に当時、富裕市民がぶどう畑を開墾するのがブームとなりました。そのため、この地区には数多くの城館が建てられることになり、ボルドー地方の富と名誉の象徴的存在となりました。

砂利の丘が最良の立地

降雨量が多い上、起伏が小さいため、メドック地区における土地の優劣は、余分な雨水を除去すること、浅い地下水からぶどう畑を遠ざけることに尽きます。そのため、優良ぶどう園は「砂利小丘（Gravel mound）」と呼ばれる、ジロンド河河岸に堆積した砂利の丘の上にあります。とくに1級のぶどう園は、干拓工事で作られた排水路に隣接する丘の上にあって、排水性や日当たりの良さなど卓越した立地条件を持っています。ラフィット、マルゴー、ラトゥール、ムートン……これらのきらめくシャトーの数々は、ジロンド河を見ドろす丘の上にあって、まさしくボルドーのいただきに君臨しているのです。

個性が際立つ4つの村

メドック地区は下流域のバ・メドック地区（あるいは単にメドック地区）、上流域のオー・メドック地区に分けられます。ジロンド河の流速の低下から上流域は砂利質が強く、下流域は粘土質が強い土壌になります。そのため、上流域の方が高品質な生産地と位置づけられており、地区内には6つの村名の原産地が認められています。なかでもA.O.C.「マルゴー」「サン・ジュリアン」「ポイヤック」「サン・テステーフ」※が有名です。いずれも砂利小丘の土地ですが、下流域にあるか上流域にあるかで砂利質と粘土質の比率が異なり、ワインの風味にも違いが現れるといわれます。

※A.O.C. ○○○○は AC ○○○○と省略する場合が多い

図1: メドックの生産地区

1 サン・テステーフ
  Saint-Estèphe
2 ポイヤック
  Pauillac
3 サン・ジュリアン
  Saint-Julien
4 リストラック・メドック
  Listrac-Médoc
5 ムーリ・アン・メドック
  Moulis en Médoc
6 マルゴー
  Margaux

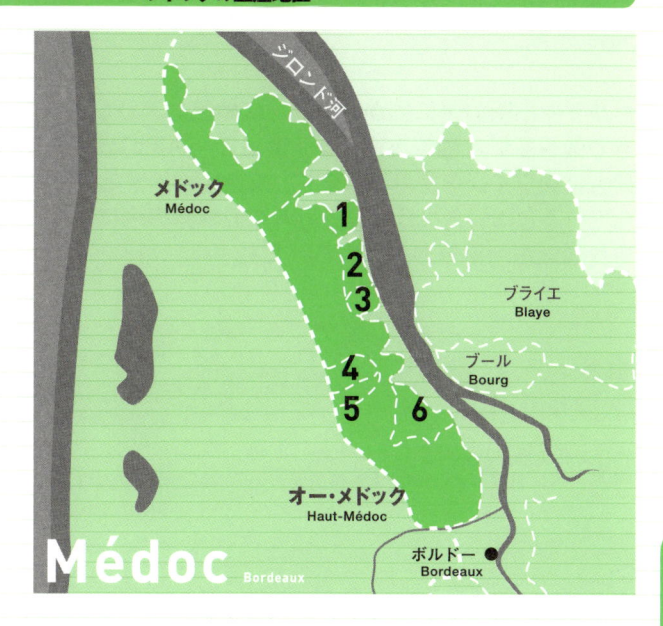

表1: メドック地区の特徴

地区	A.O.C.	村名A.O.C.	栽培面積	土壌	品種	ワイン
上流域	オー・メドック Haut-Médoc		4600ha	内陸部や河岸低地で、表土が薄い	M比率高い	優美さを感じさせるが、深みや強さはいまひとつといわれる
		マルゴー Margaux	1410ha	表土が薄いものの、砂利比率が高いので、水はけがよい	CS比率高い（約2/3）	カベルネ比率が高いが、地区では最も優美で洗練されたスタイル
		サン・ジュリアン Saint-Julien	910ha	典型的な砂利小丘だが、砂利層は厚くない	CS比率高い	力強さと優美さを持つ、調和のとれたスタイル
		ポイヤック Pauillac	1190ha	深い砂利層からなる大きな丘	CS比率高い（約6割）	力強さや深淵さを備え、最も基本となるべきスタイル
		サン・テステーフ Saint-Estèphe	1200ha	起伏が小さくなり、粘土比率も高いので、保水性が高い	M比率高い（約4割）	頑強でどっしりとしたスタイルだが、近年はメルロ比率を上げて、しなやかにする傾向もある
下流域	メドック Médoc		5700ha	起伏は乏しく、粘土比率が高いので、水はけはよくない	耕作地の4割はM	堅牢だが深みに欠けるといわれる

M=メルロ
CS=カベルネ・ソーヴィニヨン

Step 31 ボルドー 4

グラーヴ、ソーテルヌほか

ボルドー市街の南に広がるグラーヴ地区およびソーテルヌ地区は、この地方で最も多彩な個性を抱える生産地で、白赤のほか貴腐による甘口などさまざまなワインを生み出します。市街に隣接する北部地区では宅地化が進んでいるとはいえ、ガロンヌ河河岸の林野の中にぶどう畑や城館が散在する長閑な田園風景が広がっています。

ボルドーで最も由緒正しい生産地の1つ

グラーヴ地区は14世紀の法皇クレマン5世（当時、大司教クレマン）による開墾から始まる産地で、現在のボルドー・ルージュのスタイルが1660年代にオー・ブリオンによって構築されるなど、かつては地方随一の評価を得ていました。気品に溢れた赤ばかりでなく、現代的で洗練された白、遅摘みによる半甘口など多彩な商品構成が特徴といえます。とくに市街に隣接する北部地区は高品質な産地として知られており、村名にあたるA.O.C.「ペサック・レオニャン」が認められています。

北部地区から始まった白ブーム

市街に隣接する北部地区は、かつて市内の富裕市民が所有するぶどう園が多かったことから、現在でも約60軒の大規模ぶどう園が散在しており、ブルジョワ的色彩を放っています。この地区はボルドーでは初めて、赤だけでなく辛口白にも格付けを導入しました（1953年）。また、1980年代後半からはド・シュヴァリエやパプ・クレマンといった生産者が、新樽発酵や新樽熟成を用いた現代的で飲みごたえのある白を開発し、近年のボルドーの白ワイン・ブームを牽引したことでも知られています。

世界3大貴腐の故郷

ガロンヌ河を20kmほど遡った河岸は、晩秋に川霧が発生しやすい微小気候（ミクロクリマ）※であることから、貴腐ぶどうを収穫できる極めて特殊な土地です。とくに左岸（グラーヴ地区の南部）のソーテルヌ地区は、世界3大貴腐ワインと讃えられ、パリ万博の格付け（1855年）が作成されるなど、かつてはメドック地区の赤と並び立つほどの栄光を誇っていました。普通のワインに比べてコストがはるかに高い上、近年の辛口志向が増すなかで貴腐の消費が伸び悩んでいるため、A.O.C.「ボルドー」を名乗る辛口白など新しい動きも見られています。

※小区画での気候の変化

図1: グラーヴの生産地区

1 ペサック・レオニャン Pessac-Léognan
2 セロン Cérons
3 バルサック Barsac
4 ソーテルヌ Sauternes

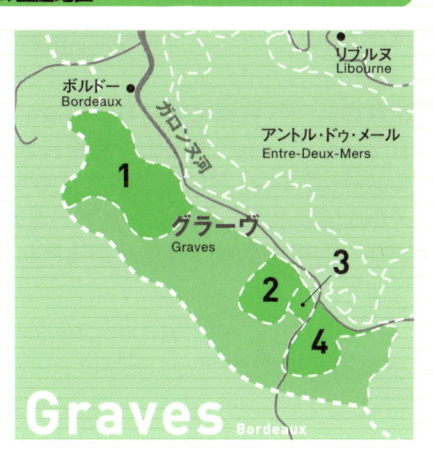

表1: グラーヴ地区の特徴

A.O.C.	村名A.O.C.	栽培面積	土壌	品種	ワイン
グラーヴ Graves		3400ha	表土が薄く、石灰岩が露出するほど	耕作地の半分がM/白はSé主体	生産者や品種によるが、総じて穏やかでしなやか
	ペサック・レオニャン Pessac-Léognan	1565ha	メドック地区に似た砂利小丘が見られる	黒はCS/白はSBが主体	赤は優美でやわらかな雰囲気があり、白は樽熟成による厚みを持つ
	ソーテルヌ Sauternes	1650ha	厚い砂利が堆積した大きな丘	Sé主体	芳醇さと優美さの極みといわれる
	バルサック Barsac	620ha	砂利が薄く堆積した起伏の小さな丘	Sé主体	ソーテルヌに比べると、繊細で引き締まったスタイル
	セロン Cérons	80ha	粘土石灰の河岸丘を砂利が覆っている	Sé主体	小規模で中堅的位置づけの甘口

M=メルロ
Sé=セミヨン
CS=カベルネ・ソーヴィニヨン
SB=ソーヴィニヨン・ブラン

Column

躍進めざましい新興産地

ドルドーニュ河とガロンヌ河に挟まれた土地は、2つの河を海に喩えて、その間にあることからアントル・ドゥ・メール地区（2つの海の間）と呼ばれます。A.O.C.「ボルドー」として販売される軽快な並級商品の大産地でしたが、地区中央部に辛口白のA.O.C.「アントル・ドゥ・メール」、両河川の沿岸部に貴腐や赤の原産地名が開発されています。個性確立の動きが徐々に進み始めており、A.O.C.「ボルドー」を名乗るプレミアム級のワインを手掛ける生産者も登場しました。

Step 32 ボルドー 5

サン・テミリオン、ポムロールほか

左岸地区の砂利質土壌とカベルネ・ソーヴィニヨンの組み合わせに対して、右岸地区は石灰岩や粘土の土壌にメルロという組み合わせで、いわゆる「ボルドー・ワイン」とは趣が異なります。貴族的で長命なカベルネに対して、メルロは良品としかみなされていなかったものの、近年の技術革新により、現在では最も話題が豊富な産地となっています。

世界遺産の街並みを囲むぶどう畑

サン・テミリオンは石灰岩台地の上にある街で、中世の趣を残す街並みは世界遺産に登録されており、観光地としてもとても魅力的です。右岸のなかでは歴史的に評価の高い生産地でしたが、近代にいたってメドック地区の台頭によって陰が薄くなっていました。近年は技術革新を積極的に押し進めており、話題のワインが毎年のように誕生するといったように、世界で最も話題に溢れた生産地となっています。

シンデレラの故郷にふさわしい田舎町

ポムロールは右岸の中心都市リブルヌの郊外といった趣で、市街地も見当たらないほど、ただ栽培農家が散在するだけの土地です。サン・テミリオンと比べても生産規模がさらに小さいので、かつては田舎酒といった印象が強かったものの、1950年代にペトリュスが稀少性を謳った高値販売で成功したことから、それに後続するものがいくつも登場しました。他地区のような格付けは実施されていないものの、評価や価格は劣らないといえます。

サン・テミリオン、ポムロールの廉価版に注目

サン・テミリオンとポムロールは人気が高いとはいえ、もはや開墾できる土地も見あたらないことから、周辺地域で両者の廉価版を、あるいは凌駕する商品を開発しようという動きが盛んになっています。栽培・醸造に最新技術を導入した豪華な仕上がりが特徴で、従来は注目を集めなかった土地、例えばサン・テミリオンの平地などからも、驚くほど高価な商品が登場するようになりました。また、その動きはコート・ド・カスティヨンやブールなどにも波及しています。

図1: サン・テミリオンおよびポムロール生産地区

1 カノン・フロンサック　Canon-Fronsac
2 フロンサック　Fronsac
3 ポムロール　Pomerol
4 ラランド・ド・ポムロール　Lalande-de-Pomerol
5 サン・テミリオン衛星地区　Satellite Saint-Émilion
6 ボルドー・コート・ド・フラン　Bordeaux-Côtes de Francs
7 サン・テミリオン　Saint-Émilion
8 コート・ド・カスティヨン　Côtes de Castillon
9 グラーヴ・ド・ヴェイル　Graves-de-Vayres

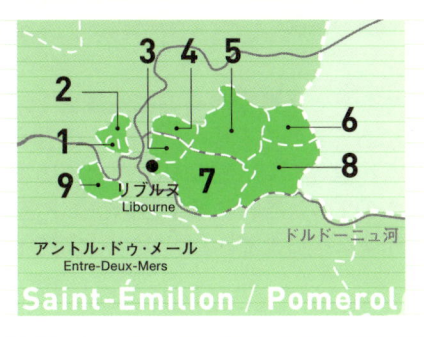

表1: サン・テミリオンおよびポムロールの特徴

A.O.C.	栽培面積	地区	土壌	品種	ワイン
サン・テミリオン Saint-Émilion	5400ha	コート地区※1	石灰岩／泥灰土	M主体	芳醇でありながら、強いミネラリティからなる骨格がある
		平地部※2	砂泥	M主体	素直ながらも、やわらかでしなやかな仕上がり
		グラーヴ地区※3	砂利	CS系主体	優美で伸びやかななかにも、強さがある
ポムロール Pomerol	785ha	中心部※4	粘土	M主体	芳醇さや優美さとともに、緻密で粘りがある
		辺縁部※5	粘土／砂礫	M主体で、CS比率高い	やや粗さはあるものの、しなやかさや芳醇さがみられる

M=メルロ
CS=カベルネ・ソーヴィニヨン

※1 サン・テミリオンの台地上、もしくは台地から平地に降りる斜面部（南向き）の地区。サン・テミリオンでは最良の栽培地とされ、格付け生産者が集中する
※2 サン・テミリオンの丘を降り、ドルドーニュ河河岸までの土地で、ジェネリック・タイプが生産される土地とされている
※3 ポムロールとの境界にある土地は右岸では特異な土壌だが、秀逸であることから、格付け生産者が認められている
※4 ポムロールの中心部は粘土比率が高い土壌で、ポムロールの典型的なスタイルを生むとされる。その中心がシャトー・ペトリュス
※5 シャトー・ペトリュスから遠のくに従い、砂礫の比率が上がるので、カベルネ系の比率も上がる

Step 33 ボルドー 6
9大シャトー

ボルドーを見極めるのは生産者（シャトー）が基本となっており、その頂点にあるものを「何大シャトー」と讃えています。とくに有名なものは、メドック地区格付け1級に列せられている5軒の生産者を「5大シャトー」とするものです。これに各地区の筆頭とされるものを加えて8大シャトー、さらにイケムを加えて9大シャトーと呼びます。

ボルドーの象徴的存在とされる5大シャトー

ラフィット・ロートシルト／マルゴー／ラトゥール／ムートン・ロートシルト／オー・ブリオンが5大シャトーとされています。格付け筆頭はラフィット・ロートシルトとされており、すでに19世紀前半には元詰めによる品質確保を図り、直接販売による優良顧客の囲い込みに成功していました。歴史的には2番手に列せられるマルゴーは、日本やアメリカでは現在最も高い人気を誇ります。3番手のラトゥールは5大シャトーのなかで最も力強く濃密な風味で知られます。そして、ムートン・ロートシルトは不変であるメドック格付けにおいて、唯一の昇格を認めさせた銘柄であり、そのラベルを有名画家が毎年描くことで知られます。また、格付けは当時、開発が盛んに行われていたメドック地区のワイナリーを対象としていましたが、従来から地方随一の評価を得ていたオー・ブリオンだけは例外的に組み込まれました。

サン・テミリオンの対照的存在オーゾンヌとシュヴァル・ブラン

ルイ14世が「甘美な神酒」と讃えたとされるように、サン・テミリオンは中世の頃から銘酒として知られていました。なかでも別格扱いにされる2軒のワイナリーは、個性の際立った対照的存在です。オーゾンヌは南向きの泥灰土の斜面に位置しており、生産規模はガレージ・ワインといってもよいほどで、8大シャトーのなかで最小になります。一方、シュヴァル・ブランは地区内ではめずらしい砂利質土壌にあるため、カベルネ・フラン主体の独特の雰囲気を表現しています。

元祖シンデレラ・ワインのペトリュス

他の有名生産者が立派な城館を抱えているのに対して、ペトリュスは近頃になって改装されたとはいえ、倉庫としかいえないほどの建物です。1950年代頃まで有名銘柄はそれなりの規模と格式のあるワイナリーに限られていたものの、ボルドーで初めて稀少性を謳った販売戦略を打ち出し、その品質の高さもあって「シンデレラ」として絶賛されました。その成功に触発され、現在では稀少性をより強く謳った銘柄がいくつも登場しています。

表1: **9大シャトーの比較**　栽培面積、作付面積比率の違い

銘柄	A.O.C.	格付け	面積(ha)	品種(%) CS	M	CF	SB	Sé	他
シャトー・ラフィット・ロートシルト Château Lafite-Rothschild	Pauillac	Crus Classés de Médoc	100.0	70	25	3			2
シャトー・マルゴー Château Margaux	Margaux	Crus Classés de Médoc	78.0	75	20				5
シャトー・ラトゥール Château Latour	Pauillac	Crus Classés de Médoc	65.0	75	20	4			1
シャトー・ムートン・ロートシルト Château Mouton-Rothschild	Pauillac	Crus Classés de Médoc	78.0	77	11	10			2
シャトー・オー・ブリオン Château Haut-Brion	Pessac-Leognan	Crus Classés de Médoc /Crus Classés des Graves	45.9	42.4	34.8	16.9	3.7	2.2	
シャトー・ディケム Château d'Yquem	Sauternes	Premier Cru Supérieur （Crus Classés de Sautenes et de Barsac）	125.0				20	80	
シャトー・オーゾンヌ Château Ausone	Saint-Émilion Grand Cru	Premiers Grands Crus Classés A de St.-Émilion	7.0		50	50			
シャトー・シュヴァル・ブラン Château Cheval Blanc	Saint-Émilion Grand Cru	Premiers Grands Crus Classés A de St.-Émilion	37.0		42	58			
シャトー・ペトリュス Château Pétrus	Pomerol		11.4		95	5			

CS=カベルネ・ソーヴィニヨン
M=メルロ
CF=カベルネ・フラン
SB=ソーヴィニヨン・ブラン
Sé=セミヨン

Column

世界最高峰の貴腐とされるイケム

かつて貴腐ワインは、ワインのなかで最も尊敬を集めていました。それは砂糖が珍重されていた上、ワインの保存技術も確立されていなかったため、甘くて持ちがよいというのが当時は得がたいものだったからです。生産者に対する初の公的格付け（1855年）にあたっても、ソーテルヌがメドックとともに対象とされたのは、そういった理由からになります。その筆頭であるイケムは、普通のグラン・ヴァンがボトル1本といわれるのに、「樹1本からグラス1杯」と讃えられるほどの稀少性の高いものです。

Step 34 ブルゴーニュ 1
概論

ブルゴーニュ地方は中央山地の北東辺縁部にあたる、フランス中東部の丘陵地帯にある生産地で、ボルドーとともに2大銘醸地と讃えられています。寒冷な気候を避けるように丘陵の東側にぶどう畑が形成されているため、生産地は丘陵伝いに南北300kmに伸びるように広がっています。基本的に単一品種から醸造するため、土地の違いによる品質基準が設けられており、原産地が100以上にも細分化されています。

品質基準は
テロワールの違い

基本的に単一品種でワインが構成されるブルゴーニュにおいて、その多様性は「テロワール」によって生じると考えられています。このテロワールとは①気候、②地勢、③地質、④土壌などが複合的に関与した自然条件の総体をいい、この卓越性と多様性こそが銘醸地ブルゴーニュの存在証明といわれます。とくに1980年代以降、アメリカを中心とする品種主義の台頭によって対立概念として注目され、テロワールを「忠実」に表現しようという衝動へと生産者を駆り立てています。

テロワールの
多様性を生むもの

多様なテロワールを生む原因は、冷涼な大陸性気候のもとで成り立つ微小気候（ミクロクリマ）によるところが大きいと考えられています。冬の冷え込みや春の霜害などが懸念されるにもかかわらず、ぶどう畑（丘陵の東から南向き斜面にある）はその後背地にそびえる丘陵により寒冷な季節風から守られており、過酷な気候条件を緩和しています。これに加えて、活発な地殻活動により生じたいくつもの断層よる複雑な土壌条件の違いがあるため、これらの複合的で微妙な自然条件の均衡が成り立つことで、例えば畝1つを隔てただけでもワインの風味を変えてしまうほど、大きな違いとなって現れるというわけです。

100を超える原産地が
認められている

この多様なテロワールによって、ブルゴーニュには数多くの原産地統制呼称が認められています。それらは3つの品質等級に分類され、①全域で認められる地方名称、②単一の村またはいくつかが集まったもので認められている村名称、③特級格付けされたぶどう畑で認められる特級畑名称という階層構造をなします。また、地方名称ではバリエーションとして特定地区に限定される地区名称、村名称では優良区画に限定される1級畑名称（村名称と畑名称の併記）があります。階層は上位になるほど栽培域が限定されるとともに栽培・生産条件が厳しくなることで、高級酒志向が強くなります。

図1: ブルゴーニュ地方の産地

1 シャブリ・エ・オーセロワ
  Chablis et Auxerrois
2 コート・ド・ニュイ
  Côte de Nuits
3 オート・コート・ド・ニュイ
  Hautes Côtes de Nuits
4 コート・ド・ボーヌ
  Côte de Beaune
5 オート・コート・ド・ボーヌ
  Hautes Côtes de Beaune
6 コート・シャロネーズ
  Côte Chalonnaise
7 マコネ
  Mâconnais
8 ボージョレ
  Beaujolais

栽培面積	4.8万ha（うちボージョレが2.2万ha）
年間生産量	26.3万kℓ（うちボージョレが11.1万kℓ）
気候タイプ	大陸性気候
県名	Yonne、Côte d'Or、Saône-et-Loire、Rhône
主要品種	黒ぶどう：Pinot Noir、Gamay、César、Tressot 白ぶどう：Chardonnay、Aligoté、Pinot Blanc、Sacy

図2: ブルゴーニュ原産地制度の階層図

階級	土壌	数	生産比率	例
特級	レ・ザペラシオン・グラン・クリュ Les Appellations Grands Cru	33	1.4	Romanée-Conti
(1級)	レ・ザペラシオン・プルミエ・クリュ※ Les Appellations Premiers Cru	-	-	Vosne-Romanée Les Suchots
村名	レ・ザペラシオン・コミュナル Les Appellations Communales	44	36.6	Vosne-Romanée
地方名	レ・ザペラシオン・レジオナル Les Appellations Régionales	23	52.0	Bourgogne Macon

(%)

※1級は村名に含まれるため、原産地として数えない

Step 35 ブルゴーニュ 2
原産地と生産者の二重奏

しばしば「わかりにくい」といわれる理由は、国内で原産地名が約400個であるのに、ブルゴーニュだけで100以上もあることに加え、同銘柄を複数の生産者が手がけているためです。生産者の力量や志向の違いにより、商品の品質やスタイルに違いが生まれるため、ブルゴーニュ・ワインを読みとくには、生産者を見極めることが大切です。

栽培から手がけるか否かが違い

生産者には栽培から製造・瓶詰めまでを行うドメーヌと呼ばれるもの、原料を買い求めて製造・瓶詰めを行うネゴシアンと呼ばれるものがあります。一般的に、前者は生産規模が小さいため商品の個性化が図りやすいのに対して、後者は生産規模が比較的大きく、広い市場に受け入れられるように個性を抑える傾向があります。ただし、後者は品質が安定しているのに対して、前者は品質の波があるため見極めが難しいともいわれます。

単一品種による振幅の大きさ

ブルゴーニュがボルドーに比べて振幅が大きいのは、単一品種による生産が行われるためともいえます。品種の混合を行うボルドーでは、テロワールは要素的問題にとどまりますが、ブルゴーニュではテロワールはそのまま風味に反映されます。また、ボルドーが収穫年の作柄に応じて、混合比率を適宜調整することで安定化を図れるのとは違い、ブルゴーニュでは収穫年の特徴がそのまま風味に表現されます。

規模の違いによる振幅の大きさ

ブルゴーニュの生産規模はボルドーの数分の1から数十分の1。そのため、ブルゴーニュは個性化が図りやすい一方で、原料のほとんどを階級通りに充てるため、商品の品質に波が出やすくなります。これに対してボルドーの最上位の生産者では、シャトー名商品は生産量の半分程度、それに満たないものはセカンド・ワインなどに格下げするため、シャトー名商品は極めて安定的な品質を確保できます。

図1: ドメーヌとネゴシアンの違い

ドメーヌ
ぶどう畑を所有して、そこからワインを生産し、瓶詰めまでを行う。比較的、小規模の生産者が多い

ネゴシアン
ぶどう畑は所有せずに、買い求めたぶどうからワインの生産を行い、瓶詰めする。比較的、大規模の生産者が多い

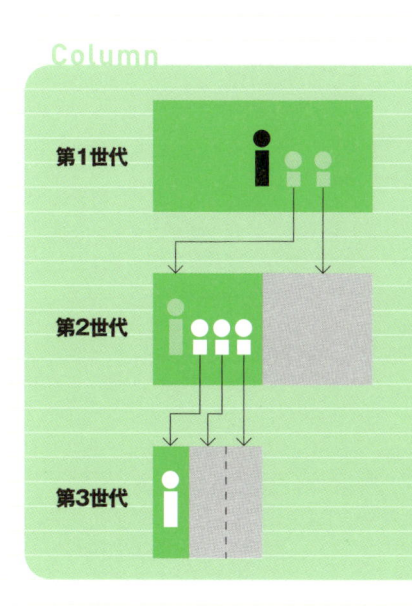

土地の細分化が進んだため、独自の瓶詰めが困難となった小規模栽培者などから、ぶどうやワインを仕入れる

Column

第1世代
第2世代
第3世代

畑の細分化の始まり

ブルゴーニュ地方は、歴史とともに畑が細分化され、1つの畑の規模が小さいことも特徴としてあげられます。それは、フランス革命（1789年）に伴って、それまで教会や修道院、貴族が所有してきた広大な領地が、市民に割譲されたことに端を発し、またナポレオンが制定した法律によって、兄弟間（嫡子・非嫡子間も含めて）での遺産の均分相続制が導入されたためでした。第1世代が所有していた畑は、その子供の数に応じて分割され、世代交代が進むに従って、このような分割が進み、ますます1つの畑が小さくなっていったのです（図）。その端的な例が特級クロ・ヴージョです。かつてはこのぶどう畑を所有していたのは修道院でしたが、現在では100人以上の地権者に分割されています。さらに、この地方内における婚姻に伴い、また畑の売買が行われるなどの理由によって、世代が交代すると畑の所有者が変わる、あるいは所有する畑が変わるという生産者もいるのです。

Step 36

ブルゴーニュ 3
コート・ド・ニュイ

ブルゴーニュ地方の核心であるコート・ドール地区は、地方の中心都市ディジョンの南、南北40kmに伸びる生産地です。ぶどう畑が晩秋に黄葉する景色から「黄金の丘」と呼ばれる、たおやかで美しい丘陵地です。その北半分が世界最高峰の赤ワインを産出する土地で、「ニュイの丘（コート・ド・ニュイ）」と呼ばれます。

「黄金の丘」の首飾りに喩えられる

コート・ド・ニュイ地区の生産量のうち約95％は赤ワインで、そのほとんどがピノ・ノワールから生産されるものです。シャンベルタンやミュズィニ、ロマネ・コンティなどの綺羅星のように輝く銘酒が北から南にいくつも連なる様子は、「首飾り」に喩えられもして、銘酒の密集度でいえば並び立つものがほかに見あたりません。複雑な栽培条件が存在するため、そのワインも村ごとに個性が際立っており、その代表的なものでは堅牢なジュヴレ・シャンベルタン村、優雅なシャンボール・ミュズィニ村、妖艶なヴォーヌ・ロマネ村などがあります。

他に類を見ないほど密集度の理由

国土中央に広がるマッシフ・サントラルが形成されたのは、アルプス山脈が盛り上がるのと同じく、6000万年前といわれています。アルプス造山活動に伴って、東南方向から押上げられたため北―南方向の断層ができ、その断層に沿うようにマッシフ・サントラルの東縁に東向きの斜面が形成されました。偏西風を遮る丘と東側に生まれる陽だまりという絶好の立地条件により、ブルゴーニュでは樹上時間が長期化して果実の成熟度が向上する、病害の発生が抑えられるなどのテロワールの秀逸性がもたらされました。

男性的ワインと女性的ワインの違い

コート・ド・ニュイ地区はジュラ紀の石灰岩が基岩となっており、風化作用によって生成された粘土が河川によって運ばれ、ジュヴレ・シャンベルタン村やニュイ・サン・ジョルジュ村で扇状地を形成しています。一般的には石灰岩の性質が強い土壌は細めで優雅なスタイルとなり、粘土の性質が強い土壌は肉厚でタニックなスタイルになるといわれます。そのため、扇状地上の畑のほとんどに位置するこれらの村のワインは「男性的」といわれるのに対して、河川の影響が少ない斜面上部に位置するシャンボール・ミュズィニ村では「女性的」なワインが生まれます。

図1: コート・ド・ニュイの生産地区

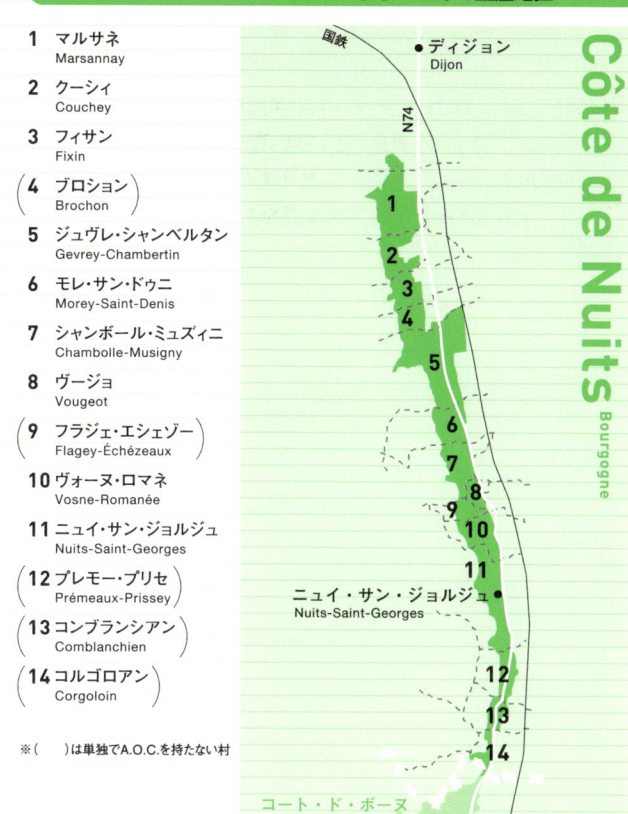

1 マルサネ / Marsannay
2 クーシィ / Couchey
3 フィサン / Fixin
(4 ブロション / Brochon)
5 ジュヴレ・シャンベルタン / Gevrey-Chambertin
6 モレ・サン・ドゥニ / Morey-Saint-Denis
7 シャンボール・ミュズィニ / Chambolle-Musigny
8 ヴージョ / Vougeot
(9 フラジェ・エシェゾー / Flagey-Échézeaux)
10 ヴォーヌ・ロマネ / Vosne-Romanée
11 ニュイ・サン・ジョルジュ / Nuits-Saint-Georges
(12 プレモー・プリセ / Prémeaux-Prissey)
13 コンブランシアン / Comblanchien
(14 コルゴロアン / Corgoloin)

※( )は単独でA.O.C.を持たない村

Côte de Nuits Bourgogne

ディジョン Dijon
国鉄 N74
ニュイ・サン・ジョルジュ Nuits-Saint-Georges
コート・ド・ボーヌ

栽培面積　1597ha
年間生産量　7505kℓ

表1: コート・ド・ニュイ地区の代表村とその特徴

産出村	赤	白	ロゼ	特徴
ジュヴレ・シャンベルタン / Geverey-Chambertin	★			ニュイ地区でヴォーヌ・ロマネ村と人気を二分する村。シャンベルタンをはじめとする9つの特級を抱え、芳醇で力強い男性的な雰囲気で知られる
モレ・サン・ドゥニ / Morey-Saint-Denis	◎	●		個性的な村に挟まれ、目立たぬ存在だが、クロ・ド・タールなど5つの特級を抱え、秀逸なワインが多い。ジュヴレ・シャンベルタンに似た男性的な雰囲気
シャンボール・ミュズィニ / Chambolle-Musigny	★			清楚さや優雅さではひときわの存在といわれる村。特級ミュズィニはブルゴーニュで最も女性的といわれ、絹のようななめらかさと讃えられる
ヴージョ / Vougeot	◎	●		村内の畑の大半を特級クロ・ヴージョが占める。肉づきがよい上、タンニンが強いので、ブルゴーニュのなかでも最も男性的な雰囲気といわれる
ヴォーヌ・ロマネ / Vosne-Romanée	★			ロマネ・コンティやラ・ターシュ、リシュブールなどの綺羅星のような特級を抱え、「神に約束された土地」と讃えられる。華麗で女性的な雰囲気
ニュイ・サン・ジョルジュ / Nuits-Saint-Georges	◎	●		ニュイ地区では最も大きな街。特級は持たないものの、秀逸なワインがある。芳醇でいて、タンニンが強めの男性的な雰囲気

★：偉大なワイン　◎：秀逸なワイン　●：優良なワイン

フランス ブルゴーニュ 3

Step 37 ブルゴーニュ 4
コート・ド・ボーヌ

コート・ドールの南半分は「ボーヌの丘（コート・ド・ボーヌ）」と呼ばれ、世界最高峰の辛口白ワインの生産地と讃えられています。ニュイ地区が平板な斜面で形成されているのに対して、河川によって削り出された起伏に富む地形であるため、ぶどう畑は東西方向にも広がり、栽培面積はニュイ地区に比べて約2倍に達します。

傑出した白と親しみやすい赤

コート・ド・ボーヌ地区の生産量のうち約80％が赤ワインで、そのほとんどがピノ・ノワールから生産されるものです。とはいえ、コート・ド・ボーヌの栄誉は、モンラッシェとコルトン・シャルルマーニュという、シャルドネで生産される辛口白ワインによるところが大きいといえます。起伏に富むボーヌ地区の景色のなかでも、両者を生む丘（「コルトンの丘」「コート・デ・ブラン」と呼ばれる）は、如何にも銘醸地と誇らしげなほどに、ひときわ目を引く存在です。

ニュイに比べて起伏に富むボーヌの丘

コート・ド・ボーヌ地区は泥灰土や泥灰岩が豊富にあるのが特徴で、ニュイ地区に比べて深い海底にあったため、泥土が厚く堆積したと考えられています。また、ニュイ地区に比べると大きな河川がいくつもあり、その河川によって丘陵が削り出され、その流域のボーヌ市やムルソー村、シャサーニュ・モンラッシェ村に巨大な扇状地を形成しています。そのため、ボーヌ地区は泥灰土や粘土の性質が強い土地が支配的となり、同じピノ・ノワールで生産される赤ワインでも、ニュイ地区に比べるとやわらかで膨らみのある仕上がりになるといわれています。

華やかなオスピス・ド・ボーヌの競売会

ブルゴーニュ・ワインを扱うネゴシアンの多くが本拠を置いているボーヌ市の旧市街地には、15世紀に設立された施療院（オスピス・ド・ボーヌ）が現存しており、観光名所にもなっています。設立以降、施療院は多くの寄進を受け、ぶどう畑（約60ha／45銘柄）を所有しています。この地所で収穫されたぶどうから造られたワインは、同年11月の第3日曜日に競売にかけられ、その価格がその年の価格の指標になります。競売会の前日に晩餐会、翌日には午餐会が開催されるこの期間は「栄光の3日間」と呼ばれ、あらゆる国の業界関係者や観光客が訪れ、賑わいを見せています。

図1: コート・ド・ボーヌの生産地区

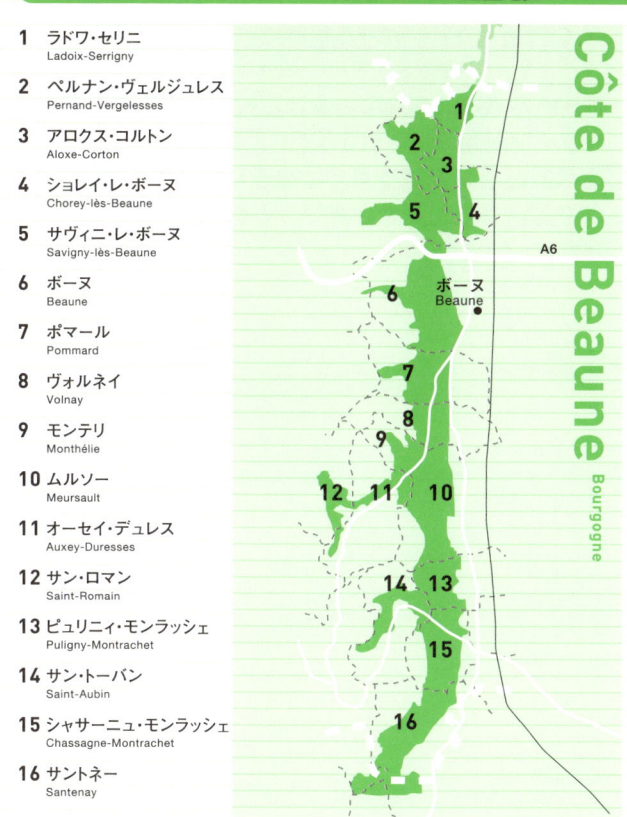

1. ラドワ・セリニ
Ladoix-Serrigny
2. ペルナン・ヴェルジュレス
Pernand-Vergelesses
3. アロクス・コルトン
Aloxe-Corton
4. ショレイ・レ・ボーヌ
Chorey-lès-Beaune
5. サヴィニ・レ・ボーヌ
Savigny-lès-Beaune
6. ボーヌ
Beaune
7. ポマール
Pommard
8. ヴォルネイ
Volnay
9. モンテリ
Monthélie
10. ムルソー
Meursault
11. オーセイ・デュレス
Auxey-Duresses
12. サン・ロマン
Saint-Romain
13. ピュリニィ・モンラッシェ
Puligny-Montrachet
14. サン・トーバン
Saint-Aubin
15. シャサーニュ・モンラッシェ
Chassagne-Montrachet
16. サントネー
Santenay

栽培面積　　3796ha
年間生産量　1万8354kℓ

表1: コート・ド・ボーヌ地区の村と特徴

産出村	赤	白	ロゼ	特徴
アロクス・コルトン Aloxe Corton	◎	★		特級白の双璧コルトン・シャルルマーニュは剛健で気品ある男性的な雰囲気。ボーヌ地区では唯一の特級赤コルトンは厚みがある
ボーヌ Beaune	●	●		ブルゴーニュにおけるワイン取引の中心地。特級はないものの、やわらかで芳醇な風味があり、親しみやすく可愛らしい女性的な雰囲気がある
ポマール Pommard	◎			特級は持たないものの、劣らぬ評価を得るワインを産出する村。肉づきのよさと強めのタンニンを持つ男性的な雰囲気
ヴォルネイ Volnay	◎			ポマール同様に特級は持たないものの、劣らぬ評価を得るワインを産出する村。優雅でなめらかな女性的な雰囲気
ムルソー Meursault	●	★		特級はないものの、白ワインでは存在感のある村で、秀逸なものが多い。肉づきがよく、まろやかで、ロースト・ナッツ様の風味がある
ピュリニィ・モンラッシェ Puligny-Montrachet	●	★		特級白の最高峰モンラッシェを抱える村。バランスとミネラリティは際立ったものがあり、優雅で芳醇な風味はブルゴーニュ・ブランの指標的存在
シャサーニュ・モンラッシェ Chassagne-Montrachet	◎	★		特級モンラッシェをピュリニィ・モンラッシェと分けあう村。肉づきがよく、まろやかな白とともに、厚みがあって張りのある赤がある

★：偉大なワイン　◎：秀逸なワイン　●：優良なワイン

Step 38 ブルゴーニュ 5

シャブリ、コート・シャロネーズ、マコネ

南北に長いブルゴーニュ地方では、各地区における栽培条件の違いから、個性を大きく異にするワインが生み出されます。いずれの地区も、コート・ドール地区のものに比べると手頃という点では共通していますが、北のかたさと南のやわらかさといった対照性があり、これらが地方の品揃えの豊かさを形成しています。

北端の寒冷地が生む辛口白

シャブリ地区はブルゴーニュ地方の北端にあり、シャブリ村と周辺村（あわせて20村）でA.O.C.「シャブリ」の原産地名が認められています。栽培北限にも近い寒冷地のため、シャルドネから造る辛口白のみがA.O.C.として認められていました。その風味は強い酸味とミネラルを基調とした鋼のようなかたさといわれます。ぶどう畑はスラン河の河岸丘とその周囲に広がる丘陵地や平野部に形成されており、とくにキンメリジャンという石灰岩土壌で栽培されたぶどう畑が高品質のワインを生み出します。この地区には「特級」「1級」「村名（シャブリ）」「準村名（プチ・シャブリ）」という独特の階級構造が導入されています。また、近年になって南よりの地域に赤ワインのA.O.C.「イランシー」が認められたことから、シャブリ・エ・オーセロワ地区と呼ぶようになりました。

手頃な良品揃いで注目度抜群

コート・ドール地区の南隣にあるコート・シャロネーズ地区は、コート・ドールの整然と広がるぶどう畑とは趣が異なる、ずいぶんと牧歌的な土地です。起伏に富んだ丘陵地のなか、ぶどう畑は石灰岩質土壌の土地を選ぶように、牧草地や果樹園、山林の間に散りばめられています。長らく並級品の大産地という印象を払拭できないでいたものの、近年はその値頃感から注目を集めており、コート・ドールの著名生産者の進出も見られます。とくに地区生産量の3分の2を占めるA.O.C.「メルキュレ」（その90％が赤）は、やわらかで親しみやすい風味から、地区の筆頭格として高い人気を誇っています。また、A.O.C.「ブーズロン」がアリゴテでは初めて、村名の原産地名を獲得したことも話題となっています。

手頃な白の大産地も個性化が進む

コート・シャロネーズ地区とボージョレ地区の間にあるマコン地区（マコネ）も、コート・シャロネーズ地区と同じような起伏に富んだ丘陵地に、ぶどう畑が牧草地や山林の間に散在する土地です。ブルゴーニュ地方における白の生産量の70％を占めるほどの大産地ですが、その大部分が協同組合で造られる安価品でした。近年、情熱的な生産者による元詰めが始まり、個性確立の動きが徐々に見られるようになりました。とくにA.O.C.「プイイ・フュイッセ」を筆頭とする村名の白が注目されており、肉づきの良いやわらかさが人気を呼んでいます。

図1: シャブリの生産地区

ブルゴーニュの辛口白を代表する生産地の1つで、近年はシャブリのほかにもいくつかの村名表示が認められました。地区内では初認定となる赤のイランシー、ソーヴィニヨン・ブランから造るサン・ブリなどがあります。

栽培面積　4749ha
年間生産量　2万1060kℓ

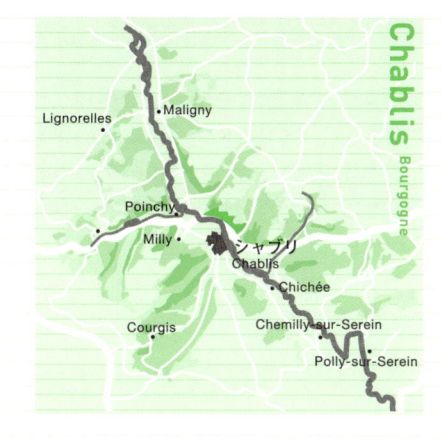

- シャブリ・グラン・クリュ　Chablis Grand Cru
- シャブリ・プルミエクリュ　Chablis Premier Cru
- シャブリ　Chablis
- プティ・シャブリ　Petit Chablis

図2: コート・シャロネーズの生産地区

北東＝南西方向の丘陵地の東側に帯状に広がる生産地で、南北35km、東西7kmにおよびます。地質が複雑で、石灰岩や泥灰土などからなるため、アペラシオンによって適合品種が異なります。

栽培面積　1576ha
年間生産量　7753kℓ

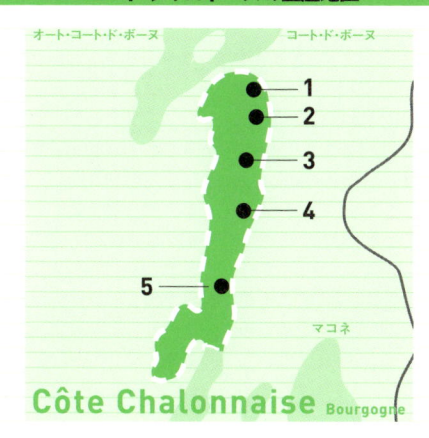

1. ブーズロン　Bouzeron
2. リュリ　Rully
3. メルキュレ　Mercurey
4. ジヴリ　Givry
5. モンタニ　Montagny

図3: マコネの生産地区

北北東＝南南西方向のマコン丘陵の東側に広がる生産地で、南北50kmにおよびます。アルプス造山活動によりいくつもの断層が生まれ、ところどころに船の舳先のような隆起が見られます。泥灰土や石灰岩からなり、秀逸な白を生む、今後の注目株です。

栽培面積　5434ha
年間生産量　3342kℓ

1. ヴィレ・クレッセ　Viré-Clessé
2. プイイ・フュイッセ　Pouilly-Fuiseé
3. サン・ヴェラン　Saint-Véran
4. プイイ・ロシェ　Pouilly-Loché
5. プイイ・ヴァンゼル　Pouilly-Vinzelles

France　フランス　ブルゴーニュ5

Step 39 ボージョレ

ブルゴーニュ地方の南端にあたるボージョレ地区は、土壌や品種の違いから地方でも異色の存在となっています。新酒による個性化で大成功を収めた産地ですが、近年は土地の個性を謳った高付加価値商品の開発なども行われ、注目に値する商品がいくつも現れるようになりました。

地方生産量の半分を占める異色の存在

ボージョレ地区はリヨンの郊外、ブルゴーニュ地方の南端にあり、地方生産量の半分以上を産出する大産地です。ぶどう畑は南北に連なるボージョレ山脈の、波がうねるような起伏に富んだ丘々の主に東斜面あるいは南斜面に広がります。この山脈が寒冷な西風を防ぐために、標高が高い土地でありながらも温暖な気候に恵まれています。土壌は北部地区が花崗岩、南部が粘土質で構成されています。また、栽培品種はほぼ全量をガメイが占めているため、いわゆるブルゴーニュとは別産地と捉えることもできます。

新酒で個性化を遂げ大躍進

ボージョレ地区は1950年代からマセラシオン・カルボニックによる新酒（ヌーヴォー）で個性化を遂げました。協同組合による大規模生産が一般的だったため、大規模な販売戦略を構築することが可能となったといわれます。とくに1970年代以降はジョルジュ・デュブッフ社の積極的な海外販促により、世界的な人気を巻き起こしました。一方、その市場戦略の大成功のあまり、商品の多様化や高付加価値化には遅れを取ったのも事実です。近年、優良品を生む北部地区では、村名称の原産地名を開発することで巻き返しを図っています。

北部地区での高付加価値化

北部地区（オー・ボージョレ地区）は、南部地区（バ・ボージョレ地区）に比べて優良品を産出することから、村名および準村名の原産地名が開発されています。なかでも村名を認められた10村は、際立った個性を確立していて注目に値する出来といえます。土壌は主に花崗岩、もしくはそれが風化した砂質土壌となります。花崗岩の性質が強いA.O.C.「モルゴン」やA.O.C.「ムーラン・ナ・ヴァン」はかたさが、砂質の性質が強いA.O.C.「レニエ」やA.O.C.「ブルイイ」は軽やかさが表現されます。また、中間的な存在のA.O.C.「フルーリー」は優雅な雰囲気が表現され、北端のA.O.C.「サン・タムール」はここだけ土壌が泥灰土であることから、極めて軽やかな風味を持ちます。

図1: ボージョレ地区の階級構造

ボージョレ地区では独自の4層構造による品質基準を設けています。全域で認められたボージョレおよびボージョレ・シュペリュールのほか、優良品を産出する主に北部にある約40村ではボージョレ・ヴィラージュ、秀逸なワインを産出する北部10村では単独での村名表示が認められています。

クリュ・デュ・ボージョレ
Crus du Beaujolais

ボージョレ・ヴィラージュ
Beaujolais Villages

ボージョレ・シュペリュール
Beaujolais Supérieur

ボージョレ
Beaujolais

図2: 北部の生産地区

北部地区（オー・ボージョレ地区）は南北30kmほどの生産地で、西側の丘陵部は花崗岩土壌、東側の山麓部や平野部は石灰岩土壌や沖積土壌からなります。このうちクリュは丘陵部の10村が認められていますが、一様に花崗岩で構成されているのではなく、花崗岩の風化砂が厚く堆積した土地、ソーヌ河の沖積土が堆積した土地、マコネから続く泥灰土壌（サン・タムール）などもあり、多様な栽培条件を生み出しています。

栽培面積　2万2448ha　年間生産量　10万7550kℓ

1 サン・タムール
Saint-Amour
クリュ・デュ・ボージョレのなかでは最北端にあり、行政区分上はマコン地区に属する。花崗岩の混ざる泥灰土で形成されており、独特の軽やかなスタイルになる。

2 ジュリエナス
Juliénas

3 シェナス
Chénas

4 ムーラン・ナ・ヴァン
Moulin à Vent
「クリュ・デュ・ボージョレの王」と呼ばれ、長期熟成が可能とされる銘柄。大部分が花崗岩に薄い表土という典型的土壌となるものの、村落周囲などにアリーナが形成されており、そこからは頑強なワインが生まれる。

5 フルーリー
Fleurie

6 シルーブル
Chiroubles

7 モルゴン
Morgon
小高いピュイの丘（352m）東方に広がる生産地。酸化鉄を含む砂地で、地表が赤褐色をしており、所々に青緑色に変色した土壌がある（「腐った土」を表すロシュ・プリと呼ぶ）。ピュイの丘周辺でスパイシーな風味のワインが生まれる。

8 レニエ
Régnié

9 ブルイイ
Brouilly

10 コート・ド・ブルイイ
Côte de Brouilly
ブルイイはクリュ・デュ・ボージョレのなかでは最南端にあり、最大面積の生産地となる。主に砂礫質土壌からなり、華やかで軽やかなスタイルとなる。中心部のブルイの丘（484m）周辺は芳醇なスタイルになるので、コート・ド・ブルイイという別名称となる。

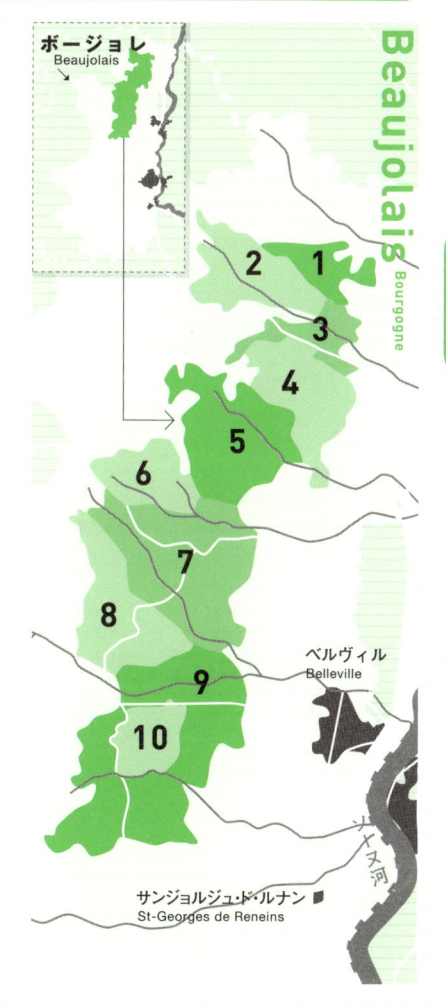

Step 40 シャンパーニュ 1

ぶどう栽培地の北限にあたるシャンパーニュ地方は、その厳しい自然条件を逆手に取り、ブレンドと長期熟成という技術によって、極めて個性的な発泡酒を開発したことで、世界最高峰の銘醸地の1つになりました。現在、世界のあらゆる生産地で発泡酒を手掛けるようになったものの、シャンパーニュを超えることはないといっても過言ではありません。

混ぜることが基本なのでA.O.C.は3つだけ

寒冷地における作柄の波を回避するため、シャンパーニュでは品種、生産地区、収穫年の違う原酒を混ぜるのが一般的となっています。この技術は17世紀末、オー・ヴィレール修道院の酒庫係ペリニヨン師（ドン・ペリニヨン）によって考案されたと伝えられています。そのため、シャンパーニュでは他の生産地のように原産地を細分化することはなく、スタイルの違いによって3つの原産地名が設けられているだけです。

栽培品種とブレンドの哲学

法律上は8品種の栽培が認められているものの、実際はピノ・ノワール（37%）、ピノ・ムニエ（36%）、シャルドネ（27%）の3品種にほぼ限られます。これらを目的とするスタイルに応じて混ぜるのが基本となり、肉厚にするために黒ぶどう比率を上げる、繊細にするために白ぶどう比率を上げるという操作を行います。とくに高級志向が強い場合、ピノ・ノワールとシャルドネのみを使用するのが一般的です。また、深みを出すためには、これらを長期に渡って熟成させた古酒の比率を上げるようにします。

エレガンスを引き出すさまざまな技術

シャンパーニュはエレガンスを引き出すため、さまざまな技術を開発しています。発泡酒の起源については、イギリスや南フランスが名乗り出ることがあるものの、工業化に成功して品質を向上させたシャンパーニュの功績は大きなものがあります。独特のブレンド技術や瓶内での長期熟成のほか、黒ぶどうから色素を染み出させずに果汁を搾り出す浅底縦型圧搾機、瓶内二次発酵の後に瓶を倒立させて澱を除去する技術など、枚挙に暇がないといってもよいでしょう。

図1: シャンパーニュ地方の産地

1 モンターニュ・ド・ランス地区
Montagne de Reims

地方の中心都市ランスの南にある、起伏に富んだ丘陵に広がる生産地。土壌は白亜紀の石灰岩や泥灰土からなり、ピノ・ノワールを中心に栽培している

2 ヴァレ・ド・ラ・マルヌ地区
Vallée de la Marne

マルヌ河に沿って東西に広がる生産地で、土壌は主に粘土からなり、ピノ・ムニエが8割を占める。上流域のエペルネ周辺は白亜紀の石灰岩からなり、ピノ・ノワールが主に栽培されている

3 コート・デ・ブラン地区
Côte des Blancs

産業の中心都市エペルネの南にある丘陵に広がる生産地。土壌は顕著な白亜紀の石灰岩で形成されており、シャルドネが栽培されている

4 コート・ド・セザンヌ
Côte de Sézanne

5 バール・シュル・オーボワ
Bar-sur-Aubois

6 バール・セカネ
Bar-Séquanais

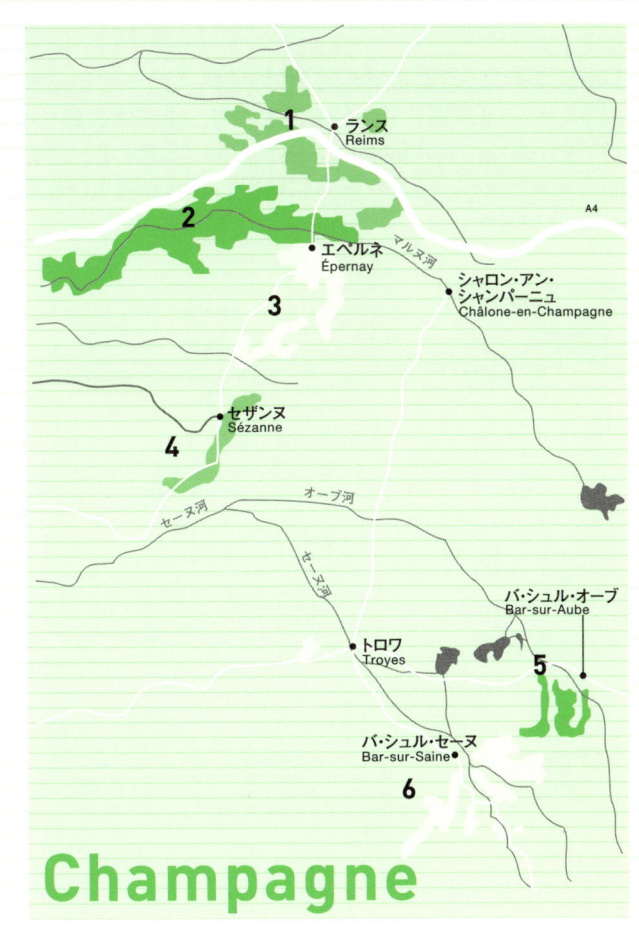

栽培面積	3.2万ha
年間生産量	25.9万kℓ（90％が発泡酒）
気候タイプ	大陸性気候
県名	Marne、Aube、Aisne、Seine-et-Marne、Haute-Marne
主要品種	黒ぶどう：Pinot Noir、Pinot Meunier 白ぶどう：Chardonnay
シャンパーニュの法定8品種	Arbanne、Petit Meslier、Fromonteau、Enfume、Chardonnay、Pinot Noir、Pinot Meunier、Pinot Blanc

Step 41　シャンパーニュ 2

シャンパーニュは最も工業的色彩が強いワインといえます。ボルドーと同じように生産者が個性を競いあっており、生産者の個性を見極めることが大切です。また、大規模生産体制を維持するために、栽培と製造の分業体制が敷かれており、他の生産地にはない制度が実現されています。

農工分業化が一般的

質・量ともに生産の安定化を図るには、大量かつ多様な原酒を備蓄する必要があります。また、瓶内二次発酵に伴う大量在庫を抱える必要もあるため、製造には潤沢な資本が求められます。現在、シャンパーニュの製造はグラン・マルクといわれるような、巨大企業に製造が集約される傾向があります。これらの企業は製造部門に特化していることが多いので、栽培農家と製造会社という分業体制が他産地以上に明確に確立されており、ぶどうを買いとる際の公示価格制度※が導入されています。

※ 格付けと呼ばれるもので、基準額（100%）に設定されている村を特級、基準額に対して90％以上の村を1級と呼ぶこともある。また、最低価格は基準額の80％に設定されている

人為的操作によるさまざまなタイプ

シャンパーニュは工業的商品に限りなく近いことから、他のワインのように収穫年や土地などの自然条件の違いではなく、人為的で明快なコンセプトに基づく商品構成を打ち出しています。スタンダード商品に加えて、プレスティージュと呼ばれる上級版があるほか、ロゼ・シャンパーニュといった色の違い、肉厚や繊細といった風味を表現する原料品種の違い、単一の収穫年の原料だけを使用したものなど、さまざまな基準で商品が開発されています。

1人あたりの所得が国内で最も高い

巨大製造会社の上位13社で、年間生産量の70%を生み、輸出量の95%を占めるほど、シャンパーニュは寡占状態にあります。上位10社の自社所有畑は地方の栽培面積の10%に過ぎないものの、約2万軒の栽培農家がこれを支えています。大企業主導の生産体制を補完するかたちで、20世紀はじめにはいくつもの協同組合が設立されたほか、1990年代には元詰めに転換する栽培農家も登場するようになりました。このようなかたちで、世界で最も付加価値の高い商品を生み出していることは、産業の中心都市エペルネが1人あたりの所得が国内で最も高いということに象徴されています。

図1: シャンパーニュの格付け

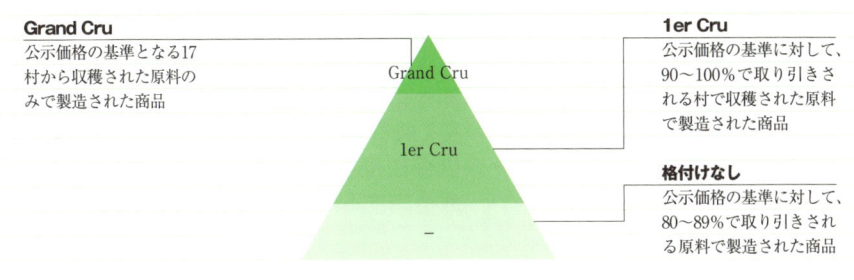

Grand Cru
公示価格の基準となる17村から収穫された原料のみで製造された商品

1er Cru
公示価格の基準に対して、90〜100％で取り引きされる村で収穫された原料で製造された商品

格付けなし
公示価格の基準に対して、80〜89％で取り引きされる原料で製造された商品

（ピラミッド図：Grand Cru／1er Cru／−）

以前は公示価格の基準となる村をグラン・クリュと呼んでいたが、1999年にシャンパーニュの格付け制度は廃止されている。それにより買取価格は自由化されたものの、その後も慣習的に使用されている。需要拡大に伴い、生産量の拡大を図るため、2008年には70年ぶりに許可地域を38村増やしたが、現在はシャンパーニュ用のぶどうを栽培できるのは357村となっている

表1: シャンパーニュの商品構成

品質による違い	上級／プレスティージュ ⟷ 並級／スタンダード
収穫年表記による違い	収穫年表記／ミレジメ ⟷ 非表記／スタンダード
原料ぶどうによる違い	ブラン・ド・ブラン　　白ぶどうだけから造る白。繊細な風味が特徴 ブラン・ド・ノワール　黒ぶどうだけから造る白。やわらかな風味が特徴
甘辛による違い	ドサージュ（門出のリキュールを加える）の際に糖分の添加量を変えることで、甘口から辛口までさまざまなタイプにできる 辛口／ブリュット ⟷ 中辛口／セック ⟷ 甘口／ドゥー
色による違い	白（ブラン・ド・ブラン／ブラン・ド・ノワール／ブレンド）／ロゼ

表2: シャンパーニュのA.O.C.

A.O.C.	色 赤	白	ロゼ	品種及び備考
シャンパーニュ Champagne		発	発	
コトー・シャンプノワ Coteaux Champenois	●	○	●	
ロゼ・デ・リセー Rosé des Riceys			●	Pinot Noir 100%

発：発泡酒　　○：白ワイン　　●：ロゼまたは赤ワイン

Step 42　アルザス

アルザス地方はフランス北東部にあって、ライン河を挟んでドイツと国境を接する山間の産地です。両国が長く領有権を争っていたため、ドイツ風の建物や地名が残るなどの文化が微妙に混ざり合っています。また、ワインにおいても共通の品種を用い、細長いフルート瓶に入れられるなど雰囲気が似ています。

山脈に守られた最北の産地

アルザス地方はライン河河岸の丘陵を南北100kmに細長く伸びる生産地で、西側に連なるヴォージュ山脈が偏西風を遮るため、国内最北とはいえ温暖で乾燥した気候に恵まれています。上流域（南部のオー・ラン地区）は山脈が高く、より温暖で乾燥していることから、高級品を多く生みます。一方、下流域（北部のバ・ラン地区）は山脈が低く、より冷涼で湿潤になることから、主に並級品を造る生産地となります。

品種を謳う国内唯一の産地

アルザス地方は盛んな地殻運動によって花崗岩、石灰岩、砂泥などさまざまな土壌が存在するため、数多くの品種が栽培されてきました。とくにおもしろいのは国内では品種名をラベルに表記するのが一般的な唯一の産地であるということで、これが最も重要な品質基準にもなっています。なかでも清涼感と華やかさを兼備するリースリング、際立った華やかさを持つゲヴュルツトラミネールは出色の存在といえます。また、肉づきのよいピノ・グリや果実香の豊かなミュスカも評価が高く、これらはアルザスの4高貴品種と呼ばれています。

特級・甘口により個性の確立

度重なる戦禍により原産地制度の普及が10大産地のなかでは最後発になったものの、品種名表記以外にも産地の個性を強く現した制度を構築し、個性化を図っています。最も注目されるのが、51個の優良区画を「アルザス・グラン・クリュ」として格上げしたもので、これらでは最良の区画に最適の品種が栽培され、アルザスの真価を発揮しています。以前は4高貴品種に限られていましたが、2001年に法改正が行われ、各地区の生産者委員会で認可すれば、他の品種でも造れるようになりました。また、遅摘みぶどうによるヴァンダンジュ・タルティヴ、貴腐ぶどうによるセレクション・ド・グラン・ノーブルという伝統的な甘口に対して、ラベルの記載が認められていることにも産地の独自色を見ることができます。

図1: アルザス地方の産地

特級区画

1. Steinklotz
2. Engelberg
3. Altenberg de Bergbieten
4. Altenberg de Wolxheim
5. Bruderthal
6. Kirchberg
7. Zotzenberg
8. Wiebelsberg
9. Kastelberg
10. Moenchberg
11. Muenchberg
12. Winzenberg
13. Frankstein
14. Praelatenberg
15. Gloeckelberg
16. Kanzlerberg
17. Altenberg de Bergheim
18. Osterberg
19. Kirchberg de Ribeauvillé
20. Geisberg
21. Froehn
22. Rosacker
23. Schoenenbourg
24. Sonnenglanz
25. Sporen
26. Mandelberg
27. Marckrain
28. Furstentum
29. Schlossberg
30. Mambourg
31. Kaeffer-Kopf
32. Florimont
33. Wineck-Schlossberg
34. Sommerberg
35. Brand
36. Hengst
37. Steingrubler
38. Eichberg
39. Pfersigberg
40. Hatschbourg
41. Goldert
42. Steinert
43. Vorbourg
44. Zinnkoepflé
45. Pfingstberg
46. Spiegel
47. Saering
48. Kitterlé
49. Kessler
50. Ollwiller
51. Rangen

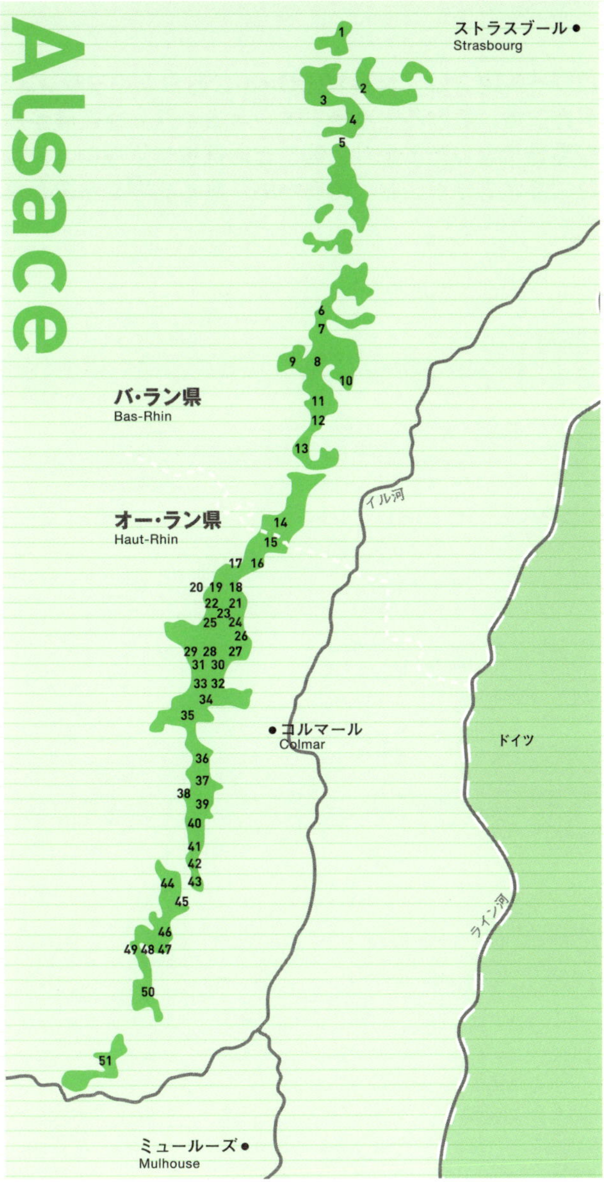

Alsace

ストラスブール • Strasbourg
バ・ラン県 Bas-Rhin
オー・ラン県 Haut-Rhin
イル河
• コルマール Colmar
ドイツ
ライン河
ミュールーズ • Mulhouse

France
フランス　アルザス

栽培面積	1.5万ha
年間生産量	10.8万kℓ
気候タイプ	大陸性気候
県名	Haut-Rhin、Bas-Rhin
主要品種	黒ぶどう: Pinot Noir 白ぶどう: Riesling、Gewürztraminer、Pinot Gris、Musucat、Sylvaner、Pinot Blanc、Chasselas=Gutedel

Step 43　ヴァル・ド・ロワール

ロワール地方は、全長1000kmにもおよぶフランス最大の河川ロワール河の流域に広がる生産地です。冷涼で湿潤な気候から、概して軽快で素直な風味になりますが、地区ごとに気候や土壌などの栽培条件が異なる上、栽培品種も地区ごとに違うため、最も品揃えが豊かな銘醸地の1つといえます。

国内では最も冷涼で湿潤な土地

ロワール地方の生産地は、主にロワール河の中流域から下流域に広がります。上流域はマッシフ・サントラルの山間になるため、大陸性の冷涼でやや乾燥した気候になりますが、下流域は偏西風の影響を最も強く受ける、国内のぶどう栽培地では最も湿潤で冷涼な気候となります。そのため、ぶどう畑は偏西風を避けるように、主に河岸丘陵の傾斜地に設けられています。土壌は地区によってさまざまですが、上流域は主に石灰岩からなり、中流域では砂利や粘土、石灰岩が入り組んでおり、下流域では砂利が支配的です。

品揃えの豊かさでは国内随一

栽培条件や栽培品種の多様性から、ロワール地方は軽やかな白ワインやロゼワインのほか、軽めから中程度の赤ワインまでに加えて発泡酒や貴腐ワインなど、さまざまな商品を抱えています。品揃えの豊かさは国内随一といえますが、それが却って市場に対して明確な個性を打ち出せない理由にもなっています。そのため、市場価格はその他の生産地に比べると低めになりがちで、パリの家庭で最も親しまれている生産地の1つになっています。

自然派の聖地といわれて

厳しい栽培条件にも関わらず、ロワール地方は自然派の「聖地」といわれるほど、ビオロジックやビオディナミに基づくワイン造りを行う生産者が多いことで知られています。これはニコラ・ジョリィをはじめとする、ビオディナミでの牽引的立場にある生産者の活躍が一因といえます。1980～90年代は病害虫や劣化のリスクを背負いきれずに、品質が不安定であったため、他の銘醸地に対抗するための「宣伝文句」と揶揄されました。ところが、意欲的な生産者の努力によって、近年は品質の向上と安定が図られるようになってきたことから、「聖地」としての地位を築きつつあります。

図1: **ロワール地方の産地**

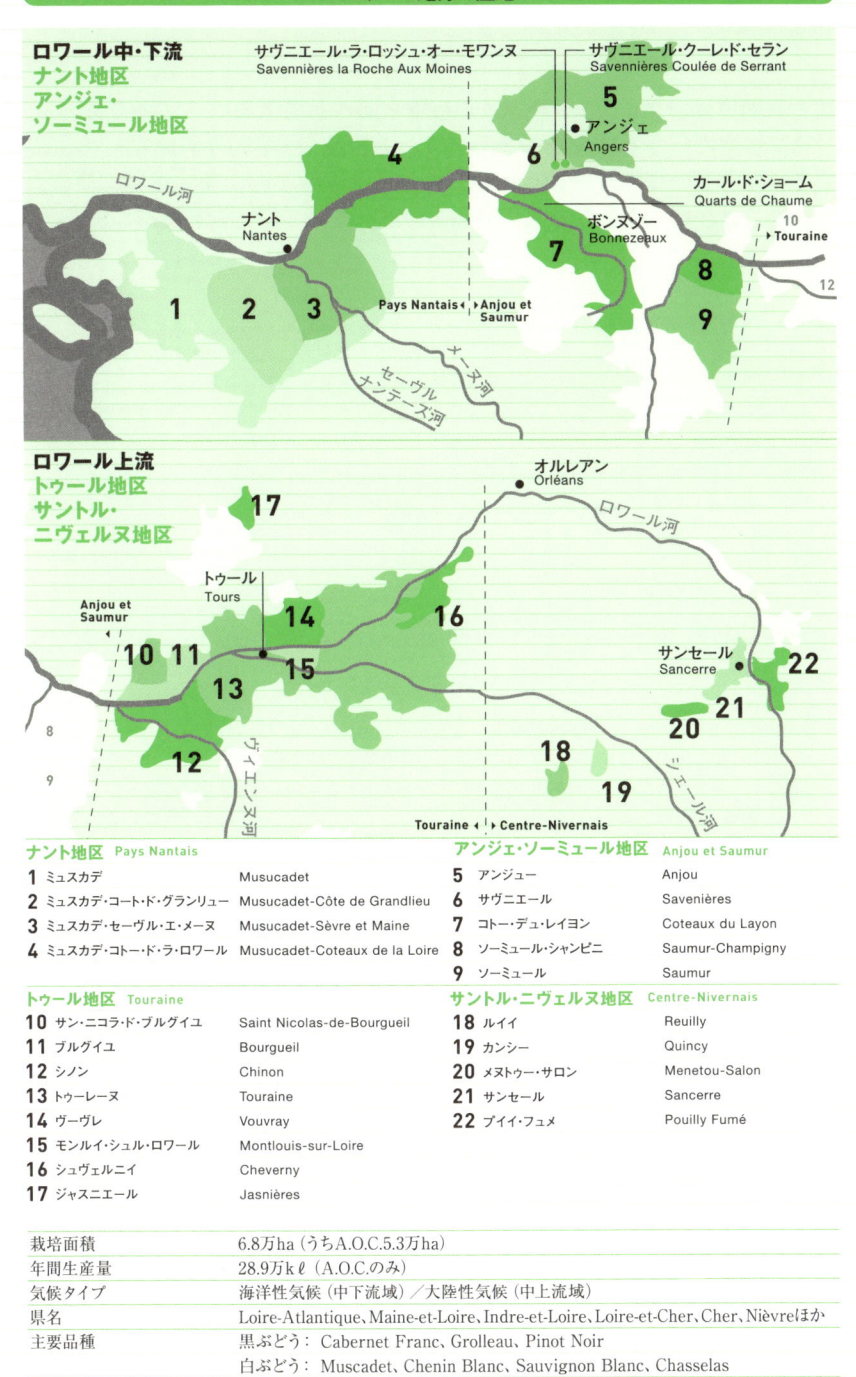

ロワール中・下流
ナント地区
アンジェ・ソーミュール地区

サヴニエール・ラ・ロッシュ・オー・モワンヌ　Savennières la Roche Aux Moines
サヴニエール・クーレ・ド・セラン　Savennières Coulée de Serrant
アンジェ　Angers
カール・ド・ショーム　Quarts de Chaume
ナント　Nantes
ボンヌゾー　Bonnezeaux
ロワール河
セーヴル・ナンテーズ河
メーヌ河
Pays Nantais　Anjou et Saumur
Touraine

ロワール上流
トゥール地区
サントル・ニヴェルヌ地区

オルレアン　Orléans
トゥール　Tours
サンセール　Sancerre
ヴィエンヌ河
Anjou et Saumur　Touraine　Centre-Nivernais

ナント地区	Pays Nantais
1 ミュスカデ	Musucadet
2 ミュスカデ・コート・ド・グランリュー	Musucadet-Côte de Grandlieu
3 ミュスカデ・セーヴル・エ・メーヌ	Musucadet-Sèvre et Maine
4 ミュスカデ・コトー・ド・ラ・ロワール	Musucadet-Coteaux de la Loire

アンジェ・ソーミュール地区	Anjou et Saumur
5 アンジュー	Anjou
6 サヴニエール	Savennières
7 コトー・デュ・レイヨン	Coteaux du Layon
8 ソーミュール・シャンピニ	Saumur-Champigny
9 ソーミュール	Saumur

トゥール地区	Touraine
10 サン・ニコラ・ド・ブルグイユ	Saint Nicolas-de-Bourgueil
11 ブルグイユ	Bourgueil
12 シノン	Chinon
13 トゥーレーヌ	Touraine
14 ヴーヴレ	Vouvray
15 モンルイ・シュル・ロワール	Montlouis-sur-Loire
16 シュヴェルニイ	Cheverny
17 ジャスニエール	Jasnières

サントル・ニヴェルヌ地区	Centre-Nivernais
18 ルイイ	Reuilly
19 カンシー	Quincy
20 メヌトゥー・サロン	Menetou-Salon
21 サンセール	Sancerre
22 プイイ・フュメ	Pouilly Fumé

栽培面積	6.8万ha（うちA.O.C.5.3万ha）
年間生産量	28.9万kℓ（A.O.C.のみ）
気候タイプ	海洋性気候（中下流域）／大陸性気候（中上流域）
県名	Loire-Atlantique、Maine-et-Loire、Indre-et-Loire、Loire-et-Cher、Cher、Nièvreほか
主要品種	黒ぶどう：Cabernet Franc、Grolleau、Pinot Noir
	白ぶどう：Muscadet、Chenin Blanc、Sauvignon Blanc、Chasselas

France　フランス　ヴァル・ド・ロワール

Step 44 ヴァレ・デュ・ローヌ

ローヌ地方は、スイス・アルプスから地中海へと流れるローヌ河の流域の、リヨン以南に広がる生産地を指します。上級品（原産地呼称銘柄）の生産量ではボルドーに次ぐ規模を誇り、大よそは温暖な地中海性気候に恵まれていることから、朗らかで肉づきのよい風味を持つワインを産出します。

南北の対照的な生産地区

上流域の北部地区（セプタントリオナル）は、フランス南東部の主要都市リヨンの南にある生産地で、ぶどう畑は花崗岩や片岩で形成された急峻な河岸丘陵地に開かれています。一方、下流域の南部地区（メリディオナル）は、アヴィニョン近郊のなだらかな河岸台地に広がる生産地で、ぶどう畑は石灰質、粘土質、砂岩などさまざまな土壌で形成されます。気候条件や土壌条件の違いもさることながら、栽培品種の違いに加えて品種構成でも単一志向の北部地区と複数志向の南部地区といった対照性があります。

手頃な良品を大量供給

上級品の生産量ではボルドーに次ぐ規模とはいえ、そのほとんどが手頃な商品といえます。北部地区のコート・ロティやエルミタージュといった銘柄が稀少性を謳った高級品であるのに対して、地方生産量の95%を占める南部地区は、限られた生産者の一部銘柄を除くと、せいぜい良品といった程度で扱われています。かつてはこの手頃さが南フランス人気の原動力であったわけですが、朗らかな雰囲気を同じように持っている、アメリカやオーストラリア、南アメリカなどの新興国との価格競争に巻き込まれており、苦戦を強いられているのも事実です。

新たな付加価値の開発が課題

ローヌ地方ではギガルやシャプティエ、ジャン・リュック・コロンボなどの生産者が1970年代頃から高品質化を遂げ、個別での人気を博してきました。以前から北部地区を中心にして村名商品の高級品があったほか、近年はいくつかの他生産者も追随するようになりましたが、やはり個別の生産者によって生産地が牽引されていることは否めません。いまローヌ地方はあらゆる面において、新たな付加価値を創造する努力が求められています。産地全体で品質向上を遂げるばかりでなく、ブルゴーニュのような区画名商品を開発する、南部地区で新しい原産地を開発するといった動きも見られています。

図1: ローヌ地方の産地

1. コート・ロティ
   Côte Rôtie
2. シャトー・グリエ
   Château-Grillet
3. コンドリュー
   Condrieu
4. コンドリュー／サン・ジョセフ
   Condrieu/Saint-Joseph
5. サンジョセフ
   Saint-Joseph
6. エルミタージュ
   Hermitage
7. クローズ・エルミタージュ
   Crozes-Hermitages
8. コルナス
   Cornas
9. サン・ペレ
   Saint-Péray
10. クレレット・ド・ディー
    Clairette de Die
11. シャティヨン・アン・ディオア
    Châtillon-en-Diois
12. コトー・デュ・トリカスタン
    Coteaux du Tricastin
13. コトー・デュ・トリカスタン／
    コート・デュ・ローヌ・ヴィラージュ
    Coteaux du Tricastin/
    Côtes du Rhône Villages
14. ヴァンソーブル
    Vinsobres
15. コート・デュ・ローヌ・ヴィラージュ
    Côtes du Rhône Villages
16. ヴァケイラス
    Vacqueyras
17. ジゴンダス
    Gigondas
18. ボーム・ド・ヴニーズ／
    ミュスカ・ド・ボーム・ド・ヴニーズ
    Beaumes-de-Venise/
    Muscat-de-Beaumes-
    de-Venise
19. コート・デュ・ヴァントー
    Côtes du Vantoux
20. コート・デュ・ヴァントー／
    コート・デュ・リュベロン
    Côtes du Vantoux/
    Côres du Lubéron
21. コート・デュ・リュベロン
    Côtes du Lubéron
22. シャトーヌフ・デュ・パプ
    Châteauneuf-du-Pape
23. リラック
    Lirac
24. タヴェル
    Tavel

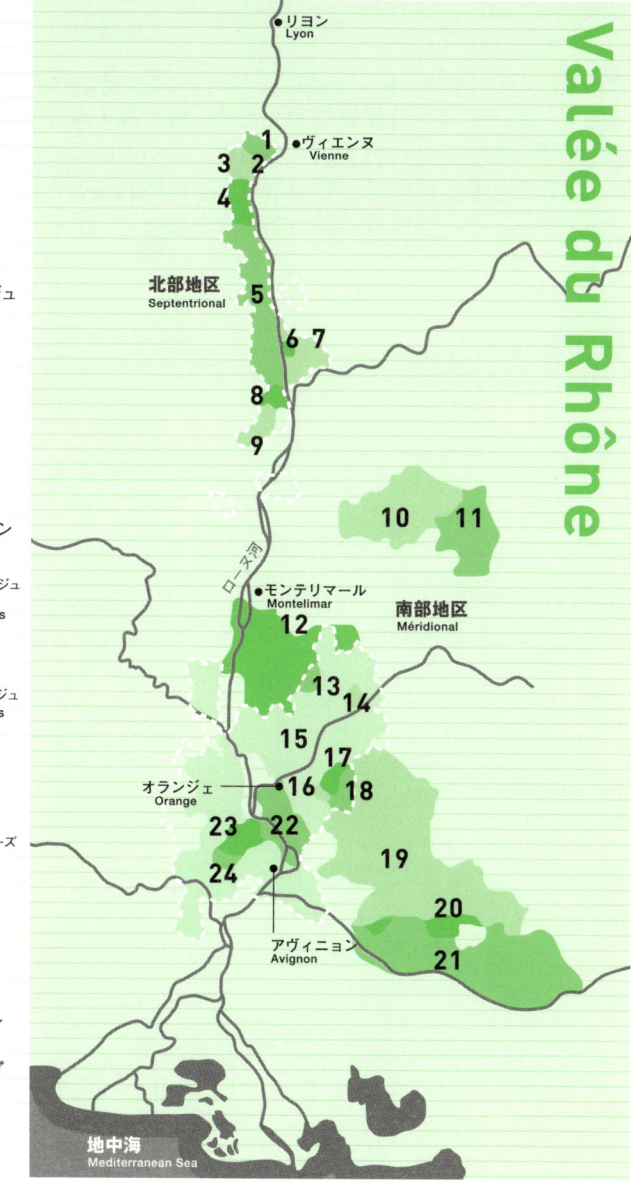

栽培面積	7.9万ha
年間生産量	33.2万kℓ
気候	大陸性気候(北部)／地中海性気候(南部)
土壌	花崗岩・片岩(北部)／石灰質・粘土質・砂岩(南部)
県名	Ardèche、Drôme、Vaucluseほか
主要品種	北部：Syrah, Viognier, Marsanne, Roussanne 南部：Grenache, Mourvédre, Marsanne, Roussanneほか

France フランス ヴァレ・デュ・ローヌ

Step 45 ラングドック・ルーション

ラングドック・ルーション地方は、ローヌ河以西の地中海沿岸に広がる生産地で、国内のぶどう栽培面積のうち4割を占める大産地です。温暖で乾燥した地中海性気候に育まれ、朗らかで肉づきの良い風味が特徴となります。かつては酒精強化酒と安価品の大量供給基地でしたが、近年は品質向上がめざましくA.O.C.ワインの生産量が増えています。

酒精強化酒と安価品の大産地

ラングドック・ルーション地方は国内のぶどう栽培面積の41.5%を占め、国内生産量の12%を産出する国内最大の生産地です。その生産量のほとんどがヴァン・ド・ペイやヴァン・ド・ターブルであったため、かつては日常消費用酒の大供給基地とみなされてきました。高級酒はバニュルスなど一部の酒精強化酒に限られていたことから、消費者には「顔の見えない生産地」となっていました。

新世界譲りの品種名商品で話題に

ラングドック・ルーション地方が市場での存在感を示すようになったのは、新世界で大成功を収めた品種名商品の戦略を受け継いだことからです。ボルドーやブルゴーニュの有名品種を謳った格安な国内産の良品が話題を呼び、国内における「新世界」として初めて市場で注目を集めました。1990年代にはラングドック・ルーションの品種名商品は全盛期をむかえ、顔の見えなかった日常消費用酒の新しい販売形態を構築したといえます。

品質向上と原産地開発で個性化

日常消費用酒の市場が縮小していくのと同時に、1990年代には品質向上を図って上級品市場へと参入を図ろうとする世代が登場し始めました。それなりの存在感を示していた品種名商品でとどまろうとはせずに、グルナッシュやシラーといった地場品種を用いて、ラングドック・ルーションの原産地名で上級品を開発する動きが強まります。最適なぶどう畑の設営から始まり、栽培技術や醸造技術の改善などさまざまな努力が図られ、2000年代になると銘醸地にも並び立つほどの評価を獲得する商品が次々と登場します。

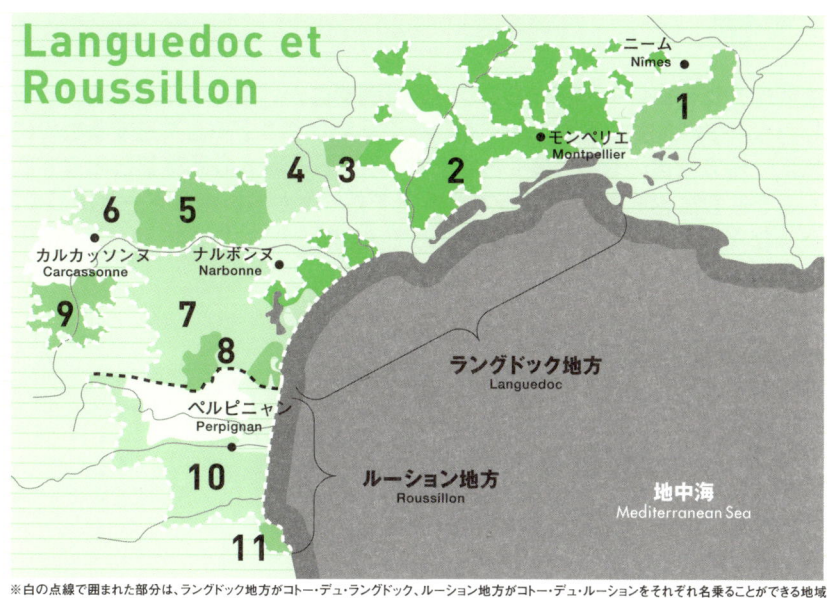

図1: ラングドック・ルーションの産地

※白の点線で囲まれた部分は、ラングドック地方がコート・デュ・ラングドック、ルーション地方がコート・デュ・ルーションをそれぞれ名乗ることができる地域

1 コスティエール・ド・ニーム
Costières de Nîmes

2 ラングドック
Languedoc
ラングドック地方全域の丘陵地で認められた名称で、いくつかの村は村名併記が認められている。村や品種の違いによりさまざまなタイプが生まれる

3 フォジェール
Faugères
内陸の丘陵地にある生産地で、主にシスト土壌からなる。やわらかでふくらみのある赤で有名。西隣のサン・シニアンも似たスタイルのワインが生まれる

4 サン・シニアン
Saint-Chinian

5 ミネルヴォワ／ミネルヴォワ・ラ・リヴィニエール
Minervois／Minervois la Livinière
内陸部の丘陵地へと連なる傾斜地に設けられた生産地。シストや砂岩、石灰岩や泥岩というようにさまざまな土壌がある。主にカリニャン種からスパイシーな風味のワインとなる。域内中心部にミネルヴォワ・ラ・リヴィニエールが設けられている

6 カバルデス
Cabardès

7 コルビエール
Corbières
ラングドック地方では最も西にあるオード県のほとんどで認められている名称。渓谷によって切り出された起伏に富んだ土地で土壌はさまざま。概して穏やかでふくらみのあるスタイルとなる

8 フィトゥー
Fitou
オード県の沿岸部と内陸部の2地区で認められた名称。カリニャン種からたくましい赤が造られる

9 リムー
Limoux

10 コート・デュ・ルーション
Côtes du Roussillon
酒精強化酒を主に生産するルーション地方のスティル・ワインの原産地名。域内にはコリウールがある（酒精強化酒の場合はバニュルスとなる）

11 バニュルス／コリウール
Banyuls/Collioure

栽培面積	5.9万ha（A.O.C.、V.D.Q.Sのみ） ※全栽培面積は21.1万ha
年間生産量	21.0万kl（同上） ※全生産量は101.0万kl
気候	地中海性気候
土壌	片岩質土壌、粘土・石灰質土壌
県名	Gard, Herault, Aude, Pyrénées Orientals
主要品種	黒ぶどう：Grenache、Carignan、Aramon、Cinsaut、Syrah、Mourvédreほか 白ぶどう：Clairette、Piquepoul、Ugni Blancほか

Step 46 南西地方

南西地方はピレネー山脈からフランス南西部にかけて、ボルドー地方を取り囲むように点在する生産地です。栽培品種はボルドーと共通するものに加え、地方独自のものも多くあります。ボルドー地方の外輪部とみなすこともできる地理的関係もあって、手頃でありながらもボルドーと同じく、重厚な赤ワインや貴腐による甘口などでよく知られています。

ボルドーの陰にある長年の苦悩

南西地方は現在、その個性を如何に確立して認知度を高めるかが急務となっています。ボルドーが生産地ではなく、ワインの集積地として機能していた18世紀頃までは、南西地方はいわゆる「ボルドー」ワインの供給地として陰で支えてきました。やがてボルドー自身が生産に力を注ぎ始め、さらには南フランスとの鉄道開通によりボルドーに南フランスから格安商品が流れ込むようになり、南西地方のワイン産業は急激に力を失いました。また、フィロキセラもこれに追い討ちをかけ、今も多くのぶどう畑が再興されずにいます。

中世の頃に負けない評価をめざす動き

従来、南西地方には「貧者のボルドー」といった印象がつきまとい、ガロンヌ河左岸の広大な土地がアルマニャックのために原料を安く供給するためだけにとどまっていました。そのようななか、荒廃したぶどう畑を再興しようという情熱的生産者が現れ始め、徐々に評価が高まってきています。中世の頃、「黒ワイン」と讃えられたカオールでは、従来からぶどう畑が広がっていた河岸の平坦地ではなく、かつて銘酒を生んだ丘陵地でのぶどう畑の開墾（再興）が進んでいます。また、ピレネー山麓部のマディランでも力強い赤が造られるようになるなど、地方全体に高品質化の動きが見られるようになりました。

貴腐や甘口にまでいたる多彩さ

国内で最も色が濃いと讃えられるカオールやマディランの重厚な赤ワインだけでなく、南西地方の品揃えの豊かさはボルドーを凌ぐほどといえます。さまざまな銘柄の軽快な白ワインやほどよい赤ワインのほか、最高級の貴腐にも匹敵するモンバジャックなどがあります。また、ジュランソンでは収穫されたぶどうをむしろの上で乾燥させる、あるいは初冬まで樹上でぶどうを干からびさせて造る極甘口など、異彩を放つものもあります。

図1: 南西地方の産地

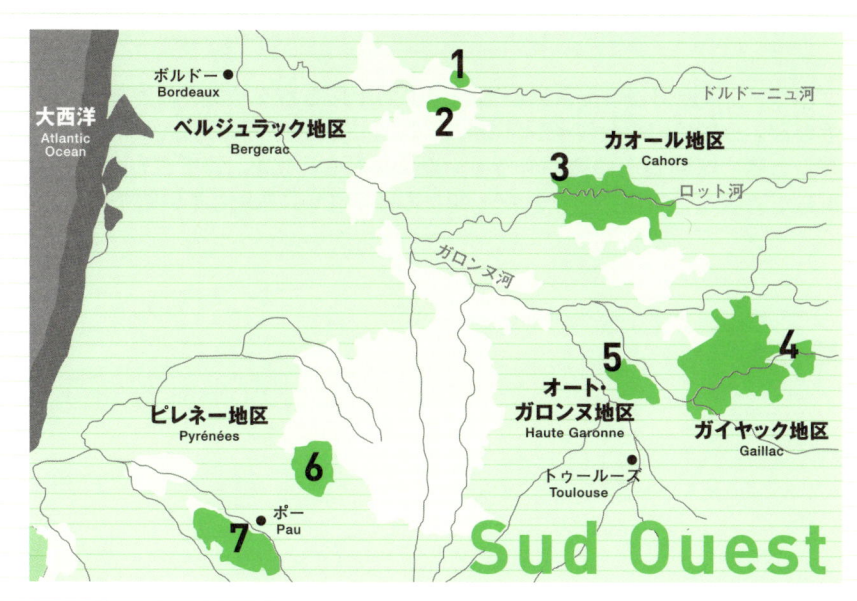

1 ペシャルマン
　Pécharmant

2 モンバジャック
　Monbazillac
　地方随一の貴腐ワインを生むと知られる生産地。セミヨン種やソーヴィニヨン・ブラン種が原料

3 カオール
　Cahors
　ロット河上流にある生産地で、中世の頃には「黒ワイン」と讃えられたほどの名声を得た。当地原産のマルベックは、コットあるいはオーセロワと呼ばれている

4 ガイヤック
　Gaillac

5 フロントン
　Fronton

6 マディラン
　Madiran
　ピレネー山脈に近い丘陵地にある生産地で、タナ種からタンニンが極めて豊富で、頑強な赤を造ることで知られる

7 ジュランソン
　Jurançon
　ピレネー山脈に近い丘陵地にある生産地。収穫したぶどうを乾かしてから仕込むパスリヤージュという方法で造られる甘口

栽培面積	3.3万ha（A.O.C.のみ）　※全栽培面積は6.4万ha
年間生産量	15.9万kℓ（A.O.C.のみ）
気候	海洋性気候
土壌	石灰質、粘土質、砂利質、砂質など
県名	Dordogne、Lot、Lot-et-Garonne、Haut-Garonne、Tarn、Gers、Pyrénées-Atlantiquesほか
主要品種	黒ぶどう：Cabernet Sauvignon、Merlot、Tannat、Côt＝Auxerrois 白ぶどう：Sémillon、Sauvignon、Muscadelle、Mauzac、Petit Manseng、Gros Manseng

Step 47　プロヴァンス、コルス

プロヴァンス地方はローヌ河以東の地中海岸にある生産地で、生産量の大半が親しみやすいロゼワインになります。一方、地中海に浮かぶコルス（コルシカ島）は地酒色が強い赤ワインが大半を占めます。いずれも温暖で乾燥した地中海性気候に育まれた、親しみやすさを打ち出しています。

フランス・ワインの発祥地

プロヴァンス地方はフランス・ワインの発祥地といわれる土地です。その起源は紀元前600年頃にマルセイユに移住したフェニキア人がぶどう栽培を始めたとも、紀元前100年頃にローマ帝国がガリア（フランス）の先住民の定住化政策として、ぶどう園を開墾したともいわれています。温暖で乾いた地中海性気候に恵まれており、その生産量の約70％が名物とされる、軽快で素直なロゼワインになります。

遅々とするも高品質化の動き

南フランスの他産地が興隆していくのとは対照的に、プロヴァンス地方は変化がほとんど見られず、評論家に「退屈」といわれ続けてきました。そのようななかでバンドールやレ・ボー・ド・プロヴァンスといった原産地が認可されたとともに、一部の先鋭的な生産者が高品質な商品を造り始めています。好評を博した生産者が原産地の呼称を許可されなかったことが話題になるなど、まだ開発途上の生産地であることは否めませんが、徐々に高品質化の方向性が現れてきています。

コルス

コルシカ島は16世紀、ジェノバ人によってぶどう畑が開墾されたため、マルヴォワジ（現地ではヴェルマンティーノ）やサンジョヴェーゼ（同ニエルキオ）といった伊系品種が栽培されています。フランス国内では異色の生産地といえますが、1960年代にアルジェリア独立に伴って、アルジェリアからの移住者の支援が行われ、技術導入が進みました。とはいえ、生産量のほとんどは地場で消費されており、さらなる品質向上によって市場への流通が期待されます。

図1: プロヴァンス、コルスの産地

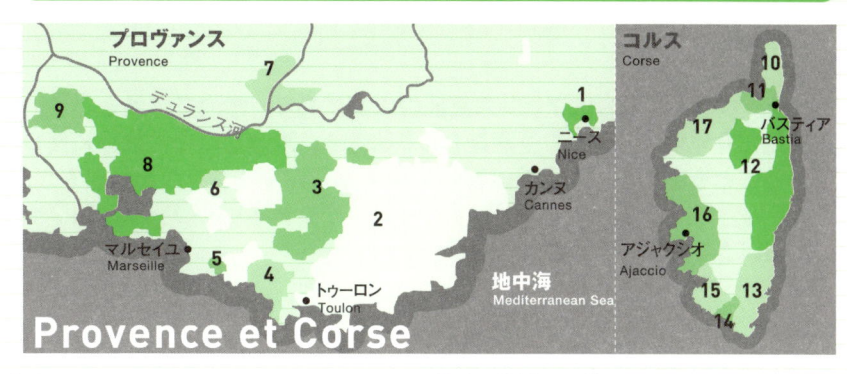

1 ベレ
Bellet

2 コート・ド・プロヴァンス
Côtes de Provence

コート・ド・プロヴァンス・サント・ヴィクトワール
Côtes de Provence Sainte Victoire

コート・ド・プロヴァンス・フレジュ
Côtes de Provence Fréjus

3 コトー・ヴァロワ・アン・プロヴァンス
Coteaux Varois en Provence

4 バンドル
Bandol

地方随一の評価を持つ赤で知られる生産地。小村を取り囲むような、海岸沿いの段丘に栽培地が設けられており、円形劇場に喩えられる地形をしているため、海風が強烈な暑さをやわらげる。長期熟成を経て出荷される力強い赤のほか、軽快で素直な白とロゼがある

5 カシス
Cassis

マルセイユに最も近い位置にある小産地。小さな入江を取り囲むような、海岸沿いの段丘に栽培地が設けられている。軽やかですっきりとした白が有名

6 パレット
Palette

マルセイユの北に広がる丘陵地にある小産地。丘陵に囲まれた北向き斜面のため、他のアペラシオンに比べて生育が遅い。比較的しっかりとした赤を主に生む

7 コトー・ド・ピエールヴェール
Coteaux de Pierrevert

8 コトー・デクス・アン・プロヴァンス
Coteaux d'Aix-en-Provence

観光地として知られるエクス・アン・プロヴァンスの近隣には、コトー・デクス・アン・プロヴァンスとレ・ボー・ド・プロヴァンスがある。いずれも主に力強く芳醇な赤を生む

9 レ・ボー・ド・プロヴァンス
Les Baux de Provence

10 ヴァン・ド・コルス・コトー・デュ・カップ・コルス
Vin de Corse-Coteaux du Cap Corse

11 パトリモニオ
Patrimonio

12 ヴァン・ド・コルス
Vin de Corse

13 ヴァン・ド・コルス・ポルト・ヴェッキオ
Vin de Corse-Porto-Vecchio

14 ヴァン・ド・コルス・フィガリ
Vin de Corse-Figari

15 ヴァン・ド・コルス・サルテーヌ
Vin de Corse-Sartène

16 アジャクシオ
Ajaccio

17 ヴァン・ド・コルス・カルヴィ
Vin de Corse-Calvi

栽培面積	2.9万ha（A.O.C.およびA.O.V.D.Q.S.のみ）※全栽培面積4.2万ha
年間生産量	13.5万kℓ（A.O.C.およびA.O.V.D.Q.S.のみ）※全栽培面積21.7万kℓ
気候	地中海性気候
土壌	石灰質
県名	Bouches-du-Rhône、Var、Alpes-de-Haut-Provence、Alpes-Maritimes
主要品種	黒ぶどう：Grenache、Cinsaut、Mourvèdre、Carignan、Syrah他 白ぶどう：Clairette、Ugni Blanc、Sémillon、 　　　　　Rolle=Vermentino=Marvoisie de Corseほか

Step 48 ジュラ、サヴォワ

ジュラ、サヴォワ地方はフランス東部の山間にあり、国内では最も小さい生産地になります。国内の生産地としては唯一、冷涼な高山性気候に属していることもあって、大よそは軽快で爽やかな白ワインを産出しますが、ジュラ地方ではヴァン・ジョーヌ（黄ワイン）やヴァン・ド・パイユ（藁ワイン）といった特殊な商品が発達しました。

山岳地帯にある国内最小の生産地 ジュラ地方

ジュラ地方はソーヌ盆地（地溝帯）を挟んでブルゴーニュ地方と向き合うように、ジュラ山脈の西側を南北80kmに渡って広がる生産地です。ローヌ河の最大の支流であるソーヌ河の源流域でもあり、オーヴェルニュ地方の一部のぶどう畑（V.D.Q.S.）を除けば、国内では最も標高が高い生産地（300～450m）になります。山脈の西側であるため降雨量が多めであることに加え、ブルゴーニュ地方の東向き斜面に比べて、ジュラ地方の西向き斜面は暖まりにくいことから、爽やかで素直な仕上がりの白ワインを主に生産しています。

アルプスの谷間に拓かれたサヴォワ地方

サヴォワ地方はレマン湖周辺のローヌ河上流域にある生産地で、高山に囲まれた谷間や山麓にぶどう畑が拓かれています。地方全体としては降雨量が多いものの、地形や風向きによって気候が大きく変化し、絶好の南向き斜面などでは降雨も少なく、十分な日照を確保できます。イタリアとフランスの間に位置して両者との交流があった上、山々によって生産地が分断されているため、現在でも栽培品種は多様で、地方独特のものがあります。

特殊商品の黄ワインと陰干ワイン

シャトー・シャロンを最高峰とするジュラ地方の黄ワイン（ヴァン・ジョーヌ）は、酒精強化はしていませんが、フランス版シェリーといえる個性的なワインです。熟成中の目減りを補填せず、樽内に空気が侵入するため、産膜酵母が繁殖して液面に皮膜を形成し、独特の極辛口の風味を作ります。ぶどう品種や熟成期間が厳しく定められているほか、クラヴランという寸胴型の瓶（620mℓ）に詰められて、販売されます。
また、ぶどう栽培地としては破格（年間約1200mm）の降雨量を持つジュラ地方の特産品として、藁ワイン（ヴァン・ド・パイユ）もあります。収穫されたぶどうを天井から吊るして、あるいは藁のむしろの上において乾燥（この作業をパスリヤージュと呼ぶ）させてから仕込むものです。乾燥により糖度が上がるため甘口に仕上がり、ポ（またはドゥミ・クラヴラン）という小瓶（375mℓ）に詰められて、販売されます。アルプス周辺地域では、やはり降雨量の多いヴェネト州（イタリア）でもレチョートと呼ばれるぶどうを陰干しして仕込むワインが有名です。また、国内ではジュランソン（南西地方）やわずかなエルミタージュ（ローヌ）でもパスリヤージュによるワインが造られています。

図1: ジュラ地方の生産地区

1 コート・デュ・ジュラ
Côtes du Jura

2 アルボワ
Arbois

3 シャトー・シャロン
Château-Chalon
黄ワインの最高峰で、「フランスの5大白ワイン」の1つ。ジュラ地方の中心部にあって、石灰岩の断崖が南向きの栽培地を囲んでいる。この断崖が標高の高さにもかかわらず、ぶどうが完熟するのを助けている

4 レトワール
L'Étoile
シャトー・シャロンより南西のやや標高が低くなった丘陵地にある生産地。爽やかな白のほか、黄ワインや藁ワインが生産される

※細い点線で囲まれた部分は、コート・デュ・ジュラを名乗ることができる地域

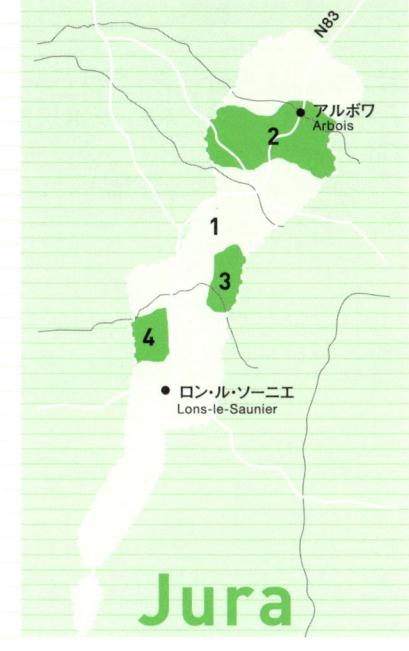

栽培面積	1900ha
年間生産量	0.9万kℓ
気候	高山性気候
土壌	泥灰土
県名	Jura、Doubs
主要品種	黒ぶどう：Poulsard、Trousseau、Pinot Noir(Gros Noirien) 白ぶどう：Savagnin(Naturé)、Chardonnay(Melon d'Arbois)、Pinot Blanc

図2: サヴォワ地方の生産地区

5 ヴァン・ド・サヴォワ
Vin de Savoie

6 クレピー
Crépy

7 ルーセット・ド・サヴォワ
Roussette de Savoie

8 セイセル
Seyssel

※細い点線で囲まれた部分は、ヴァン・ド・サヴォワを名乗ることができる地域

栽培面積	3800ha
年間生産量	1.4万kℓ
気候	高山性気候
土壌	泥灰土、石灰質
県名	Ain、Isère、Haute-Savoie、Savoie
主要品種	黒ぶどう：Mondeuse、Gamay Noir、Pinot Noir、Poulsard、Cabernet Franc、Cabernet Sauvignon 白ぶどう：Chasselas、Altesse(Roussette)、Aligoté、Jacquère、Chardonnay、Molette、Gringet、Malvoisie、Roussanne、Mondeuse Blanche、Pinot Gris

France
フランス　ジュラ、サヴォワ

Step 49 イタリア 1
概論

イタリアは生産量ではフランスと首位を競う大国であり、その歴史は主要国のなかでも最も長いものの1つといえます。地元消費志向が強く、栽培品種は300種以上を数えるといった、混沌とした状態が「らしさ」といわれてきましたが、近年はいくつもの銘柄が国際市場での評価を獲得し、近代化が加速しています。

ローマ帝国による ぶどう栽培の伝播

イタリアのワイン史上最大の貢献は、ローマ帝国によるぶどう栽培と醸造技術の伝播です。狩猟民であった人々を農業に従事させることで、植民地を安定的に経営するのが目的でした。ヨーロッパ諸国の現在のぶどう栽培地は、この当時に開拓された土地とほぼ同じといえます。また、フランス、ドイツ、スペインといった周辺諸国が東方民族やイスラム勢力の流入による、ぶどう栽培の衰退期が一時あったのとは対照的に、イタリアは古代から中世を通して安定的に発展を遂げてきました。

遅ればせの 転換期を迎えた大国

地中海沿岸諸国ではワインは日常消費用酒としての位置づけにあり、生産者は質より量を、消費者は質より価格を重視する傾向がありました。そのため、イタリアは19世紀以降、ヨーロッパ諸国への低価格品の安定供給基地としての立場を保ち続けてきました。ところが、1970年代に入ると、若年層が低アルコール飲料などを好む傾向が強くなってきたなど背景にして、低価格帯市場が縮小し始め、イタリアの生産者の間でも量から質へと意識の変革が起こり始めました。

地中海に伸びる 温暖な土地

ほぼ地中海に突き出した南北1200kmの国土は、地中海性の温暖で乾燥した気候に属しており、全20州でぶどう栽培が行われています。アルプス山脈やアペニン山脈による起伏に富んだ地勢のため、やや冷涼な気候がところどころに形成されてもいます。また、その恵まれた栽培条件のお陰で、D.O.P.に認定された上級ワインだけでも栽培品種は約130品種に及び、すべての栽培品種は300品種以上と（400品種とも）いわれています。赤ワインに比重を置いた生産とはいえ、豊富な品揃えが特徴です。古代ギリシャ時代、本国ギリシャの人々はイタリアの植民都市で造られたワインの品質の高さを讃え、イタリアを「エノトリア・テルス（ワインの大地）」と呼びました。近代化による品質向上によって、その潜在性が徐々に発揮されつつあります。

図1: イタリア全州

栽培面積　84.7万ha
年間生産量　459.8万kℓ

北部山麓地方

1. ヴァッレ・ダオスタ
   Valle d'Aosta
2. ピエモンテ
   Piemonte
3. ロンバルディーア
   Lombardia
4. トレンティーノ・アルト・アディジェ
   Torentino-Alto Adige
5. ヴェネト
   Veneto
6. フリウリ・ヴェネツィア・ジューリア
   Friuli-Venezia Giulia

気候：国内では最も冷涼な産地。西側は高山に囲まれ、より涼しい

特徴：赤は果実味に富む中以上の酒躯。なかにはバローロのような長期熟成型もある。白は繊細で、酸味がのる

中部地方

7. エミリア・ロマーニャ
   Emilia Romagna

気候：平野部隣接の丘陵地

特徴：軽快で素直なものが多い

ティレニア海沿岸地方

8. リグーリア
   Liguria
9. トスカーナ
   Toscana
10. ウンブリア
    Umbria
11. ラツィオ
    Lazio
12. カンパーニア
    Campania
13. バジリカータ
    Basilicata
14. カラブリア
    Calabria

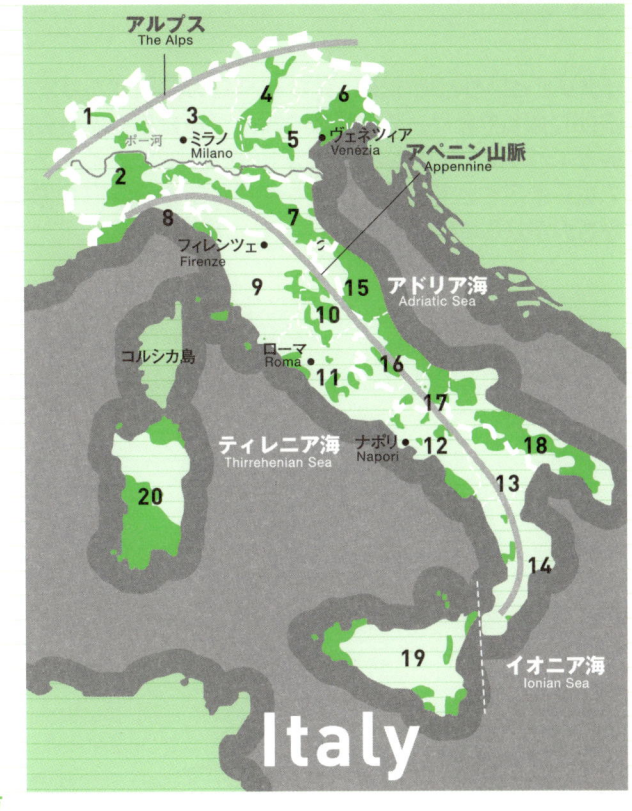

気候：沿岸からアペニン山脈の丘陵地までで、さまざま

特徴：果実味に富む中位の酒躯。均整の取れたものが多い

アドリア海沿岸地方

15. マルケ
    Marche
16. アブルッツォ
    Abruzzo
17. モリーゼ
    Molise
18. プーリア
    Puglia

気候：温暖

特徴：穏やかな風味を持つものが多い

地中海沿岸地方

19. シチリア
    Sicilia
20. サルデーニャ
    Sardegna

気候：暑い

特徴：酒精分高く、やわらかなものが多い

地図ラベル: アルプス The Alps / ポー河 / ミラノ Milano / ヴェネツィア Venezia / アペニン山脈 Appennine / フィレンツェ Firenze / アドリア海 Adriatic Sea / コルシカ島 / ローマ Roma / ティレニア海 Thirrehenian Sea / ナポリ Napori / イオニア海 Ionian Sea / Italy

ヨーロッパ　イタリア1

図2: 原産地制度（旧原産地統制呼称）の構造

階級	名称	新しいカテゴリー
D.O.C.G.	保証付原産地統制名称ワイン Denominazione di Origine Controllata e Gerantita	D.O.P.
D.O.C.	原産地統制名称ワイン Denominazione di Origine Controllata	
I.G.T.	地理的生産地表示テーブルワイン Vino da Tavola Indicazione Geografica Tipica	I.G.P.
Vino da Tavola	テーブルワイン Vino da Tavola	Vino

107

Step 50 イタリア 2
北部

イタリアというと地中海に伸びる半島の印象がありますが、その北部は大陸部に属しており、アルプスの高山が連なる地域から国内最大のパダナ平野までバラエティ豊かな栽培条件が揃っています。ワインは丘陵地や平野で広く生産されており、気軽な白ワインから重厚な赤ワインまでさまざまなものが造られています。

イタリア随一のスパークリングとなったフランチャコルタ

フランチャコルタは1950年代に若きエノロゴ、フランコ・ジリアーニが友人のガイド・ベルルッキに「シャンパンのようなワインを造らないか？」と持ちかけたものがはじまり。その後、マウリッツィオ・ザネッラが所有する「森の家（カ・デル・ボスコ）」と呼ばれた別荘地で本格的な生産をはじめたのを皮切りに（現カ・デル・ボスコ社）、ベッラヴィスタ社などいくつかの生産者が参入し、わずか半世紀ほどでスパークリング・ワインでは国内最高峰の評価を築き上げました。ミラノからも近いイゼーオ湖畔の冷涼気候で育れたぶどうを使い、瓶内二次発酵による丁寧なワイン造りを行います。1995年D.O.C.G.に昇格を遂げたことで、注目を集めるようになりましたが、厳格な規制を行うことで品質維持を図るとともに、生産拡大を抑えています。

イタリアの胃袋と呼ばれるエミリア・ロマーニャ州

国内最大の河川ポー河が形成するパダナ平野が大部分を占めるエミリア・ロマーニャ州は穀物生産や畜産が盛んに行われ、その特産品である生ハムやチーズはよく知られています。平野部で造られるワインは、ランブルスコという気軽な弱発泡性の赤ワインが中心です。もともと、地元では普段から食事とともに気軽に愉しむ辛口ワインとして広まりましたが、1980年代に米国市場で甘口が人気となったことから、地元以外では食前酒のような扱いを受けるようになりました。近年は食事にあわせられる辛口を輸出向けに強化する動きが出てきています。また、ランブルスコのワイナリーの多くがバルサミコ酢の生産も行っていたりします。近年、アペニン山脈にかかる南部の丘陵地で高品質なワインが造られ始めています。

豊富な品揃えを誇る生産地

ヴァッレ・ダオスタ州は「アオスタの渓谷」という地名のように、アルプスを抱える山岳地帯です。フランスとスイスと国境を接することから、昔から交通の要所として栄えてきました。面積は全州のうち最も小さく、きびしい高山性気候であるため、ワインの生産量は国内最少。耕作地は限られ、ドーラ・バルテア川の河岸斜面では棚式（ペルゴラ）栽培が行われています。一方、リグーリア州はティレニア海に面しているとはいっても、アペニン山脈が海岸までせり出しているため、平地はほとんどありません。ぶどう栽培は海岸近くを段々畑に切り開いて行われたりしています。温暖な地中海性気候に恵まれているため、生産量が少ない割に、100品種以上といわれるほどに数多くの品種が栽培されています。

図1: イタリア北部の産地

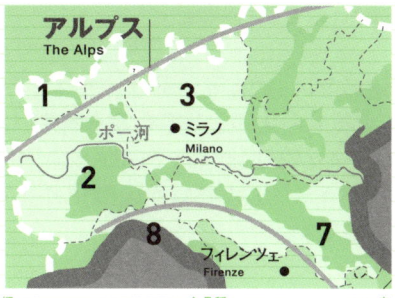

アルプス The Alps
ポー河
ミラノ Milano
フィレンツェ Firenze

生産州	D.O.C.G.銘柄	主品種	赤	白	口※1	昇格年	発	降	R	S	C※2
1 ヴァッレ・ダオスタ Valle d'Aosta											
2 ピエモンテ Piemonte	アスティ Asti	モスカート・ビアンコ	-	○	-	1993	-	-	-	-	-
	バルバレスコ Barbaresco	ネッビオーロ	●	-	-	1980	-	-	-	●	-
	バルベーラ・ダスティ Barbera d'Asti	バルベーラ85%以上	●	-	-	2008	-	-	-	-	●
	バルベーラ・デル・モンフェッラート・スーペリオーレ Barbera del Monferrato Superiore	バルベーラ85%以上	●	-	-	2008	-	-	-	-	●
	バローロ Barolo	ネッビオーロ	●	-	-	1980	-	-	-	●	-
	ブラケット・ダックイ／アックイ Brachetto d'Acqui／Acqui	ブラケット	●	-	-	1996	△	-	-	-	-
	ドルチェット・ディ・ディアーノ・ダルバ／ディアーノ・ダルバ Dolcetto di Diano d'Alba／Diano d'Alba	ドルチェット	●	-	-	2010	-	-	-	-	-
	ドルチェット・ディ・ドリアーニ・スーペリオーレ／ドリアーニ Dolcetto di Dogliani Superiore／Dogliani	ドルチェット	●	-	-	2005	-	-	-	-	-
	ドルチェット・ディ・オヴァーダ・スーペリオーレ／オヴァーダ Dolcetto di Ovada Superiore／Ovada	ドルチェット	●	-	-	2008	-	-	-	-	-
	エルバルーチェ・ディ・カルーゾ／カルーゾ Erbaluce di Caluso／Caluso	エルバルーチェ	-	○	-	2010	△	(Ps)	Ps	-	-
	ガッティナーラ Gattinara	スパンナ90%以上	●	-	-	1990	-	-	-	●	-
	ガヴィ／コルテーゼ・ディ・ガーヴィ Gavi／Cortese di Gavi	コルテーゼ	-	○	-	1998	▲	-	-	-	-
	ゲンメ Ghemme	スパンナ75%以上	●	-	-	1997	-	-	-	●	-
	ロエーロ Roero	ネッビオーロ、アルネイス	●	○	-	2004	(白)	-	赤	-	-
	ルケ・ディ・カスタニョーレ・モンフェラート Ruchè di Castagnole Monferrato	ルケ90%以上	●	-	-	2010	-	-	-	-	-
3 ロンバルディーア Lombardia	フランチャコルタ Franciacorta	ピノ・ビアンコ、ピノ・ネーロ、シャルドネ	-	発	発	1995	★	-	-	-	-
	モスカート・ディ・スカンツォ／スカンツォ Moscato di Scanzo／Scanzo	モスカート・ディ・スカンツォ	-	○	-	2009	-	-	-	-	-
	オルトレポ・パヴェーゼ・メトード・クラッシコ Oltrepò Pavese Metodo Classico	ピノ・ネーロ	-	発	発	2007	★	-	-	-	-
	スフォルツァート・デイ・ヴァルテッリーナ／スフルザート・デイ・ヴァルテリーナ Sforzato di Valtellina／Sfursat di Valtellina	キアヴェンナスカ	●	-	-	2003	-	Sf	-	-	-
	ヴァルテッリーナ・スペリオーレ Valtellina Superiore	キアヴェンナスカ	●	-	-	1998	-	-	-	●	●
7 エミリア・ロマーニャ Emilia Romagna	アルバーナ・ディ・ロマーニャ Albana di Romagna	アルバーナ	-	○	-	1987	-	(Ps)	(Ps)	-	-
	コッリ・ボロニェージ・クラッシコ・ピニョレット Colli Bolognesi Classico Bignoletto	ピニョレット	-	○	-	2010	-	(Ps)	-	-	-
8 リグーリア Liguria											

※1 色の見方
発：該当色の発泡酒
甘：該当色の甘口

※2 特殊商品の見方①（発=発泡酒）
★：必須（発泡酒のみ）
△：任意（発泡酒またはスティル・ワイン）
▲：任意（発泡酒、弱発泡酒、スティル・ワインのどれか）

※2 特殊商品の見方②（降=陰干しワイン）
Ps：パッシート
Rc：レチョート
Sf：スフォルザート
(　)は任意の場合

※2 特殊商品の見方③（R.S.C.=上級商品）
R：リゼルヴァ
S：スーペリオーレ
C：クラッシコ

イタリア3
ピエモンテ

イタリアの2大銘醸地の1つ、ピエモンテは、トリュフやチーズなどさまざまな食材を生み出す、美食の土地としても知られています。その豊かな食文化に育まれ、ワインは軽快な発泡酒や白から重厚な赤までの幅広い品揃えを誇ります。また、イタリアにおける国際化と高品質化の牽引的な役割を担ったことでも有名です。

イタリア・ワインの王 バローロ

ピエモンテ州は国内最大の河川ポー河の源流部にあたり、北西南を山々が取り囲んでいます。ぶどう栽培地は州北部のアルプス山麓、州南部の丘陵地の2ヵ所に集約されます。とくに南部は、州都トリノの東南にあたる広大な土地で、「イタリア・ワインの王」と呼ばれるバローロのほか、その弟的存在のバルバレスコ、軽快な発泡酒で知られるアスティなどが有名です。また、従来は注目を集めなかったバルベッラやドルチェットも、いくつかの銘柄は近代技術の導入によって現代的なワインとして生まれ変わり、高い評価を集めるようになってきました。

近代化の象徴的存在

1970年代以降、イタリアにおいても品質競争を邁進するフランス、アメリカを追いかけるかたちで、近代化が始まります。まずはガイヤ社が畑の改良、クローンの選抜、収量制限、近代的醸造技術の導入などを行いました。当初、国内では奇抜な試み程度に思われていましたが、アメリカで好評を博したのを皮切りに、国外市場において高値で取り引きされるようになりました。こういった世界情勢が山間の生産地にも徐々に伝わるとともに、経済的動機に応じて追随する生産者が増えてきました。とくに1980年代になると、それまで大手醸造所にぶどうを売って生計を立てていた、小規模栽培家が元詰めへと転換する事例が増えてきました※。

※ マルク・デ・グラッツィアが組織するバローロ・ボーイズ（バロリスタ）が有名。マルクが技術や資金の援助を行い、その販売を一手に引き受けることで、両者が利益を分け合うようなしくみをとっている

古典派と現代派の対立

古典派と現代派として対比されるように、バローロなどではスタイルが入り乱れている状態にあります。一般的に伝統派は大樽で長期の熟成を経ることで、瓶詰め時には熟成感の現れた風味となります。一方、現代派は新樽（小樽）で、ある程度の熟成でとどめることで、瓶詰め時にはまだ新鮮味の残る風味となります。そのため、同じバローロであっても両者では随分とスタイルが違っており、消費者はそのスタイルを知っていなくては好みに出会えないという問題があります。

図1: ピエモンテ州の産地

1 北部山麓地区：ガッティナーラ、ゲンメなど
2 アスティ地区
3 アルバ地区（ランゲ地区）：バローロ、バルバレスコが有名
4 ガヴィ地区

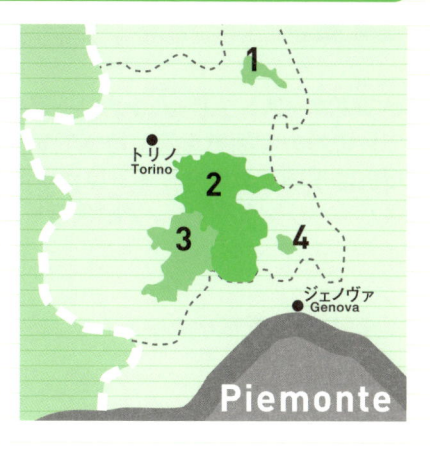

図2: バローロの生産地区

1 ラ・モッラ
　La Morra
2 バローロ
　Barolo
3 モンフォルテ・ダルバ
　Monforte d'Alba
4 セッラルンガ・ダルバ
　Serralunga d'Alba
5 カスティリオーネ・ファレット
　Castiglione Falletto

首都トリノの南々東30kmにあるアルバの南方に広がる生産地。地区東部（セッラルンガ・ダルバ村、カスティッリオーネ・ファレット村、モンフォルテ・ダルバ村）は砂岩が多い土壌で急峻な地形をしており、そのワインは凝縮感に富む骨太な風味といわれます。一方、地区西部（バローロ村、ラ・モッラ村など）は泥灰土のなだらかな丘で、華やかでやさしい風味に仕上がるといわれます。

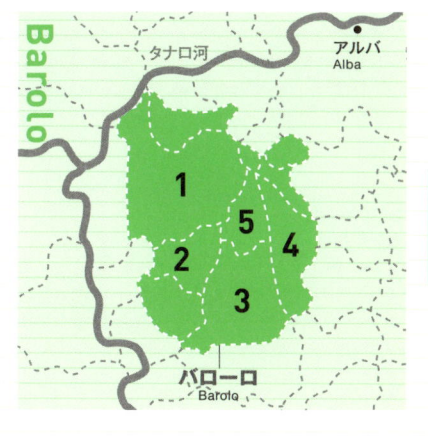

Step 52

イタリア 4
北東部

かつてオーストリア・ハンガリー帝国に領有されていたことから、イタリアでも独特の雰囲気を持つ地域です。大都市ミラノやヴェネツィアにも近く、以前は手頃で気軽なワインばかりを手掛けてきました。近年は白ワインやスパークリング・ワインで国内随一の評価を得るようになっています。

イタリア代表格の赤白ワインを抱えるヴェネト州

『ロミオとジュリエット』の舞台でもあるヴェローナは、ヴァルポリチェッラとソアーヴェという北部地方では最も有名な銘柄を生む土地です。いずれも居酒屋で飲まれる手頃で気軽なものとして親しまれてきた一方、わずかに手掛ける伝統的な陰干しぶどうから造るワイン※が賞賛されてきました。近年、クインタレッリ家やダル・フォルノ家などの情熱的生産者の登場により、通常のヴァルポリチェッラもきわめて高品質のものが造られるようになりました。また、ほかの生産地の例に漏れず、地理的表示の認定地域が拡大されるなかで混乱が生じて、品質向上を牽引してきたはずのアンセルミ社やピエロパン社といった優良生産者がD.O.C.G.「ソアーヴェ」を脱退したことでも話題になりました。

※ ヴェネト州の伝統的な醸造法で、収穫されたぶどうを陰干しして乾燥させた後に仕込むため、通常の仕込みに比べて酒躯が強化される。一般的にはパッシートと呼ばれて甘口に仕上げるが、ヴェネト州ではレチョートと呼び、ヴァルポリチェッラでは辛口に仕上げたものをアマローネと呼ぶ。

国内随一の白ワイン産地フリウリ州

フリウリ・ヴェネツィア・ジューリアやトレンティーノ・アルト・アディジェなどイタリア北東部は、第1次世界大戦までオーストリアによって領有されていました。そのため、今も公用語としてドイツ語も認められています。これらの地方ではフリウラーノやリボッラ・ジアッラなどの地場品種に加えて、シャルドネやソーヴィニヨン・ブラン、メルロなどのフランス品種が多く栽培されています。これは18世紀に仏墺同盟が成立したことから、その頃に移植されたものです。この地方のワインは、以前は地場消費に充てられるばかりでしたが、1980年代頃から品質向上が進み、今ではイタリア随一の白ワイン生産地として知られるようになりました。

発泡酒と独品種で存在感を示すトレント州

トレンティーノ・アルト・アディジェ州はドロミテ・アルプスを抱える山岳地帯で、耕作地は峡谷の限られた土地しかありません。生産量はそれほど多くありませんが、個性的なワインで存在感を示しています。州北部アルト・アディジェ地方はドイツやオーストリアの影響を強く受けてきたため、リースリングやシルヴァーナー、ゲヴュルツトラミナーなどの品種が栽培されています。一方、州南部トレント地方では独自品種が多く栽培されており、なかでもテロルデゴ種から造る重厚な赤ワインのテロルデゴ・ロタリアーノは「トレントの王」と讃えられています。また、瓶内二次発酵を利用したスパークリング・ワイン生産が盛んに行われており、フェッラーリ社やロータリ社などの国内屈指の大手業者が集まっています。

図1: イタリア北東部の産地

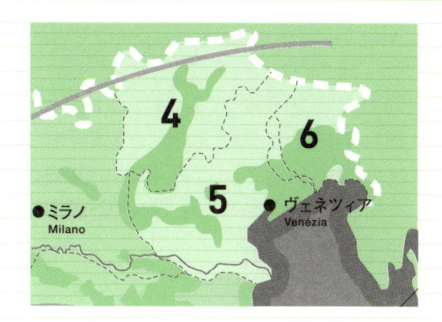

生産州	D.O.C.G.銘柄	主品種	赤 白 口※1	昇格年	発 甘 R S C※2
4 トレンティーノ・アルト・アディジェ Torentino-Alto Adige					
5 ヴェネト Veneto	アマローネ・デッラ・ヴァルポリチェッラ Amarone della Valpolicella	コルヴィーナ・ヴェロネーゼ主体	● - -	2009	- - - - ●
	バルドリーノ・スーペリオーレ Bardolino Superiore	コルヴィーナ・ヴェロネーゼ他	● - -	2001	- - - ● ●
	コッリ・アソラーニ・プロセッコ／アソロ・プロセッコ Colli Asolani Prosecco／Asolo Prosecco	グレーラ	- ○ -	2009	▲ - - ★ -
	コッリ・エウガネイ・フィオル・ダランチョ／ フィオル・ダランチョ・コッリ・エウガネイ Colli Euganei Fior d'Arancio／Fior d'Arancio Colli Euganei	モスカート・ジャッラ	- ○ -	2010	△ (Ps) - - -
	コネリアーノ・ヴァルドッビアーデネ・プロセッコ／ コネリアーノ・プロセッコ／ ヴァルドッビアーデネ・プロセッコ Conegliano Valdobbiadene-Prosecco／ Conegliano-Prosecco／Valdobbiadene-Prosecco	グレーラ	- ○ -	2008	▲ - - ★ -
	リソン Lison	タイ	- ○ -	2011	
	ピアーヴェ・マラノッテ／ マラノッテ・デル・ピアーヴェ Piave Maranotte／Maranotte del Piave	ラボソ・ピアーヴェ他	● - -	2010	
	レチョート・デッラ・ヴァルポリチェッラ Recioto della Valpolicella	コルヴィーナ・ヴェロネーゼ他	甘 - -	2010	- Rc - - Rc
	レチョート・ディ・ガンベラーラ Recioto di Gambellara	ガルガーネガ	- 甘 -	2008	- Rc - - Rc
	レチョート・ディ・ソアヴェ Recioto di Soave	ガルガーネガ70％以上	- 甘 -	1998	- Rc - - Rc
	ソアヴェ・スーペリオーレ Soave Superiore	ガルガーネガ70％以上	- ○ -	2001	- - - - Rc
6 フリウリ・ヴェネツィア・ ジューリア Friuli-Venezia Giulia	コッリ・オリエンターリ・デル・フリウリ・ピコリット Collo Orientali del Friuli Picolit	ピコリット85％以上	- 甘 -	2006	- - ● - -
	ラマンドロ Ramandolo	ヴェルドゥッツォ・フリウラーノ	- ○ -	2001	

※1 色の見方
発：該当色の発泡酒
甘：該当色の甘口

※2 特殊商品の見方①（発＝発泡酒）
★：必須（発泡酒のみ）
△：任意（発泡酒またはスティル・ワイン）
▲：任意（発泡酒、弱発泡酒、スティル・ワインのどれか）

※2 特殊商品の見方②（陰＝陰干しワイン）
Ps：パッシート
Rc：レチョート
Sf：スフォルザート
（　）は任意の場合

※2 特殊商品の見方③（R.S.C.＝上級商品）
R：リゼルヴァ
S：スーペリオーレ
C：クラッシコ
★：発泡酒のみ

Step 53 イタリア 5
トスカーナ

トスカーナは近代化のために急進的な立場を選び、イタリアの混沌の原因とも象徴ともいわれました。2大銘醸地として並び立つピエモンテが穏健なかたちで近代化されたのに対して、こちらでは栽培技術や醸造技術の改善ばかりでなく、仏系品種の導入や新しい栽培地の開拓など、極めて野心的で積極的な近代化が行われました。

海岸から丘陵までの多彩な土地

イタリア半島中央部にあるトスカーナ州は、ティレニア海に面する沿岸部から半島の背骨を形成するアペニン山脈にいたるまで、さまざまな高低や起伏に富んだ地勢を形成しています。伝統的なぶどう栽培地は、フィレンツェ近郊にあるキアンティ地区やサンジミニャーノ地区のように、あるいはシエナ近郊のモンタルチーノ地区のように、より冷涼な土地を求めて山間に開かれてきました。ところが、1970年代になってロケッタ侯爵家が沿岸部にある地所で造った「サッシカイヤ」というワインが話題になると、それまでぶどう栽培が行われていなかった「未開地」においても、可能性を求めてぶどう栽培が行われるようになりました。

最も有名で最もさげすまれたワイン

現在、キアンティはイタリアで最も有名、かつ最もさげすまれた銘柄の1つといってもよいでしょう。かつて飲みやすさが求められた時代には、ゴベルノという独特の醸造法によって尊ばれていました。ところが、原産地制度（1967年）を導入するにあたり、原産地を不当に拡大させたことに加え、飲みごたえが求められ始めた時代にゴベルノを必須としたために、高品質や希少性を求める時代の波に乗り遅れることになります。現在、その反省から本来のキアンティ地区は「キアンティ・クラッシコ」という独自名称を獲得したほか、ゴベルノに規定されていた白ぶどうの混入は必須ではなくなり、遅ればせながら時代の波に追いつこうとしています。

スーパー・トスカーナから始まった新時代

1970年代になると原産地制度が時代に逆行していることが明らかとなり、それまでぶどう栽培地とは考えられていなかった沿岸部で造られた「サッシカイヤ」の登場を皮切りに、原産地制度に縛られないヴィノ・ダ・ターヴォラで高品質化をめざそうという動きが強まります。とくに注目すべきは品種に対する意識が統一されず、①仏系品種主体、②サンジョヴェーゼ主体、③サンジョヴェーゼ100％といったさまざまな方向性が現れたことです。そのため、ほとんどの場合は新樽熟成による現代的なスタイルをめざしていますが、品種構成がどうであるかにより、若干の違ったニュアンスが生まれます。

図1: トスカーナ州の産地

1 キアンティ・クラッシコ地区
主要4村（カステリーナ村、ラッダ村、ガイオーレ村、グレーヴェ村）からなる本来のキアンティ地区

2 キアンティ生産可能地区
D.O.C.認定時に加えられた地区で、州全域の広大な土地が認められている

3 サンジミニャーノ地区
州一番の評価を得る白の地区

4 モンタルチーノ地区
「イタリア・ワインの女王」と呼ばれるブルネッロ・ディ・モンタルチーノを生む地区

5 モンテプルチアーノ地区
近年、評価を高めている地区

6 ボルゲリ地区
新たに開拓された土地で、スーパー・トスカーナの主戦場

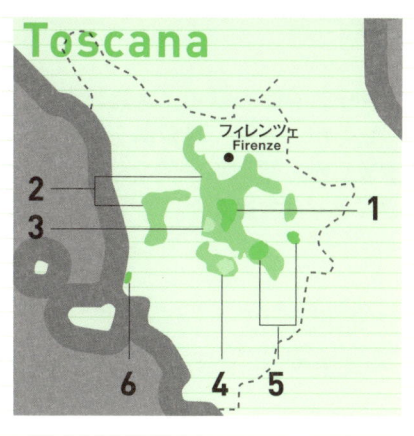

表1: キアンティ・クラッシコ誕生までの経緯

	品種	D.O.C.認定時（1967年）	D.O.C.G.認定時（1984年）	独立名称認定時（1996年）
黒ぶどう	Sangiovese	◎	◎	◎
	ほか	○	○	△
白ぶどう	Malvasia, Trebbiano	○	○	△

1996年以降はサンジョヴェーゼ100%で「キアンティ・クラッシコ」を名乗れるようになった

◎：主要品種　○：補助品種（必須）　△：補助品種（任意）

※白ぶどうの果汁とのブレンドは、19世紀、リカーゾリ男爵により考案された技術で、キアンティの製法として規定されていた。風味にやわらかさと新鮮味を与えるために、サンジョヴェーゼを中心とする黒ぶどうの発酵が終了する直前に、陰干しした白ぶどうの果汁を加えて発酵を継続させるというもの。1996年の法改正により必須ではなくなった

図2: キアンティ・クラッシコ認定までの経緯

本来のキアンティ地区はフィレンツェとシエナに挟まれた丘陵地でしたが、その名声からD.O.C.認定時には広大な周辺地域も組み込まれました（1967年）。これを不服とした旧地区の生産者は、ヴィノ・ダ・ターヴォラに移行する動きが活発化するとともに、旧地区の分離案を申請します。そして、ゴベルノの呪縛から逃れると同時に「キアンティ・クラッシコ」として旧地区の分離が認められます（1996年）。

1 サン・カッシアーノ・ヴァル・ディ・ペサ
San Casciano Val di Pesa

2 タヴァルネッレ・ヴァル・ディ・ペサ
Tavarnelle Val di Pesa

3 バルベリーノ・ヴァル・デルサ
Barberino Val d'Elsa

4 ポッジボンシ
Poggibonsi

5 カステリーナ・イン・キアンティ
Castellina in Chianti

6 グレーヴェ・イン・キアンティ
Greve in Chianti

7 ラッダ・イン・キアンティ
Radda in Chianti

8 ガイオーレ・イン・キアンティ
Gaiole in Chianti

9 カステルヌォーヴォ・ベラルデンガ
Castelnuovo Berardenga

Step 54

イタリア 6
中部

イタリア中部のワインは気軽なものが中心で、地場で消費される傾向にありました。近年、品質向上に努め、個性化を図る生産者が各地に登場してきました。個別事例的な成功とはいえ、徐々に注目を集めるようになってきており、今後の躍進が期待されます。

地場消費ワインを手掛けるラツィオやウンブリア

イタリアの首都ローマを抱くラツィオ州は、生産量では上位に入りますが、ほぼすべてが気軽なタイプのワインで、地場で消費される傾向にあります。フラスカーティなど知名度の高いワインもいくつかはあり、以前は国際市場での露出も多かったものの、近年は他産地の隆盛に押され、あまり話題になりません。

また、ウンブリア州も豊かな自然に加えて、古代エトルリア遺跡やキリスト教遺跡があり、観光地として発展を遂げました。気軽な白ワインのオルヴィエートが広く親しまれており、上級品は山麓地帯でわずかに造られる重厚な辛口赤ワインのトルジャーノ・ロッソ・リゼルヴァやサグランティーノ・ディ・モンテファルコくらいでした。以前は隣のトスカーナ州のために霞みがちでしたが、近年は徐々に注目が集まっています。

地場消費酒から品質向上を遂げるアドリア海沿岸州

半島東側にあるアドリア海沿岸州はアペニン山脈が海岸線まで迫るため、いずれも山岳地や丘陵地でほぼ形成され、ほとんど平野がありません。ワインの州別の生産量ではマルケ州やアブルッツォ州がなんとか中ほどに食いこむくらいです。以前は地場で消費される気軽なものを中心に生産されてきましたが、近年は品質向上や個性化を遂げたものも出てきています。マルケ州では辛口赤ワインのロッソ・コーネロのうち、一部がコーネロとしてD.O.C.G.に認定されています。また、めずらしい発泡性赤ワインで、辛口から甘口まであるヴェルナッチャ・ディ・セッラペトローナもD.O.C.G.に認められました。
一方、アブルッツォ州では辛口赤ワインのモンテプルチアーノ・ダブルッツォのうち、一部がD.O.C.G.に認められました。

独特の文化を育んだサルデーニャ

サルデーニャ州は地中海ではシチリアに次ぐ大きな島で、山岳地域や丘陵地域も険しくないものの、岩石に覆われているところが多く、豊かとはいいがたい土地です。近年になってコスタ・スメラルダなどの美しい海岸線がリゾートとして開発されるとともに、工業化も進み、徐々に豊かになってきました。以前は内陸部での牧畜や農業を主に営んできたため、ワインの生産が本格化しはじめるのも19世紀以降と遅くなります。住民は魚貝より羊肉を好むといわれることから、島でありながら、白ワインと赤ワインの生産比率がほぼ同じになっています。白ワインはヴェルメンティーノなどの独自品種が栽培されているほか、スペイン統治が長かったため、カリニャーノ(カリニャン)などのスペイン品種も多く栽培されています。

図1: イタリア中部の産地

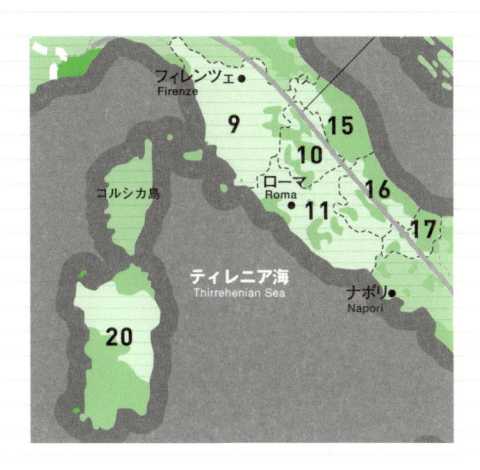

（地図：フィレンツェ Firenze、ローマ Roma、ナポリ Napori、コルシカ島、ティレニア海 Thirrehenian Sea、産地番号 9, 10, 11, 15, 16, 17, 20）

生産州	D.O.C.G.銘柄	主品種	赤	白	ロ※1	昇格年	発	隙	R	S	C※2
9 トスカーナ Toscana	ブルネッロ・ディ・モンタルチーノ Brunello di Montalcino	サンジョヴェーゼ（ブルネッロ）	●	-	-	1980	-	-	●	-	-
	カルミニャーノ Carmignano	サンジョヴェーゼ50%以上	●	-	-	1990					
	キアンティ Chianti	サンジョヴェーゼ75%以上	●	-	-	1984				●	●
	キアンティ・クラッシコ Chianti Classico	サンジョヴェーゼ80%以上	●	-	-	1996					
	モレッリーノ・ディ・スカンサーノ Morellino di Scansano	サンジョヴェーゼ85%以上	●	-	-	2006					
	ヴェルナッチャ・ディ・サン・ジミニャーノ Vernaccia di San Gimignano	ヴェルナッチャ90%以上	-	○	-	1993					
	ヴィーノ・ノビレ・ディ・モンテプルチアーノ Vino Nobile di Montepulciano	サンジョヴェーゼ（プルニョーロ・ジェンティーレ）70%以上	●	-	-	1980					
10 ウンブリア Umbria	モンテファルコ・サグランティーノ Montefalco Sagrantino	サグランティーノ	●	-	-	1992	-	(Ps)	-	-	-
	トルジャーノ・ロッソ・リゼルヴァ Torgiano Rosso Riserva	サンジョヴェーゼ	●	-	-	1990					
11 ラツィオ Lazio	チェザネーゼ・デル・ピリオ／ピリオ Cesanese del Piglio / Piglio	チェザネーゼ90%以上	●	-	-	2008					
15 マルケ Marche	カステッリ・ディ・イエージ・ヴェルディッキオ・リゼルヴァ Castelli di Jesi Verdicchio Riserva	ヴェルディッキオ85%以上	-	○	-	2010					●
	コーネロ Conero	モンテプルチアーノ85%以上	●	-	-	2004					
	ヴェルディッキオ・デイ・カステッリ・ディ・イエジ Verdicchio dei Castelli di Jesi	ヴェルディッキオ	-	○	-	2009					
	ヴェルディッキオ・ディ・マテリカ Verdicchio di Matelica	ヴェルディッキオ85%以上	-	○	-	2009					
	ヴェルナッチャ・ディ・セッラペトローナ Vernaccia di Serrapetrona	ヴェルナッチャ・ネッラ85%以上	発	-	-	2004	★				
16 アブルッツォ Abruzzo	モンテプルチアーノ・ダブルッツォ・コッリーネ・テラマーネ Montepulciano d'Abruzzo Colline Teramane	モンテプルチアーノ90%以上	●	-	-	2003					
17 モリーゼ Molise											
20 サルデーニャ Sardegna	ヴェルメンティーノ・ディ・ガッルーラ Vermentino di Gallura	ヴェルメンティーノ95%以上	-	○	-	1996				●	-

※1 色の見方
発：該当色の発泡酒
甘：該当色の甘口

※2 特殊商品の見方①（発=発泡酒）
★：必須（発泡酒のみ）
△：任意（発泡酒またはスティル・ワイン）
▲：任意（発泡酒、弱発泡酒、スティル・ワインのどれか）

※2 特殊商品の見方②（隙=陰干しワイン）
Ps：パッシート
Rc：レチョート
Sf：スフォルツァート
（　）は任意の場合

※2 特殊商品の見方③（R.S.C.=上級商品）
R：リゼルヴァ
S：スーペリオーレ
C：クラッシコ

Step 55

イタリア 7
南部、シチリア

南イタリアのぶどう栽培は、約3000年前にギリシャによって建設された植民都市とともに始まります。当時、ギリシャではその品質の高さを讃えて、イタリアを「エノトリア・テルス（ワインの大地）」と呼びました。しかし、近代イタリアの建国後は国の中心が北へと移るなかで、そのワインも目立ったところがなくなり、その潜在性が注目を集めるようになったのも先頃のことです。

バルクからボトルへの意識の変化

温暖な気候に育まれた南イタリアのワインは、バルクに詰められて市場に垂れ流されるか、地元で消費される低品質商品というのが一般的でした。また、原産地制度が導入された1970年頃までは、北中部イタリアの補強用にも使用されることが度々ありました。潜在性があるために利用され、虐げられてきたのが南イタリアだったといえます。それ自身が注目を集めるようになったのは、1990年代末にイタリア・ブームに沸くアメリカ市場で北中部のオルタナティヴを求め、カンパーニア州やシチリア州のいくつかの銘柄が話題となったことからです。そういった成功例に触発され、今では生産者の意識は少しずつ、瓶詰めされた高品質商品へと移り始めています。

南イタリアの可能性を実証したカンパーニア

タウラージ（1992年D.O.C.G.昇格）をはじめとするD.O.C.銘柄はあったものの、その程度の品質では高級品市場では相手にもされず、高値のあまりに地元でも敬遠されるのが1990年代半ばまでの状況でした。この状況が一変したのは、1990年代に行われたいくつかの実験的な試み※が成功を収めたからです。D.O.C.G.の整備が進むとともに、高品質化を遂げた生産者が現れることで、活況を呈するようになりました。近年、黒ぶどうのアリアーニコや白ぶどうのグレーコは、世辞抜きに高い評価を得るようにもなってきています。

※1990年代に行われた試みとして主なものは、①醸造コンサルタントのリカルド・コタレッラによる「モンテヴェトラーノ」（1991年〜）、②同じく「ガラルディ」（1994年〜）などがある。いずれもアリアーニコを主要品種とするが、前者が外来品種のメルロをブレンドしたのに対して、後者が地場品種のピエディロッソをブレンドしたのは、品種評価の変遷としても面白い

仏系品種の成功で自信をつけたシチリア

「ワイン工場」と揶揄されたシチリア州は、州別生産量で国内2位という規模ではなく、バルクで売り出される退屈なものという意味合いが強くありました。酒精強化のマルサラで有名だったとはいえ、注目を集めるようになったのは、仏系品種による品種名商品での成功を収めたことによるものでした。これらの積み重ねのなかで、地場品種のネーロ・ダーヴォラに対する評価が徐々に始まっています。とはいえ、南イタリア全体にいえることですが、まだまだいくつかの限られた銘柄での成功にとどまっているのが実情で、今後の躍進に大きな期待がかかります。

図1: **イタリア南部の産地**

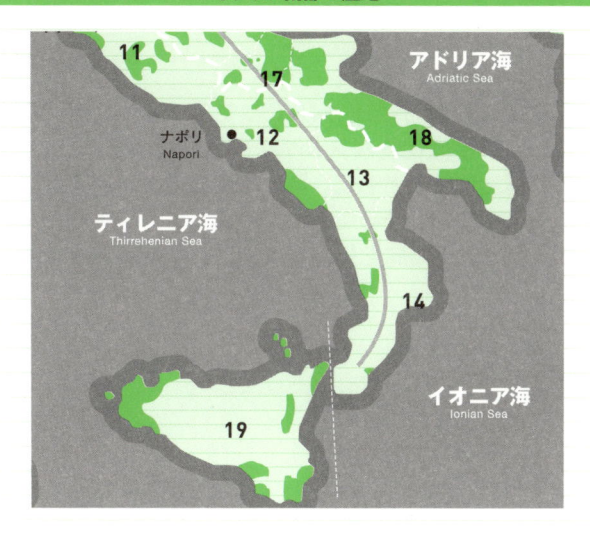

生産州	D.O.C.G.銘柄	主品種	赤	白	ロ	昇格年	R	S
12 カンパーニア Campania	フィアーノ・ディ・アヴェッリーノ Fiano di Avellino	フィアーノ	-	○	-	2003	-	-
	グレーコ・ディ・トゥーフォ Greco di Tufo	グレーコ	-	○	-	2003	-	-
	タウラージ Taurasi	アリアーニコ	●	-	-	1993	●	●
13 バジリカータ Basilicata								
14 カラブリア Calabria								
17 モリーゼ Molise								
18 プーリア Puglia								
19 シチリア Sicilia	チェラスオーロ・ディ・ヴィットリア Cerasuolo di Vittoria	カラブレーゼ、フラッパート	●		-	2005	-	-

R:リゼルヴァ　S:スーペリオーレ

Step 56 ドイツ 1
概論

ドイツは世界最北のぶどう栽培地の1つであり、その寒冷な気候風土から中甘口や甘口という個性的なスタイルを生み出しました。また、それを保証するため原産地制度とともに、果汁糖度に基づく等級制度を確立しています。一方、近年は市場の辛口志向に呼応して、高級辛口独自の等級制度も導入され、今後の品質向上に寄与することが期待されます。

世界に誇る甘口という独自のスタイル

国別生産量では第7位でありながらも、ドイツの存在感が強いのは酸味と果実味の調和、低アルコール、程よい甘さという独特のスタイルを持つことに加え、上級品（Q.m.P.およびQ.b.A.）が96.2%を占めるという高級志向があるためです。そのため、主要生産国のなかで輸出比率が最も高いというのも特徴的です。また、このような独特のスタイルを保証するため、果汁糖度に基づく等級制度を施行したのも同国のユニークなところといえます。

平等主義を謳う等級制度

原産地制度は土地が品質を決めるという立場を取りますが、ドイツでは理念的にどの土地でも全等級の商品を生み出すことができます。ぶどうが成熟しづらい寒冷地であるだけに、良いぶどうは土地に関係なく評価するという思想が底流にあります。また、Q.m.P.では補糖が禁止されているのも、その裏返しと考えられます。ただし、他のぶどう畑とは別格の評価を確立している畑は実際にはあり、そのなかでも5つの特別単一畑（オルツタイルラーゲ）は、例外的に畑名だけで流通できるようになっています（一般のドイツ・ワインは村名＋畑名で流通する）。

市場動向に呼応して辛口で巻き返し

ドイツでは世界大戦後、輸出拡大を狙って甘口を中心とした法体系を整備し、その基準として果汁の糖度を用いました。本来、糖度の高さは果実の成熟度（風味の濃さ）を測るためのものでしたが、【糖度が高い＝甘口ワイン】という短絡的な意識が広まったため、辛口ワインに対する正当な評価がしづらくなりました。内外市場は辛口志向が高まっていることから、高級辛口に対する独自等級が求められるようになり、2000年には①特定地域による高級辛口であるクラシック、②単一畑による最高級辛口であるセレクション、に関する規定が制定されました。ただし、まだ制度そのものが普及しておらず、生産者によっては高級辛口をターフェルヴァインで出荷するといった動きもあります。

図1: ドイツの等級制度

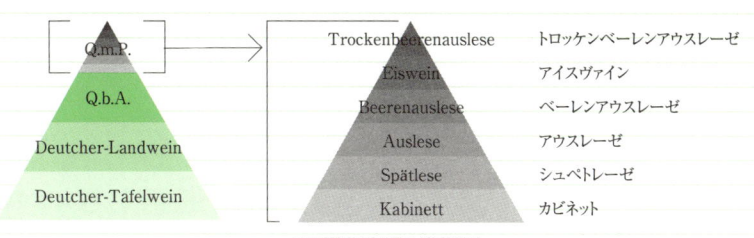

```
        Q.m.P.              Trockenbeerenauslese    トロッケンベーレンアウスレーゼ
                            Eiswein                 アイスヴァイン
       Q.b.A.                Beerenauslese          ベーレンアウスレーゼ
    Deutcher-Landwein         Auslese               アウスレーゼ
                              Spätlese              シュペトレーゼ
   Deutcher-Tafelwein         Kabinett              カビネット
```

※果汁糖度の高い順に、6等級がある

表1: 畑の種類

単一畑	アインツェルラーゲ Einzellage	単独での名称を認められた畑で、2715個がある
総合畑	グロスラーゲ Grosslage	近隣にあるいくつかの単一畑をまとめた畑で、163個ある
特別単一畑	オルツタイルラーゲ Ortsteillage	町村名表記の省略が特別に許可された畑で、全国で5個のみ

ドイツではワインの出自を正確に辿るため、Q.m.P.ワインは【村名(-er)＋畑名】と表記します。しかし、畑の数が膨大なために、これは却って煩雑となったことから、さほど評価が高くないものは近隣の畑とまとめられる方向で、そのため、総合畑は増え、単一畑は減る傾向にあります。

表2: ドイツにおける主要ぶどう品種別栽培面積の増減

白ぶどう		栽培比率	2005▶2008の増減	黒ぶどう		栽培比率	2005▶2008の増減
リースリング	Riesling	21.9%	↗	シュペートブルグンダー	Spätburgunder	11.5%	→
ミュラー・トゥルガウ	Muller-Thurgau	13.4%	↘	ドルンフェルダー	Dornfelder	7.9%	→
シルヴァーナー	Sylvaner	5.1%	↘	ポルトギーザー	Portugiser	4.3%	↘
グラウブルグンダー	Grauburgunder	4.4%	↗	トロリンガー	Trollinger	2.4%	↘
ヴァイスブルグンダー	Weißburgunder	3.6%	↑	レゲント	Regent	2.1%	→
ケルナー	Kerner	3.6%	↓	レンベルガー	Lemberger	1.7%	↗
シャルドネ	Chardonnay	1.1%	↑				
グートエーデル	Gutedel	1.1%	→				

Column

すべての赤用品種とブルゴーニュ系が増加

ドイツは寒冷地であるため生産比率は白が高く(64%)、栽培品種も限られていました。そのため、かつては寒冷地でもよく成熟するぶどうを求めて、交配品種の開発が積極的に行われていました。とはいえ、リースリングを超える品種が生み出せなったことから、1990年代以降は交配品種の栽培面積は減り、リースリングへ回帰する動きがありました。また、近年の市場における辛口志向の動きを受けて、赤用品種の栽培面積が急増したほか、白でもシャルドネなどのブルゴーニュ系品種の栽培面積が増加しました。

Step 57 ドイツ 2
2大銘醸地

ドイツでは「銘醸地は河岸に形成される」と言い伝えられてきましたが、その最も典型的事例がラインガウ地域とモーゼル・ザール・ルーヴァー地域になります。両者は2大銘醸地と讃えられ、いずれもリースリングを中心に白を多く生産することで知られますが、前者が堅固で気品を打ち出すのに対して、後者はやさしく親しみやすいのが特徴といえます。

2大銘醸地の理由

ドイツの2大銘醸地はライン河中流のラインガウ地域、その支流モーゼル河流域のモーゼル・ザール・ルーヴァー地域です。いずれの生産地もぶどう畑が河川の北岸斜面にあって見晴らしが良く、日出から日没まで太陽からの十分な熱量が供給されるのが特徴となります。ほぼ南北に流れるライン河がわずかに約30kmだけ東西に流れるラインガウはその北岸にある絶好の立地といえます。一方、モーゼルはフランスのヴォージュ山脈を水源とし、ドイツ国内ではほぼ北東に向かいますが、その流れが蛇行しているため、河川を南に望む小さな南に開けた丘が繰り返し現れます。

エレガンスの極みともいえるラインガウ

ラインガウ地域は国内随一の銘醸地であり、品質的にも政治的にも牽引的存在といえます。全国でわずかに5つしかない特別単一畑のうち、同地域が4つを抱えることからもわかるように、寒冷地においてもぶどうが成熟するのに十分な条件を持っており、清涼感に富む酸味と心地よい果実味、堅固なミネラル感からなる気高さが表現されます。近年、この卓越性を訴えるために、他地域に先駆けて一級畑（1999年商品以降を対象とした土地による格付け）を導入しましたが、全ぶどう畑の3分の1が認められた状況に当然とする意見がある一方、基準が低すぎるという批判も出ています。

果実味のやさしさが信条のモーゼル

モーゼル地域は国内第4位の大産地であり、蛇行を繰り返す河川の流域にあるため、地勢が複雑で栽培地の優劣もはっきりとしています。そのため、さまざまな区画を混ぜ合わせた総合畑の銘柄（ときにはさまざまな品種を混ぜ合わせた）のような、平凡な商品が大企業から吐き出される一方、保温性の高い粘板岩土壌で育まれる国内屈指の優良銘柄が存在しています。なかでも特別単一畑のシャルツホフベルグを擁するザール地区（ザール河流域）、ドイツ・ワイン発祥の地であるベルンカステル地区（モーゼル河中流域）は優良銘柄が多く、心地よい酸味と果実味、やさしい甘味と低酒精分からなる精妙な風味が表現されています。

図1: ドイツの産地

栽培面積　10.0万ha
年間生産量　102.6万kℓ

1 アール
Ahr
生産量9位

アール河流域の小産地で、火山岩の混ざる粘板岩の土壌。生産量は少ないものの、赤ワイン比率が高い（80%）

2 モーゼル
Mosel
生産量3位

さまざまな土壌があるが、ベルンカステル地区はシーファーと呼ばれる粘板岩の急斜面が有名。フルーティで豊かな芳香を持つスタイル。2大銘醸地の1つ

3 ナーエ
Nahe
生産量7位

4 ラインヘッセン
Rheinhessen
生産量1位

黄土層に石灰岩と砂岩が混成した微粒砂土で、やわらかで素直なワインを生む

5 ファルツ
Pfalz
生産量2位

粘土質の微粒砂土と風化された石灰岩の土壌。従来は軽快なスタイルばかりだったが、近年は辛口志向が高まっている

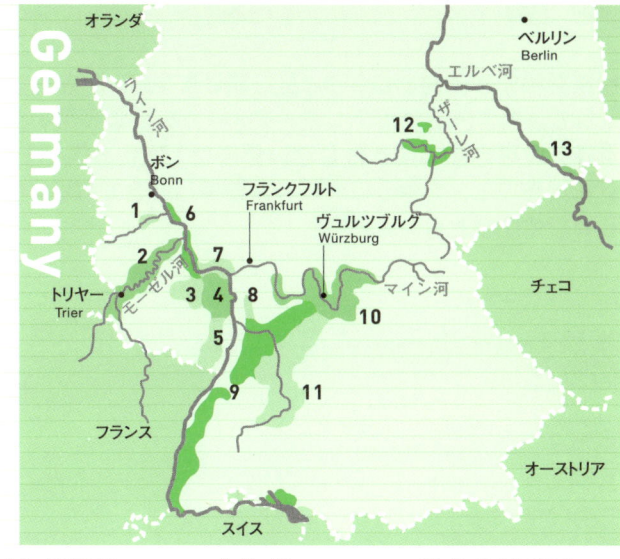

6 ミッテルライン
Mittelrhein
生産量12位

7 ラインガウ
Rheingau
生産量8位

沖積世の土壌に黄土層、粘板岩の微粒砂土と風化した粘板岩。エレガントでフルーティ、洗練された芳香と独特の力強い味を備える。国内最高評価を受ける産地

8 ヘッシェ・ベルクシュトラーゼ
Hessische Bergstraße
生産量11位

9 バーデン
Baden
生産量4位

国内最南端の生産地で、コクのある白、赤は丸みのあるやわらかなものを生む

10 フランケン
Franken
生産量6位

黄土層、貝殻石灰岩、雑色砂岩などの土壌。辛口で引き締まった味、コクがあり、力強い土の味が特徴。「ボックスボイテル」という太鼓型瓶に入れて販売される

11 ヴュルテムベルク
Württemberg
生産量5位

国内最大の赤ワイン産地

12 ザーレ・ウンストルート
Saale-Unstrut
生産量10位

旧東ドイツ領内の生産地

13 ザクセン
Sachsen
生産量13位

栽培面積では国内最小地。旧東ドイツ領内にあり、ドイツでは最東端

図2: 銘醸地は河岸にある

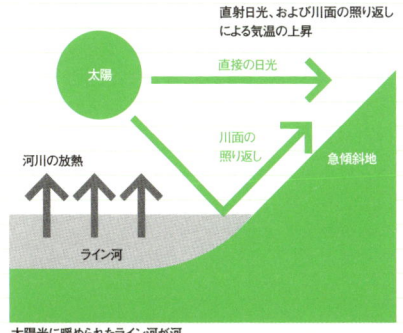

直射日光、および川面の照り返しによる気温の上昇

太陽
直接の日光
川面の照り返し
急傾斜地
河川の放熱
ライン河

太陽光に暖められたライン河が河岸地域に暖気をもたらし、冷え込みを弱くする

高緯度の寒冷地でありながら、ドイツが銘醸地となりえたのは、ライン河が形成する山間部の盆地が温暖で乾燥した気候を作り出すためです。河岸の急傾斜地は高緯度帯でありながらも十分な熱量を吸収することができ、川面の照り返しは熱をさらに与えることになります。また、気温が下がってくると、暖められていた河川が熱を放出し始め、この一帯はまるで温室の中にいるような状態になります。この地理的特徴をドイツの人々は、古くから「銘醸地は河岸にある」と言い伝えてきました。

Step 58 スペイン 1
眠れる獅子のめざめ

栽培面積では国別で世界第1位を誇りますが、従来は酒精強化酒の生産地として注目される程度でした。アメリカなど新興国の台頭、フランスやイタリアの巻き返しにも動じない様子は「眠れる獅子」に喩えられました。近年は赤ワインを中心に改革の波が押し寄せており、今後の動向が最も楽しみな生産国ともいえます。

独自の道を歩み始めた国際化

スペインにおける近代化の興味深いところは、在来品種の再評価が主流であるということです。第二次大戦中、トーレス社のようにアメリカ向け商品として仏系品種を移植した例はあるものの、あくまでも輸出向けの低価格品を狙ったものでした。以前から国内随一と評価されていたベガ・シシリア社の「ウニコ」のほか、1990年代に登場した「スーパー・スパニッシュ」と呼ばれる銘柄は、いずれもテンプラニーリョをはじめとする在来品種によるものです。イタリアがその多様性のあまり、イタリア自身も当初は目が仏系品種に向いてしまったのに対し、近代化に出遅れたスペインでは、時代が在来品種の再評価に移っていたためともいえます。

州対立が生んだスペイン独自の原産地制度

スペインもEUの原産地制度に基づき4層構造の階級制度を設け（1988年）、最上級となるD.O.C.としてリオハを1991年に認定しました。本来であれば、イタリアのように最上級に認定された銘柄を増やしていくことで、ワインの高級化とともに認知度の向上を図るのですが、スペインでは州の独自性が強いため、認定作業が滞っていました。2番目のD.O.C.となったプリオラトは、カタルーニャ州政府の認定（2001年）を経て、正式登録されたのは2009年になりました。認定作業の遅れは国際市場での販売に足かせとなるため、カスティーリャ・ラ・マンチャ州政府が2000年に州政府で独自に認定が可能なあらたな最上級としてビノ・デ・パゴを提唱し、2003年に認められました。

面積1位で生産量は3位

国別栽培面積では第1位を誇るものの、年間生産量では第3位に後退します。スペインの気候は夏季には旱魃が心配されるほどに乾きすぎており、株仕立てで樹間を広く取らねばならないのが理由とされています。また、ほかの果樹作物と混植されることがあったのも、面積に比べて生産量が上がらない理由の1つとされます。そのため、スペインでは灌漑が許可されており（1996年）、資金力のある生産者は灌漑設備を設置して、フランスのように植樹密度の高い垣根栽培を導入することで、面積あたりの生産量を上昇させるようになりました。

図1: スペインの産地

栽培面積　116.9万ha
年間生産量　347.6万kℓ

1　リアス・バイシャス
　　Rías Baixas
2　トロ
　　Toro
3　ルエダ
　　Rueda
4　リベラ・デル・ドゥエロ
　　Ribera del Duero
5　リオハ
　　Rioja
6　ナバーラ
　　Navarra
7　ソモンターノ
　　Somontano
8　プリオラト
　　Priorato
9　ペネデス
　　Penedès
10　バレンシア
　　Valencia
11　イエクラ
　　Yecla
12　フミリャ
　　Jumilla
13　ラ・マンチャ
　　La Mancha
14　バルデペーニャス
　　Valdepeñas
15　モンティリャ・モリレス
　　Montilla-Moriles
16　マラガ
　　Málaga
17　ヘレス
　　Jerez
18　ビニサレム
　　Binissalem

国土にはフランスとの国境となるピレネー山脈をはじめとして、北部のカンタブリア山脈や南部のシェラ・ネバダ山脈、内陸部の中央山地などがそびえている。そのため、気候区分は大きく三分され、①北部沿岸地域では降水量が多く、年間を通して穏やかな海洋性気候に、②山地に囲まれた内陸部では寒暖差が極めて大きく、降水量が少ない大陸性気候に、③南部沿岸地域では年間を通して温暖な地中海性気候に支配される

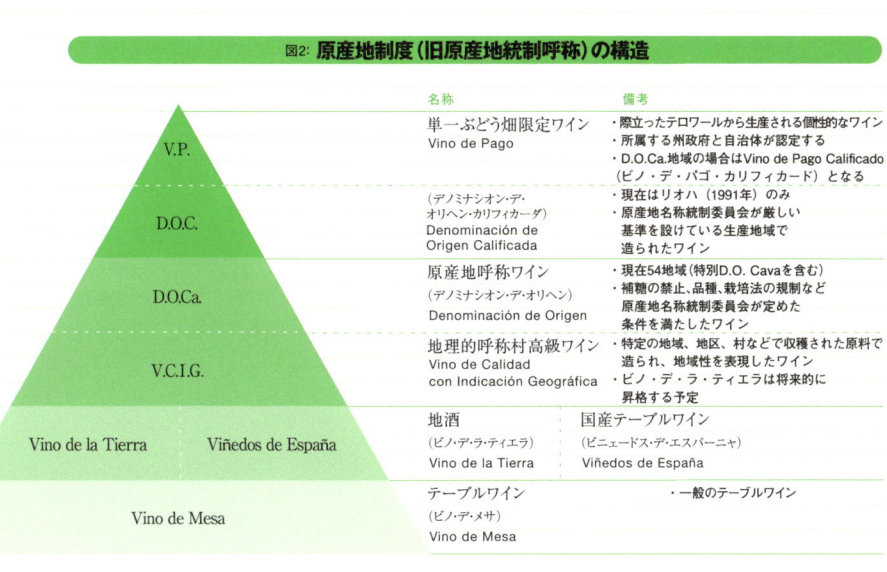

図2: 原産地制度(旧原産地統制呼称)の構造

階層	名称	備考
V.P.	単一ぶどう畑限定ワイン Vino de Pago	・際立ったテロワールから生産される個性的なワイン ・所属する州政府と自治体が認定する ・D.O.Ca.地域の場合はVino de Pago Calificado(ビノ・デ・パゴ・カリフィカード)となる
D.O.C.	(デノミナシオン・デ・オリヘン・カリフィカーダ) Denominación de Origen Calificada	・現在はリオハ(1991年)のみ ・原産地名称統制委員会が厳しい基準を設けている生産地域で造られたワイン
D.O.Ca.	原産地呼称ワイン (デノミナシオン・デ・オリヘン) Denominación de Origen	・現在54地域(特別D.O. Cavaを含む) ・補糖の禁止、品種、栽培法の規制など原産地名称統制委員会が定めた条件を満たしたワイン
V.C.I.G.	地理的呼称村高級ワイン Vino de Calidad con Indicación Geográfica	・特定の地域、地区、村などで収穫された原料で造られ、地域性を表現したワイン ・ビノ・デ・ラ・ティエラは将来的に昇格する予定
Vino de la Tierra / Viñedos de España	地酒 (ビノ・デ・ラ・ティエラ) Vino de la Tierra	国産テーブルワイン (ビニェードス・デ・エスパーニャ) Viñedos de España
Vino de Mesa	テーブルワイン (ビノ・デ・メサ) Vino de Mesa	・一般のテーブルワイン

Step 59

スペイン 2
伝統的産地

国土は南緯40度以南に位置しているものの、その大半が山岳や台地で占められています。地中海沿岸の限られた地域は温暖な気候に恵まれているものの、栽培地の多くが高地にあって寒冷な気候のもとにあります。素朴なワインが多く、地場消費の傾向が強かったなかでは、リオハやカバ、シェリーがスペインを代表するワインとして有名でした。

ボルドー移民が作った国内随一の産地

史上初のD.O.C.であるリオハは、19世紀にボルドーのネゴシアンによって技術移転が行われ、国内随一の評価を獲得しました。フィロキセラの甚大な被害により、ボルドーでの事業継続が困難になったのが背景にあります。近年、リオハは近代化を図ることでスペイン躍進の一翼を担っています。従来、並級品は気軽で素直なだけのもの、高級品はアメリカン・オークの樽での長期熟成による「枯れたトゥニー・ポート」のような風味を特徴としていました。いずれも現在の市場では評価が上がりにくいため、フレンチ・オークの樽を使用した現代的嗜好のものが登場しているほか、テロワールや品種の違いを表現したものも見られるようになりました。

ポスト・シャンパーニュに躍進したカバ

カバはシャンパーニュでも用いられている瓶内二次発酵によって造られる、スペイン産スパークリング・ワインです。国内の複数地区での生産が認められているものの、カタルーニャ州が国内総生産量の9割を占めています。なかでもバルセロナの西にあるサン・サドゥルニ・ダ・ノヤが8割を手掛けています。大規模化および寡占化が進み、スパークリング・ワイン製造では世界最大手となるフレシネ社を筆頭に、大手製造会社3社で総生産量の8割を占めています。大規模化による質的・量的な安定供給を強みとするカバは、19世紀後半の参入という後発ながらも、低価格帯での圧倒的な存在感を示しています。

スペイン産フランス・ワインとして普及したペネデス

地場品種でワイン造りを行うのが一般的なスペインにおいて、バルセロナ郊外のペネデスはフランス品種を主体としたワイン造りを行い、異彩を放っています。「バーガンディ」や「ソーテルヌ」といった有名産地の名前を掲げたワインを多く手掛けていた経緯があり、品質向上と名実一致を図るためにとの考えから、第二次世界大戦中にトーレス社、1960年代にジャン・レオン社などがペネデスの丘陵地にフランス品種を移植しました。現在は原産地保護の立場から、品種名を掲げたD.O.ペネデス、あるいは1999年に認められた広域名のD.O.カタルーニャとして販売されており、スペイン・ワインが国際市場で親しまれる牽引的存在になってきました。近年は差別化を図るために、モナストレルやガルナッチャなどを用いたワインの高級化も始まっています。

図1: リオハの生産地区

La Rioja Spain

- バスク州
- カンタブリア山脈 Sierra de Cantabria
- ナバーラ州
- ログローニョ Logroño
- リオハ州
- エブロ河
- デマンダ山脈 Sierra de la Demanda

1 リオハ・アルタ
Rioja Alta

リオハ・アルタ地区はエブロ河の南岸(一部は北岸)にある生産地で、地区内では最も評価が高い。起伏に富んだ傾斜地で、鉄分の多い粘土などの沖積土壌からなる。高い酸度と肉づきを持った熟成向きの赤が主に造られる

2 リオハ・アラベサ
Rioja Alavesa

リオハ・アラベサ地区はエブロ河の北岸にある生産地で、バスク州に属する。カンタブリア山脈へといたる、南向きの急傾斜地で、土壌は粘土や石灰からなる。早飲みタイプから熟成向きまでのさまざまな赤が造られるが、濃厚な色合いと芳醇さが特徴

3 リオハ・バハ
Rioja Baja

リオハ・バハ地区は地方中心地のログローニョの東側に広がる生産地。エブロ河下流の両岸にあり、一部はナバーラ県が含まれる。山脈から離れた平地にあるため、地中海性気候の影響が強く、気温が高い。テンプラニーリョのほかにも、ガルナッチャやマズエロなどが栽培され、アルコール度の高い赤やロゼの低価格品が主に造られる

図2: カタルーニャの生産地区

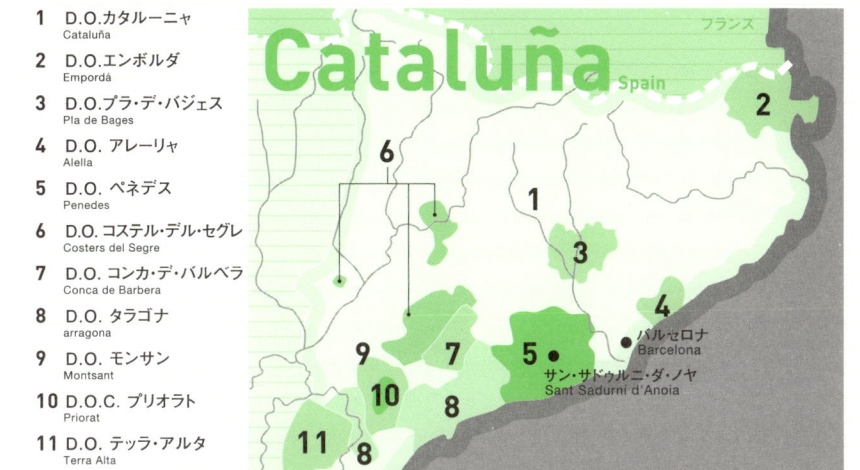

Cataluña Spain

1. D.O. カタルーニャ Cataluña
2. D.O. エンポルダ Empordá
3. D.O. プラ・デ・バジェス Pla de Bages
4. D.O. アレーリャ Alella
5. D.O. ペネデス Penedes
6. D.O. コステル・デル・セグレ Costers del Segre
7. D.O. コンカ・デ・バルベラ Conca de Barbera
8. D.O. タラゴナ arragona
9. D.O. モンサン Montsant
10. D.O.C. プリオラト Priorat
11. D.O. テッラ・アルタ Terra Alta

- フランス
- バルセロナ Barcelona
- サン・サドゥルニ・ダ・ノヤ Sant Sadurni d'Anoia

Europe ヨーロッパ スペイン2

Step 60 スペイン 3
新興産地

スペイン・ワインは地場消費傾向が強く、素朴で粗いといわれてきました。そのなかでリベラ・デル・ドゥエロやプリオラトで現代化が進み、国際市場で高く評価されるようになったことから、近年は日常消費向けを手掛けていた各地でも現代的嗜好をめざす動きが見られています。

スペイン隆盛の原動力となったリベラ・デル・ドゥエロ

北部のカスティーリャ・レオン州にあるリベラ・デル・ドゥエロ（ドゥエロ河流域地方）はスペイン・ワインの近代化の原動力となりました。リオハと同時代にボルドーから技術移転を図ったベガ・シシリア社の「ウニコ」があり、「スペインで唯一の高級品」と評価されてきたものの、それに続くものが現れぬままでした。1980年代にアレハンドロ・フェルナンデスの「ペスケラ」が現代的嗜好を打ち出して大成功したのを皮切りに、ボデガ（醸造所）の設立が相次ぎ、80年当時20軒ほどしかなかったボデガが、わずか20年で100軒以上を数えるまでになりました。標高1000m前後の痩せた土地しかなく、レンガを焼くくらいしか産業がなかった貧しい地方は、いまや国内で最も活気のある地方になっています。

いまや世界で最も高値のワインを手掛けるプリオラト

プリオラトは小産地ながらも、スペイン・ワインのなかで最も高値で取り引きされるワインの1つになりました。バルセロナの西にある山間部に位置しており、粘板岩土壌の斜面を段々畑に切り拓き、むかしからワインが造られてきました。近年、耕作の困難さから生産者が減り、多くの畑が見捨てられていました。大学教授ルネ・バルビエが視察に訪れた際、その潜在性に気付き、4人の仲間（「4人組」と呼ばれます）とともに現代的嗜好のワインを産み出しました。その圧倒的な凝縮感で国際的な賞賛を受けるようになり、入植当時（1989年）にわずか600haしかなかった耕作地は、10年で1000haに拡大しました。カタルーニャ州のD.O.C.登録（2001年）の後、遅れていたD.O.C.への正式登録が2009年リオハに次ぎなされました。

スペイン・ワインの新しい流れ

スペインやイタリアなどの地中海世界では、ワインは日常消費に充てられるものという意識があり、重厚な風味を持つワインは醸造所内で長期の熟成を経てから出荷されます。イタリアではこの熟成規定が各産地で設けられていますが、スペインでは熟成期間による階級制度として設定されています。伝統的には長期熟成を経た「グラン・レセルバ」が最上級となりますが、このスタイルは「枯れたトウニー・ポート」のように受け取られ、国際市場では評価されづらい傾向があります。近年は適度な熟成期間にとどめることで若々しい風味を残し、ボルドーのように出荷されてからも付加価値が上昇するスタイルが普及してきました。これらのワインは従来の階級制度では「クリアンサ」などの低級となるため、階級名を掲げない商品も増えてきています。

図1: リベラ・デル・デュエロの周辺生産地

1. D.O. アリベス
   Arribes
2. D.O. ティエラ・デル・ビーノ・デ・サモ
   Tierra del Vino de Zamora
3. D.O. トロ
   Toro
4. D.O. ルエダ
   Rueda
5. D.O. リベラ・デル・ドゥエロ
   Ribera del Duero
6. D.O. アルランサ
   Arlanza
7. D.O. シガレス
   Cigales
8. D.O. ティエラ・デ・レオン
   Tierra de Leon

図2: 熟成による階級制度

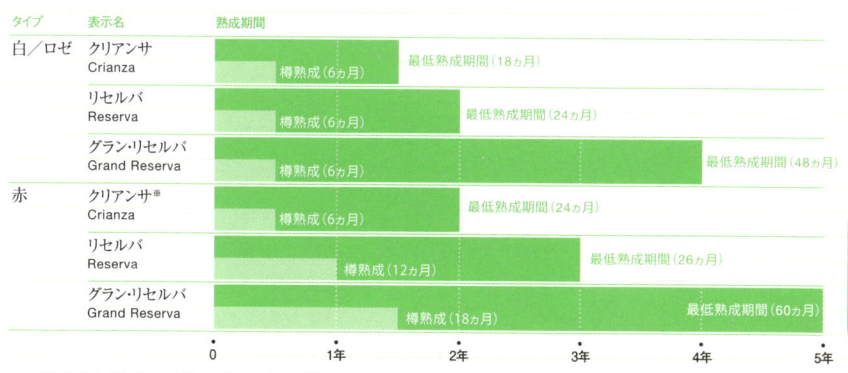

タイプ	表示名	樽熟成	最低熟成期間
白/ロゼ	クリアンサ Crianza	樽熟成(6ヵ月)	最低熟成期間(18ヵ月)
	リセルバ Reserva	樽熟成(6ヵ月)	最低熟成期間(24ヵ月)
	グラン・リセルバ Grand Reserva	樽熟成(6ヵ月)	最低熟成期間(48ヵ月)
赤	クリアンサ※ Crianza	樽熟成(6ヵ月)	最低熟成期間(24ヵ月)
	リセルバ Reserva	樽熟成(12ヵ月)	最低熟成期間(26ヵ月)
	グラン・リセルバ Grand Reserva	樽熟成(18ヵ月)	最低熟成期間(60ヵ月)

※リオハとリベラ・デル・ドゥエロの赤のクリアンサのみは樽熟成12ヵ月

Column

なぜ熟成による階級を掲げなくなってきているのか?

ボルドーの高級ワインは収穫後2年で出荷します。瓶熟成は市場で行われることで、出荷された後も価格が上昇するのです。

もしボルドーの高級ワインをスペインの熟成による階級制度にあてはめると、クリアンサになるくらいです。ボルドーのような瓶熟成による付加価値が増大するスタイルをめざす場合、低級の表示をするのは販売上の不利となるわけです。

Step 61 シェリー

世界3大酒精強化酒に讃えられるシェリーは、しばしばシャンパーニュとの共通性が語られます。いずれの生産地も石灰質土壌であるほか、ブレンドによって品質の安定化を図り、長期熟成を経て出荷されるため、大手生産者が産業を担っています。また、いずれも主に食前酒に用いられるという楽しみ方も共通しています。

産膜酵母による独特の風味を持つフィノ

シェリーにおける最も際立った個性はフィノ・タイプに現れており、その醸造工程も極めて独特の技術が用いられます。まず発酵直後にフィノに選抜されたものは、樽の7分目までを詰めて熟成をさせます。その際に液面に産膜酵母が繁殖して、皮膜を形成することで空気を遮断します。その後、エチルアルコールの脱水素による酸化が進み、アセトアルデヒドの濃度が増加することで、「ロースト・ナッツ」に喩えられたりもする、独特の極辛口に仕上がります。

ソレラ・システムによるブレンド

シェリーは収穫年などの個性の細分化を行うのではなく、ブランドとしての品質や風味の安定性を極めて強く打ち出しています。そのため、熟成工程では多年度の原酒を継続的に混ぜ合わせるソレラ・システムを用いています。一般的なフィノなどは5年程度をかけて熟成を行いますが、アモンティリャードでは10年におよぶもの、プレミアム・クラスのものでは20年以上におよぶものもあります。

醸造・熟成や産地の違いによる品揃え

シェリーには醸造や熟成の工程、あるいは産地の違いによりいくつかのタイプがあります。最も基本的なものは、産膜酵母による独特の風味がもたらされたフィノ・タイプで、一般的なものをフィノ、長期熟成を経たものをアモンティリャードと呼びます。また、このなかでも海岸沿いのサンルーカル・デ・バラメーダの涼しい土地で造られるものをマンサニーリャと呼びます。このほか、産膜酵母を繁殖させなかったオロロソ、オロロソに甘味を添加したクリームなどがあります。

図1: シェリーの産地

1 サンルーカル・デ・バラメーダ
　Sanlúcar de Barrameda
2 ヘレス・デ・ラ・フロンテラ
　Jerez de la Frontera
3 エル・プエルト・デ・サンタ・マリア
　El Puerto de Santa María
4 カディス
　Cádiz

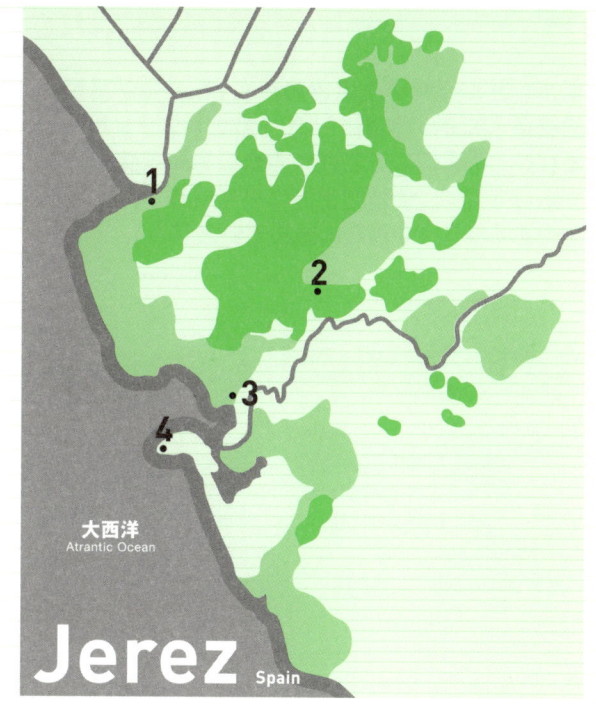

■■■■ 栽培地

■■■■ アルバリサと呼ばれる
　　　秀逸な土壌を持つ栽培地

大西洋
Atrantic Ocean

Jerez Spain

表1: シェリーの分類

銘柄	産膜酵母	熟成	地理表示	甘辛	タイプ	酒精分(%)	備考
フィノ Fino	○			辛口	麦わら色	15〜18	産膜酵母がついた辛口の基本タイプ
アモンティリャード 　Amontillado	○	○		辛口	琥珀色	15〜18	フィノを熟成させたもの
ペール・クリーム 　Pale Cream	○			甘口	麦わら色	15〜18	フィノに濃縮果汁を添加した甘口
マンサニーリャ 　Manzanilla	○		○	辛口	麦わら色	15〜18	サンルーカル・デ・バラメーダ産のフィノ
マンサニーリャ・パサダ 　　Manzanilla Pasada	○	○	○	辛口	琥珀色	15〜18	マンサニーリャを熟成させたもの
オロロソ Oloroso	×			辛口	琥珀色	20〜24	産膜酵母がつかなかった辛口
ペドロ・ヒメネス 　Pedro Ximénez	×			甘口	暗褐色	13	ペドロ・ヒメネス種の濃縮果汁を追加した甘口。その他の品種を用いたものはクリーム（Cream）と呼ぶ

Europe ヨーロッパ シェリー

Step 62 ポルトガル

ポルトガルは年間生産量のうち15.8％が酒精強化酒で占められており、従来は【高級＝酒精強化酒】【並級＝スティル】という構図で成り立っていました。市場における近年の辛口志向を受けて、従来の軽快で素直なタイプだけでなく、酒精強化酒に充てられていた優良原料を用いて、飲みごたえのあるタイプが造られ始めています。

ようやく動き出した高級辛口への動き

ポルトガルのほとんどの生産地は、大手製造業者と零細栽培農家による分業体制、もしくは協同組合による生産体制が敷かれています。そのため、個性的で高品質のスティル・ワインは見られず、目ぼしいのはポルトなどの酒精強化酒のみで、輸出向けとなると安価なロゼワインが首位を占める状況でした。その典型的な例がソグラペ社の「マテウス・ロゼ」で、軽快で親しみやすい風味から、単独銘柄では世界最大の販売量を誇ったほどです。近年は小規模ながらも意欲的な生産者が現れてきたほか、あるいは大手製造業者が実験的に手掛けるなどにより、徐々に高級辛口を造る動きが見られるようになりました。

ポルトだけでなくドウロの可能性を探る

ドウロ地区（ポルト・エ・ドウロ）は従来、酒精強化酒のポルトを産出してきた生産地で、スティル・ワインはポルトに充てられない成熟度の低い原料などから造られる程度でした。近年、酒精強化酒の販売の伸び悩みや新興産地の登場を受けて、ドウロ地区でもキンタ（栽培から瓶詰までを手がける生産者）を設立して、高級辛口を造る動きが見られます。なかでもポルト最大手のフエレイラ社が手掛けた「バルカ・ヴェーリャ」のように、「ポルトガルのペトリュス」の異名を持つほどの評価を獲得する生産者も現れ始めています。

各地でも見られる産地興隆の動き

国内ぶどう収穫量のうち5分の1を占めるヴィーニョ・ヴェルデは、従来「緑のワイン」という名前の通り、軽快で爽やかということだけを売り物にしていたものの、技術革新や収量制限が進み、近年はアルヴァリーニョ種から深みのあるものも商品化されています。また、ダンやバイラーダでも従来の大手製造業者や協同組合による平凡な商品に飽きたらず、意欲的な小規模生産者が登場しており、今後の動向が期待されています。

図1: ポルトガルの主な産地

栽培面積　24.8万ha
年間生産量　60.7万kℓ

1. ヴィーニョ・ヴェルデ Vinho Verde
2. ポルト・エ・ドウロ Porto e Douro
3. バイラーダ Bairrada
4. ダン Dão
5. ブセラス Bucelas
6. コラレス Colares
7. カルカヴェロス Carcavelos
8. セトゥバル Setúbal
9. ラゴス Lagos
10. ポルティマン Portimão
11. ラゴア Lagoa
12. タヴィラ Tavira
13. マデイラ Madeira

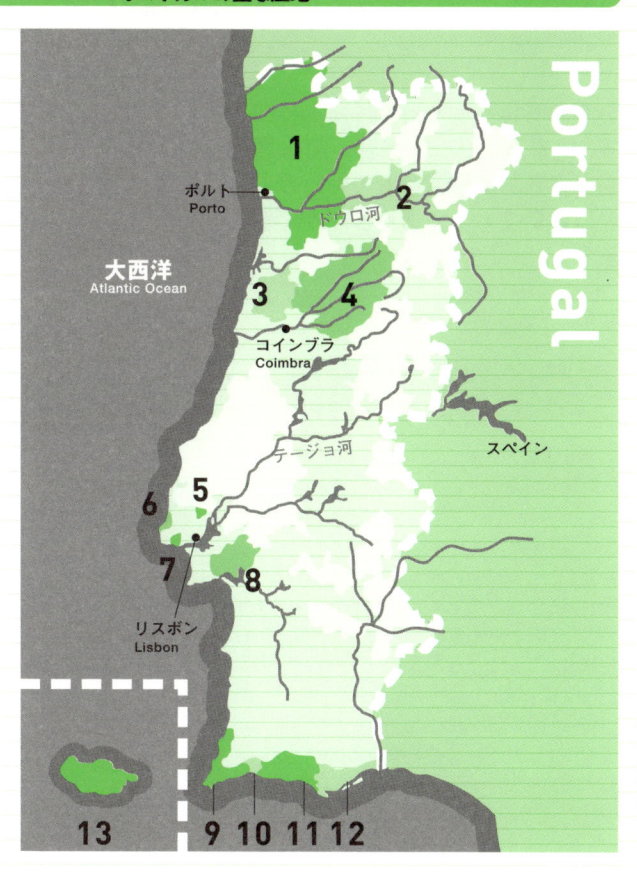

図2: 原産地制度（旧原産地統制呼称）の構造

階級	名称	備考	新しいカテゴリー
D.O.C.	デノミナサン・デ・オリジェン・コントロラーダ Denominaçao de Origem Controlada（D.O.C.）	23地域 24 D.O.C.	D.O.P.
I.P.R.	インディカソン・デ・プロヴェニエンシア・レギュルメンターダ Indacaçao de Proveniéncia Regulmentada（I.P.R.）	9地域 1990年制定	D.O.P.
Vinho Regional	ヴィニョ・レジョナル（地酒） Vinho Regional	4地方（8地域） 1993年認定	I.G.P.
Vinho de Mesa	ヴィニョ・デ・メサ（日常用テーブルワイン） Vinho de Mesa		Vinho

Step 63　ポルト、マデイラ

いずれも世界3大酒精強化酒に数えられる、ポルトガルを代表する銘柄です。主なシェリーが発酵後に酒精強化を行うので辛口になるのに対して、主なポルトは発酵途中で行うので甘口になります。一方、マデイラは辛口、甘口のいずれもがありますが、熟成中に加熱するという独特の工程があります。

ドウロ河流域で造る甘口酒精強化酒「ポルト」

ポルトはドウロ河の上流／下流で分業体制が敷かれています。上流域（アルト・ドウロ地区）は温暖で乾いた大陸性気候のため、ぶどう栽培には向きますが、熟成を行うには暑すぎます。そのため、従来は酒精強化の後、湿潤で涼しい海洋性気候の河口部に運び、長期熟成を経て出荷しました。上流域は古くから銘醸地として知られており、13世紀には国王から交易に際して課税が命じられたため、河口部での熟成は課税の徹底化でも有効だったようです。近年は電力事情が整ったことに加え、醸造所に空調設備が普及したことから、手狭な河口部ではなく上流域で熟成を行う生産者が増えてきています。

ポルトには原料や熟成、収穫年などの違いにより、さまざまなタイプがあります。スタンダード・タイプでは色の違いによって、①深紅色のルビー・ポート、②黄金色のホワイト・ポート、③ルビー・ポートを熟成させた赤褐色のトーニー・ポート、などが代表的です。また、スペシャル・タイプでは単一の秀逸年の原料だけで造るヴィンテージ・ポートやレイト・ボトルド・ヴィンテージ・ポートなどがあります。ポルトもほかの酒精強化酒と同じように、さまざまなブレンドにより製品化されるので、土地や品種の優劣は要素的問題にとどまり、生産者の個性が基準となると考えてよいでしょう。

大西洋の島生まれ、独特の風味を持つ「マデイラ」

マデイラ諸島はモロッコの沖合640kmに浮かぶ急峻な火山群島で、避寒地としても有名な高級リゾート地です。山頂部は標高2000m近くあり、1000mあたりまでが段々畑に切り開かれ、バナナやじゃがいもなどの作物とともに、ぶどうが栽培されています。また、フィロキセラ被害の後、北米品種あるいは欧州／北米の交雑品種が植えられ、地元消費用の原料に使われています（全栽培面積の約3分の2）。とくにマデイラで興味深いのは、もちろん酒精強化時期の違いが最大要因ですが、辛口用品種は標高の高い畑で栽培され、甘口用品種は標高の低い畑でというすみわけが行われていることです。

マデイラの最も特徴的な工程は、酒精強化後の熟成工程でワインを加熱することです。もともとは航海中に赤道を越えたワインに、「チョコレート」に喩えられる独特の甘苦い風味がもたらされたことから、それを再現したといわれています。伝統的には2階屋（エストゥファ）の1階で火を焚き、2階の熟成庫を暖めました（アルマゼン・デ・カロールと呼ぶ）。近年は簡易的な方法、桶に設置した導管に温水を流して暖める（クーバ・デ・カロールと呼ぶ）が普及品では用いられるようになっています。

図1: ドウロ河流域

ポルトの栽培地は標高や傾斜、向きによって5等級に分類されます（この等級をカダストロと呼ぶ）。また、品種は29品種が許可されており、そのなかでも高級原料はトゥーリガ・ナシオナル、トゥーリガ・フランセーザ、ティンタ・ロリス（テンプラニーリョ）です。

表1: ポルトのタイプ

一般的なタイプ

銘柄	原料ぶどう	外観	熟成	特徴
ルビー・ポート	黒	ルビー色	2〜3年	デザート用
トゥニー・ポート	黒	赤褐色	一般的には数十年の熟成※	デザート用
ホワイト・ポート	白	白金色	3〜5年	中辛口で食前酒向き

※ルビー・ポートにホワイト・ポートをブレンドした「ヤング・トゥニー」などもある

代表的な公的特別銘柄

銘柄	瓶詰め時期	滓引き	特徴
ヴィンテージ・ポート	2年目	×	単一の優秀年のみで造る。長期熟成型
レイト・ボトルド・ヴィンテージ・ポート	4年目	○	単一年で造る。上記に準ずる熟成型※
コリェイタ	7年目	○	単一年で造る

※瓶詰めまでの樽熟成を長くすることで、飲み頃が早く来るようにし、さらに滓を引いて出荷する

表2: マデイラのタイプ

スタンダード・タイプ

タイプ		酒精強化時期	栽培地の標高(m)	味
セルシアル	Sercial	発酵後	600〜700	辛口
ヴェルデリョ	Verdelho	発酵末期	400〜600	中辛口
ボアル	Boal	発酵中期	300〜400	甘口
マルヴァジア	Malvasia	発酵初期	海岸線〜400	極甘口

その他の品種

品種		特徴
テランテス	Terrantez	絶滅したとされる希少品種
ティンタ・ネグラ・モーレ	Tinta Negra Mole	マデイラ用では最大栽培面積。ブレンド用

Step 64

オーストリア

生産量重視で廉価品を主に生産していたオーストリアでは、販売不振を挽回するために高級甘口市場を狙い、いくつかの生産者が化学物質を混入した捏造品を手がけた時期があります（ジエチレングリコール事件）。その汚名をそそぐため、近年は「世界一厳しいワイン法」を謳って厳格な品質管理を行い、著しい品質向上を遂げています。

ドイツを模範により厳格さを求めたワイン法

ドイツ第三帝国に併合された以降（1938年）、オーストリアはドイツのワイン法（1930年制定）に従い、果汁糖度に基づく品質管理を行っています。ただし、ドイツがエクスレ度という比重に基づいて分類を行うのに対して、オーストリアはKMWという純粋な糖度に基づいて分類を行うので、溶解物による計測値のかさあげがないといわれます。また、ドイツではQ.m.P.に分類されるカビネットが、オーストリアではクヴァリテーツヴァインに格下げされるのも特徴です。

国土東部の丘陵や平原に広がる生産地

国土の西側半分はアルプス山脈、もしくは山間部になるため、生産地は東端の4州に限られます。生産地はブルゴーニュとほぼ同じ緯度にあり、大陸性気候に支配されるため、冬季の寒さは厳しいものの、夏季は暑くて乾き、日照時間が極めて長いのが特徴となります。ぶどう畑は丘陵や平原に拓かれており、栽培面積はブルゴーニュとほぼ同じ大きさ（4.6万ha）しかありません。2003年には原産地制度（D.A.C.）を導入し、生産地のブランド化を図る動きがあります。

白ワインが生産量の9割

全生産量の約89%が白ワインで、ほとんどのものは軽快で爽やかなスタイルに仕上がります。有名品種としては、全栽培面積の3分の1を占めるグリューナー・フェルトリナーのほか、ヴェルシュリースリング（ハンガリー系品種でリースリングとは別品種）やリースリングなどがあります。法律上の制限ばかりでなく、オーストリアは実際の収穫量制限でも他国の銘醸地よりも厳しく行われています。また、ビオディナミ農法の開祖ルドルフ・シュタイナーの故郷でもあることから、有機耕地率（約15%）はEU諸国で最も高いことを誇ります。

図1: オーストリアの産地

	栽培地方名 (Weinbauregionen)	主な栽培地域名と特色
1	ニーダーエステルライヒ Niederösterreich 8地域	東北部にあり、国内栽培面積の57.9%を占める。グリューナー・フェルトリナーの白ワインの評価が高い。主な栽培地域に独自の格付けを持つヴァッハウ、グリューナー・フェルトリナーの里と呼ばれるヴァインフィアテルがある。
2	ウィーン Wien	首都郊外にある生産地で、グリンツィング村でグリューナー・フェルトリナーから造るホイリゲ（新酒）が有名
3	ブルゲンラント Burgenland 4地域	東部にあり、国内栽培面積の35.4%を占める。赤ワイン国内生産の50%を産出する。南部のズュート・ブルゲンラントは、国内で最小地域
4	シュタイヤーマルク Steiermark 3地域	スロヴェニアとの国境地域

栽培面積　4.6万ha
年間生産量　30万kℓ

図2: 品質分類

プレディカーツヴァインの階級

階級	KMW度（エクスレ）
Trockenbeerenauslese	KMW30度(157エクスレ)以上
Ausbruch	KMW27度(139エクスレ)以上
Beerenauslese	KMW25度(127エクスレ)以上
Eiswein	KMW25度(127エクスレ)以上
Auslese	KMW21度(105エクスレ)以上
Spätlese	KMW19度(94エクスレ)以上

名称	特徴
プレディカーツヴァイン (Prädikatswein)	・補糖、ズス・レゼルヴの添加不可 ・アルコール度5度以上
カビネット (Kabinett)	・KMW糖度17度(83.5エクスレ)以上で、1リットルあたりの残糖が9g以下・補糖不可
クヴァリテーツヴァイン (Qualitätswein)	・単一地域の指定された品種を原料とするKMW15度以上(73エクスレ)以上・補糖後はエクスレ度94以下・補糖4.25kg/100リットル
ランドヴァイン (Landwein)	地理的表示付きテーブル・ワイン。KMW糖度14度以上
ターフェルヴァイン (Tafelwein)	日常消費用のテーブル・ワイン。KMW糖度10.6度以上

Step 65 ハンガリー

世界3大貴腐のなかでも最古のものと讃えられるトカイ・ワインをはじめとして、ハンガリーは輝かしい歴史を持ちます。社会主義時代には国営企業や協同組合で廉価品を産出するだけとなってしまったものの、1990年代以降は西欧から技術や資本の協力を受けて、かつての名声を取り戻そうという努力も垣間見られるようになりました。

旧体制崩壊後に外国から技術と資本が流入

社会主義時代（1949～1989年）には重要産業と位置づけられ、カベルネ・ソーヴィニヨンなどの国際品種が植えられ、国営企業や協同組合での量産体制が敷かれました。旧体制が崩壊して外国資本が流れ込んだ1990年以降も、当初はバルク用の生産地とみなされるだけで、独自性を見出せない状況が続いていました。期待すべき動きとしては、過去の名声に比べて割安感があったため、フランスの保険会社がトカイ地方のワイナリーを買収するなどして、畑の改良や設備の更新が図られたことにより、品質回復が見られ始めたことです（その成果により2002年には世界遺産に登録された）。かつての上級区画が復活して商品化されるなど、今後はますます期待が高まっていくものと思われます。

歴史的名声の回復を図る銘醸地

ハンガリーの生産地は大きく分けて2つになります。1つはドナウ河とその支流のティサ河の流域に広がる大平原地方で、国内栽培面積の半分を占めています。日常消費用酒が造られるほか、バルク用原料として輸出もされています。一方、より高級な生産地は北部の丘陵地にあり、北東部にあってトカイ・ワインを産出するトカイ・ヘジアッヤ地方、同国の赤では最も有名な「牡牛の血」と呼ばれるエグリ・ビカヴェールを産出するノーザン・ハンガリー地方、軽快な白のバダチョニ・スルケバラートを産出するノーザン・トランスダニュービア地方などがあります。

世界3大貴腐と讃えられるトカイ

トカイ・ワインの特徴的なところは、純粋な貴腐ワインの「トカイ・エッセンシア」のほか、貴腐ぶどうを辛口ワインに混ぜた「トカイ・アスー」、貴腐ぶどうを混ぜない辛口の「トカイ・サモロドニ」というスタイルがあることです。エッセンシアに使われる貴腐ぶどうは、果汁糖度800g/ℓにもおよぶため発酵がなかなか進まず、アルコール度数が極めて低いものとなります。また、アスーは貴腐ぶどう（実際にはすり潰したペースト）をどれくらい添加するかで甘辛が決まるため、その単位として貴腐ぶどうを運ぶ際に使う背負い桶「プットニョス」が使われます。残糖分が法的に規制されており、ドイツ・ワインと比較すると3プットニョスはアウスレーゼ、4プットニョスはベーレンアウスレーゼに相当するといえます。

図1: ハンガリーの産地

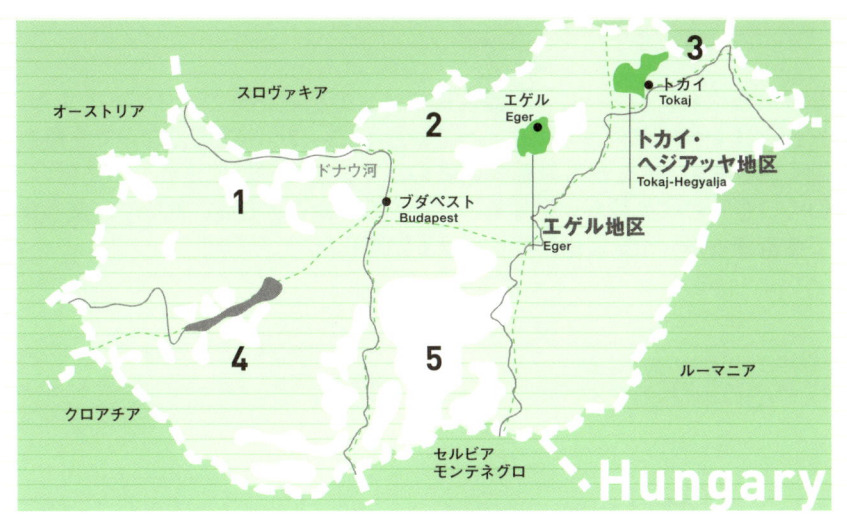

- **1** オーストリア / スロヴァキア / ドナウ河 / ブダペスト Budapest
- **2** エゲル Eger / エゲル地区 Eger
- **3** トカイ Tokaj / トカイ・ヘジアッヤ地区 Tokaj-Hegyalja
- **4** クロアチア / セルビア モンテネグロ
- **5** ルーマニア

Hungary

1 ノーザン トランスダニュービア地方
Northern Transdanubia
北西部のバラトン湖北方にある生産地。バダチョニ・スルケバラートなどフレッシュな白ワインで知られる

2 ノーザン ハンガリー地方
Northern Hungary
北部の古都エゲル周辺にある生産地で、代表的ワインに「エゲルの牡牛の血」と呼ばれるエグリ・ビカヴェール（品種はケークフランコシュほか）がある

3 トカイ・ヘジアッヤ地方
Tokaj-Hegyalja
北東部のスロヴァキア国境にある生産地で、代表的ワインにトカイがある

4 サザン トランスダニュービア地方
Southern Transdanubia
ドナウ河西方の南西部にある生産地

5 グレート・プレイン（大平原）地方
The Great Plain
中央平野部にある生産地で国内栽培面積の約半分

栽培面積　7.5万ha
年間生産量　32.2万kl
　　　　　（白ワイン70%）
輸出向け25.7%
国内消費74.3%

表1: トカイ・ワインの分類

銘柄		タイプ	最低残糖度	備考
トカイ・エッセンシア Tokaj Esszencia		極甘口（貴腐）	-	貴腐ぶどうのみを使ったワイン
トカイ・アスー Tokaj Aszú	7プットニョス 7Puttonyos	極甘口	-	トカイ・エッセンシアと同等※
	6プットニョス 6Puttonyos		150	
	5プットニョス 5Puttonyos		120	
	4プットニョス 4Puttonyos		90	ドイツのベーレンアウスレーゼに相当
	3プットニョス 3Puttonyos	甘口	60	ドイツのアウスレーゼに相当
トカイ・サモロドニ Tokaj Szamorodni		辛口		通常の辛口ワイン

※ゲンツィと呼ばれる発酵桶（容量136リットル）にプットニョス（容量26リットル）で入れるため、8プットニョス以上はない

Europe ヨーロッパ ハンガリー

Step 66 ギリシャ

4000年におよぶヨーロッパ最古のワインの歴史を持つギリシャですが、近代化は1980年代後半にいたってからとヨーロッパ諸国のなかでも最も遅くなります。昔ながらの松脂風味のワインが大量に造られているほか、いくつもの古代品種が現存することからもわかるように、今日にいたるまで昔ながらのワイン文化を守り続けていました。

国内で親しまれる松脂風味の伝統的ワイン

ギリシャで最も個性的な商品に、松脂で風味づけを行った「レッチーナ」というワインがあります。樽が開発される以前、保存容器としてアンフォラと呼ばれるかめが用いられていました。口を塞ぐため板をはめ、それを松脂で塗り固めたものがワインに溶けこんだのが起源とされています。国内最大産地である中央ギリシャのアッティカ地方で、サヴァティアーノ種から造られています。現在でも国内生産量の約35%を占めており、国外ではあまり好まれていないものの、国内では古代から伝わる風味として親しまれているそうです。

銘醸地の7割は古代からの生産地

原産地制度上の最上位O.P.A.P.に認定されている生産地のうち、約7割は古代にまで歴史を辿ることができます。なかでも北部ギリシャのマケドニア地方は「最大の可能性を持つ未開地」と注目されており、1960年代に近代化に先鞭をつけたドメイヌ・カラスがあるコート・ド・メリトン地区、O.P.A.P.初認定のナウサ地区（1971年）などがあり、主にクシノマヴロ種から酸味が強い赤ワインが産出されます。また、ペロポネソス半島にあるネメア地区からは「ヘラクレスの血」と呼ばれる力強い赤ワインが産出されるほか、諸島部にもアシルティコ種から風味豊かな辛口白ワインを産出するサントリーニ島などがあります。

古代品種による個性化を期待

EU加盟後（1981年）、ブタリ社やクルタキス社などの大手製造業者が、フランスから栽培技術や醸造技術の導入を図ったことで、近年は品質向上が遂げられています。同国で最も注目されているのは、手軽な国際品種の商品も増加していますが、ギリシャ時代やローマ時代に起源を辿ることができる品種がいくつも現存していることです。実際、国際的評価を獲得しているとまではいかないものの、ヨーロッパにおけるワイン文化の発祥の地だけに、大きな期待と注目を集めているようです。

図1: ギリシャの産地

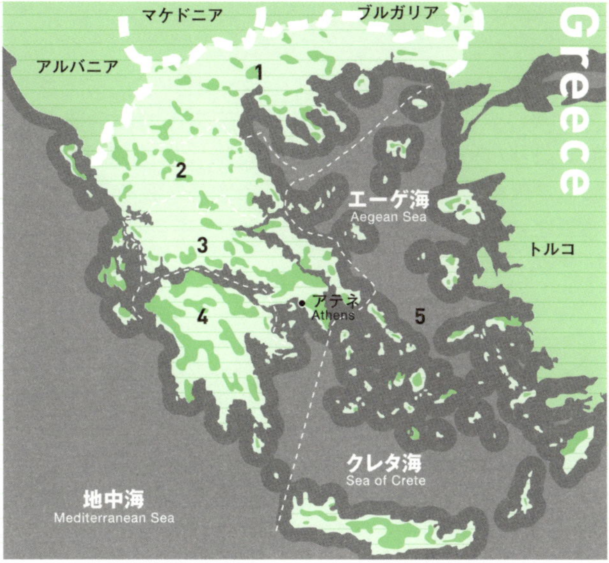

栽培面積　11.7万ha
年間生産量　35.1万kℓ

1 北部ギリシャ

マケドニア
Macedonia

バルカン半島の山間部にあるため比較的冷涼で、国内では最も注目を集める生産地

ナウサ
Naoussa

クシノマヴロ種から造る重厚なスタイル。初認定O.P.A.P.

コート・ド・メリトン
Côtes de Meliton

月桂樹の風味がある赤ワインなどが産出される

トラキア
Thrace

国際品種のヴァン・ド・ペイ（トピコス・イノス）で注目される

2 中央ギリシャ

国内生産量の3分の1を占める大産地で、レッチーナが主に生産される

テッサリア
Thessaly

ステレア・エラダ
Sterea Ellada

エヴィア
Evia

3 西部ギリシャ

イピロス
Epiros

4 ペロポネソス半島

国内生産量の25%を占める生産地で、高地から高品質な商品が産出される

ペロポネソス
Peloponnese

ネメア
Nemea

ヘラクレスの生誕地とされ、アギオルギティコ種から「ヘラクレスの血」と呼ばれる赤ワインが産出される

5 諸島部

イオニア諸島
Ionian Island

ケファロニア島やザキントス島が有名で、辛口白ワインのほか、甘口の白ワインや赤ワインが産出される

クレタ島
Crete

国内生産量の2割を占める大産地。伝統的には甘口を多く産出してきたが、近年は甘辛、白赤さまざまなものが産出される

キクラデス諸島
Cyclades

サントリーニ島
Santorini

砂地のためフィロキセラ被害がおよばなかった土地。風害を避けるため、樹を籠型（Kouloura）に仕立てる

図2: ギリシャの品質等級

等級	名称	備考
O.P.A.P.	オパプ Onomasia Proelefsis Anoteras Piotitas	1998年現在20地区。70%は古代からの産地で、最初の認定はナウサ（1971年）
O.P.E.	オペ Onomasia Proelefsis Elechomeni	甘口とデザート・ワインのみ。品種はマスカットかマヴロダフニ主体
Topikos Oinus	トピコス・イノス Topikos Oinus ＝Vins de Pays	
Epitrapezios Oinus	エピトウペジオス・イノス Epitrapezios Oinus ＝Vins de Table	①一般のもの、②CAVAと呼ばれる熟成タイプ、③レッチーナに代表される伝統的アペラシオンの3つのカテゴリーに分かれる

Step 67

アメリカ 1
カリフォルニア・ビジネス・モデル

いまやアメリカは新世界のリーダーという立場にあるだけでなく、フランス、イタリアなどとともに主要生産国の1つに数えられます。その画期性は、ヨーロッパ諸国に対抗するために産官学協同というビジネス・モデルを構築したほか、消費者への認知しやすさを狙って品種主義を打ち出したところです。また、温暖な気候に育まれ、そのワインも果実味豊かな風味を誇ります。

新世界型ビジネス・モデルの構築

18世紀に始められたぶどう栽培・ワイン生産は、禁酒法時代（1920～1933年）に中断されたことから、実際の歴史は1934年から始まります。先行するヨーロッパ諸国に対抗するため、カリフォルニアでは醸造家協会（ワイン・インスティテュート）が設立されたほか、カリフォルニア大学デイヴィス校に栽培・醸造学科が開設されました。また、州政府もこれらを支援するかたちで法整備を行い、産官学協同という新しいビジネス・モデルをワイン業界に導入しました。この成功により、それに続く新興国がこのビジネス・モデルを踏襲しただけでなく、フランスにおける技術革新を誘発することにもなります。

品種主義に基づく思想

ヨーロッパ諸国で施行されている原産地制度は、歴史的な蓄積があって成り立ちます。例えば、秀逸な土地がわかるようになり、適合する品種がわかるようになり……、その結果として銘醸地となるように。一方、その蓄積がない新興国では、品質は土地ではなく品種で決まるという立場の品種主義に基づく品質保証を行います。そのため、ラベルには品種を謳うか否か、謳う際には品種が何％以上含まれるかといった、いくつかの規制に限られます。もともと新世界は温暖な気候だけに、豊かな果実味による「品種らしさ」を表現することを特徴とします。

バルクからブティック、さらにガレージへ

1970年代までカリフォルニア・ワインは、いくつかの例外はあったにせよ「ジャグ」「バルク」と呼ばれる日常消費向けの大量生産品をさしていました。ところが、その頃になるとロバート・モンダヴィをはじめとする上級品を造ろうとする意欲的な生産者が現れます。彼らはそれまでの量産品を手掛ける大企業（巨大工場）とは違って、上級品を比較的小規模に生産したことからブティック・ワイナリーと呼ばれるようになります。その後、カリフォルニアが国際市場での評価を確立するに従い、大企業も上級品部門を設立する例が多くなりました。また、年間生産量が数万本にも満たないような、極めて少量の超上級品のみを手がける極小規模生産者も現れ、その醸造所の小ささからガレージ・ワインと呼ばれたりしています。

142

図1: アメリカの主要ワイン産地

1 ワシントン州 Washington
2 オレゴン州 Oregon
3 カリフォルニア州 California
4 ニューヨーク州 New York

カリフォルニア州は国内ぶどう栽培面積の約70％を占めていますが、他州の可能性が発揮されるに従って、徐々に他州でも栽培面積が伸びてきています。

栽培面積	39.7万ha（うちカリフォルニア州が20.8万ha）
年間生産量	198.7万kℓ（うちカリフォルニア州が90％）

図2: 米国のワイン法の構造

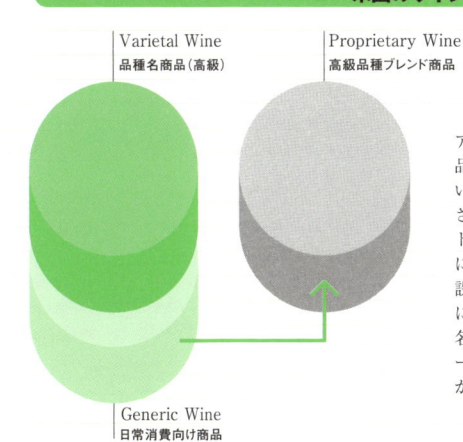

Varietal Wine　品種名商品（高級）
Proprietary Wine　高級品種ブレンド商品
Generic Wine　日常消費向け商品

アメリカの法律では、品種を謳うか（品種名商品）／品種を謳わないか（日常消費向け商品／高級品種でないので、謳っても品質保証にならない）をもとに整備されました。しかし、ボルドーのように品種をブレンドするタイプでは、品種を謳えなくなるため、慣習的に「プロプライアタリー」という第3のカテゴリーが設けられています。このカテゴリーのワインは、法的にはジェネリックになるため、「Red Wine」といった名称を謳いますが、生産者の自由な名称（例えばロバート・モンダヴィ・ワイナリーの「Opus One」など）が与えられていることが一般的です。

表1: 産地による規制内容の違い

	カリフォルニア	オレゴン	他州
品種	75% 以上	75% 以上	75%以上
州	100%	95%	75%以上
郡 County	75% 以上	—	75%以上
A.V.A.	85% 以上	—	85%以上
畑 Vineyard	95% 以上	—	95%以上
収穫年	95% 以上	95% 以上	95%以上

※ ％はラベルに品種や生産州などを謳う場合、それらが含まれていなくてはならない最低比率

Step 68 アメリカ 2
カリフォルニア

カリフォルニア州は国内生産量の9割を占めているばかりでなく、品質面においても世界の牽引的立場にあり、そのワインは国際市場で最も高値で取り引きされている、といっても過言ではありません。ぶどう栽培は州内のさまざまな土地で行われていますが、サンフランシスコ周辺の北部沿岸地区などが高級品を産出することで、とくに知られています。

寒流と山脈によって気候が変化

カリフォルニアの栽培条件を主に決定するのは、アラスカ湾から流れるカリフォルニア海流、および海岸山脈をはじめとする南北に連なるいくつかの山脈です。海流に伴う冷涼で湿潤な空気が沿岸部を覆う一方、内陸部は山脈によって冷気が遮られるため、暑く乾いた気候になります。河川や湾によって山脈が途切れるところでは、内陸部まで冷気が流れ込み、高級品向けのぶどう栽培に向いた冷涼な土地になります。そのため、北部沿岸地区やサンフランシスコ湾周辺が評価の高い生産地になります。

州北西沿岸部が有名産地

州内で最も評価の高い生産地は、サンフランシスコ湾北岸に広がる北部沿岸地区(ノース・コースト)で、ナパとソノマという国内屈指の銘醸地があり、高級品を生産するワイナリーが集まっています。一方、南岸に広がる中部沿岸地区(セントラル・コースト)は近年の評価が向上しており、その動きが顕著な湾岸地区(サンフランシスコ・ベイ)を独立して捉えることもあります。このほか、中央渓谷地区(セントラル・ヴァレー)は州内の収穫高の7割を占め、主に日常消費向けを生産しています。また、最内陸部にあって標高が高いシエラ・ネバダ山麓地区は、「ジンファンデルの聖地」といわれています。

アメリカ躍進の原動力となったナパ・ヴァレー

州内生産量の5%に過ぎないものの、いくつもの伝説に彩られるように、ナパ・ヴァレーがカリフォルニア・ワイン躍進の原動力となったことは揺るぎない事実です。まさにアメリカン・ドリームの象徴の1つであり、週末ともなると驚くほど観光客が訪れ(動員数は年間何百万人)、州内ではディズニー・ランドに次ぐ集客力ともいわれます。現在、約300軒のワイナリーのほかに、約1000軒の栽培農家があって、ワイナリーにぶどうを供給しています。このようなかたちでの協調関係は、シャンパーニュを除けばヨーロッパ諸国の銘醸地には例のないものといえます。

図1: カリフォルニア州の産地

1 北部沿岸地区
ノース・コースト
North Coast

サンフランシスコ湾北岸に広がる生産地で、州内で最も評価が高い。ナパやソノマなどとくに有名な銘醸地が集中する

2 湾岸地区
サンフランシスコ・ベイ
San Francisco Bay

かつては中部沿岸地区に含まれていたが、サンタ・クルーズなどの生産地の評価が近年、著しく向上したことから、独立してとらえるようになった

3 中部沿岸地区
セントラル・コースト
Central Coast

モントレー湾からロサンゼルス近郊までの生産地。沿岸の冷涼な地域が注目される。主な産地としては、北部のモントレー、南部のサンタ・バーバラがある

4 南部沿岸地区
サウス・コースト
South Coast

ロサンゼルス南方に広がる生産地で、主に日常消費向け

5 中央渓谷地区
セントラル・ヴァレー
Central Valley

サンフランシスコ湾へ流れ込むサクラメント河とサンホアキン河が形成する三角州に広がる生産地。州生産量の4分の3を産出するが、主に日常消費向け

6 シエラ・ネバダ山麓地区
シエラ・フットヒルズ
Sierra Foothills

中央渓谷地区からさらに内陸のシエラ・ネバダ山脈に付属する丘陵地にある生産地。標高が高いため、やや冷涼な気候となる。ゴールド・ラッシュ時代に開発された生産地で、ジンファンデルを中心に栽培が行われている

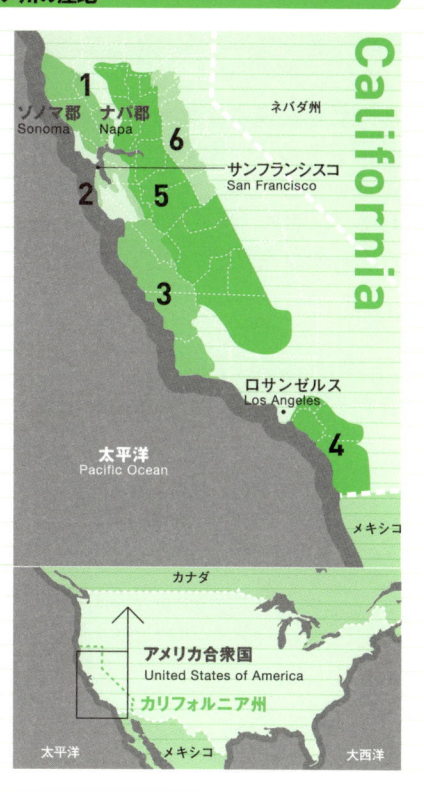

Column

分業体制

いくつかの例外を除けば、銘醸地とされる生産地は、ぶどう栽培から製造・瓶詰めまでが一貫して行われます。一方、カリフォルニアではワイナリーがぶどう畑を所有しない、あるいは所有しても申し訳程度というのが一般的です。これは原料を適宜、適地から求めるのが品質を高め、安定化させると考えるからです。そのため、A.V.A.「ナパ・ヴァレー」を謳う商品のほとんどが、域内のさまざまな土地から原料を求めたものとなります。これは土地が細分化されることで個性や品質が高まると考えるフランスとは正反対の考えといえます。また、カリフォルニアのなかにも一貫した生産を行う商品があり、これはラベルに「エステート（Estate）」と表示されます。

Step 69 アメリカ3
ニュー・フロンティア

伝統国と比肩する実力を持ったアメリカでは、近年になると新たな可能性を探るために、今までにない動きが見られるようになります。多くの生産者がテロワールという言葉を口にするようになり、土地への関心が強くなります。また、従来のシャルドネとカベルネ・ソーヴィニヨンだけでなく、さまざまな品種での挑戦が始まっています。

品種の多様化はABCが合言葉

アメリカをはじめとする新興国では、商品価値の高いシャルドネとカベルネ・ソーヴィニヨンを手掛けることが一般的でした。これらのぶどう品種は、栽培が比較的容易であり、量産化された安価品でもそれらしい風味を失いにくいといった特徴があります。近年、銘醸地としての地位を確立したカリフォルニアでは、新たな差別化によって付加価値を創造しようという動きが現れました。隙間市場を狙ったものとはいえ、ABC（Anything But Chardonnay／Cabernet Sauvignon）※と呼ばれる、シャルドネとカベルネ・ソーヴィニヨンからの転換もいくつか見られます。

※「シャルドネあるいはカベルネ・ソーヴィニヨン以外の何でも」という意味の通り、それ以外の品種を注目しようという動き。ソーヴィニヨン・ブラン、ヴィオニエ、ピノ・ノワール、メルロ、シラー、サンジョヴェーゼなどが候補

1990年代にはテロワールの発見！

アメリカでも原産地管理を行うA.V.A.（American Viticultural Areas：政府承認ぶどう栽培地域）を導入したものの（1976年）、その実効性に関しては久しく議論されることがありませんでした。アメリカで原産地が注目されるようになったのは、カリフォルニアが銘醸地としての地位を確固たるものとした1990年代、新たな付加価値を付与する機能を持つ差別化が内部的に求められたためです。フランスの「テロワール」という言葉を孫引きするようなかたちで、従来のリジョン・システムのような気温だけでなく、日照量や土壌などを総合的に判断して栽培条件を考慮するようになりました。

テロワールを求めて冷涼地へ

温暖な気候に育まれた肉づきの良さが新興国一般の特徴でしたが、近年は生産地の気候を反映した繊細な風味を評価する傾向があります。とくにシャルドネやピノ・ノワールでは、ブルゴーニュ・スタイルの均整のとれたものをめざして、ぶどう畑をより冷涼地へと求める動きが出てきました。そのため、1990年代にはナパ・ヴァレーのなかでも河口部のロス・カーネロス地区が注目されました。さらに1990年代末には、ソノマ郡のなかで最も冷涼な地域であるロシアン・リヴァー・ヴァレー地区やソノマ・コースト地区などが注目を集めるようになりました。

New World 新興産地 アメリカ3

図1: 北部沿岸地区（ナパ郡／ソノマ郡）の産地

カリフォルニアにおけるテロワールへの注目は、皮肉にもフィロキセラの被害によるぶどうの枯死、それに伴う改植に際したものです。新しい付加価値を求めて綿密な調査が行われた上で、栽培適地や適合品種の研究がなされました。そのなかでシャルドネやピノ・ノワールのような冷涼地を好むぶどう品種では、ロス・カーネロス地区やソノマ郡のより冷涼地が注目されるようになりました。

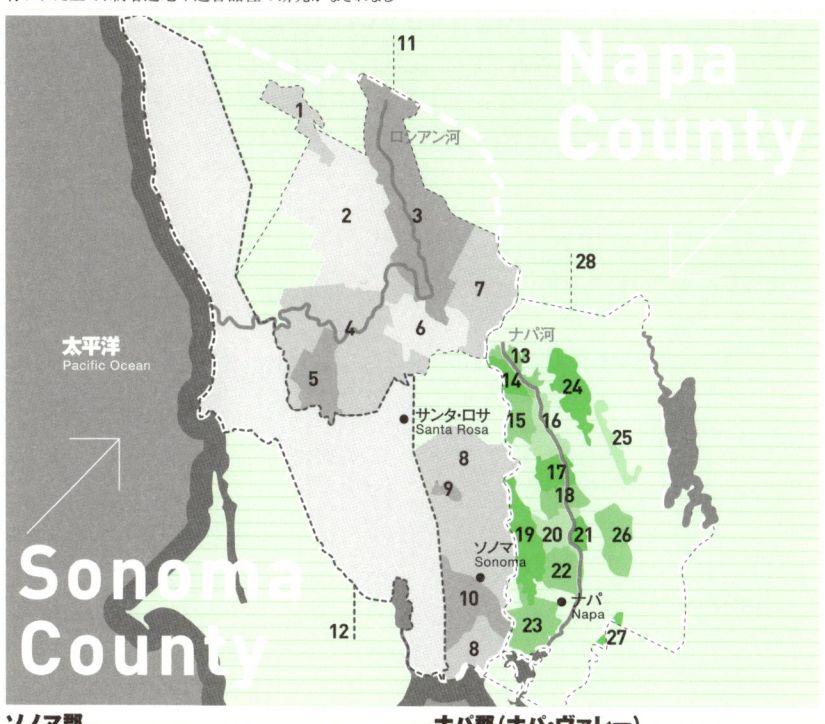

ソノマ郡
Sonoma County

1 ロックパイル / Rockpile
2 ドライ・クリーク・ヴァレー / Dry Creek Valley
3 アレクサンダー・ヴァレー / Alexander Valley
4 ロシアン・リヴァー・ヴァレー / Russian River Valley
5 ソノマ・カウンティ・グリーン・ヴァレー / Sonma County Green Valley
6 チョーク・ヒル / Chalk Hill
7 ナイツ・ヴァレー / Knights Valley
8 ソノマ・ヴァレー / Sonoma Valley
9 ソノマ・マウンテン / Sonoma Mountain
10 ロス・カーネロス / Los Carneros
11 ノーザン・ソノマ / Northern Sonoma
12 ソノマ・コースト / Sonoma Coast

ナパ郡（ナパ・ヴァレー）
Napa County (Napa Valley)

13 カリストガ / Calistoga
14 ダイヤモンド・マウンテン / Diamond Mountain
15 スプリング・マウンテン・ディストリクト / Spring Mountain District
16 セント・ヘレナ / Saint Helena
17 ラザフォード / Ratherford
18 オークヴィル / Oakville
19 マウント・ヴィーダー / Mount Veeder
20 ヨントヴィル / Yountville
21 スタッグス・リープ・ディストリクト / Stags Leap District
22 オーク・ノール・ディストリクト・オブ・ナパ・ヴァレー / Oak Knoll District of Napa Valley
23 ロス・カーネロス / Los Carneros
24 ハウエル・マウンテン / Howell Mountain
25 チルズ・ヴァレー / Chiles Valley
26 アトラス・ピーク / Atlas Peak
27 ワイルド・ホース・ヴァレー / Wild Horse Valley
28 ナパ・ヴァレーソノマ・コースト / Napa ValleySonoma Coast

州生産量のわずか5%に過ぎないナパ・ヴァレーだが、その存在感はそれ以上のものがある。現在、ナパ・ヴァレーでは16個のA.V.A.が認定され、これらは近年ではフランス流に「アペレーション」と呼ばれている。この分類は冷涼湿潤な海洋性気候の影響を受ける沿岸部と高温乾燥の大陸性気候となる上流部といった気候区分のほか、140種類におよぶといわれる土壌タイプに基づいて行われている。南北48km（東西は最大5km）という渓谷内であっても、沿岸部と上流部では夏場に気温差が3〜4℃もあり、また、土壌は上流部や辺縁部の痩せた火山性土壌に対して、下流部や渓谷底部では肥沃な粘土性土壌といった違いが明らかとなっている

Step 70 アメリカ 4
北西部太平洋岸など

国内生産量の90%以上がカリフォルニア州で生産されているので、つい先頃までは【アメリカ＝カリフォルニア】というよりも【カリフォルニア＞アメリカ】という構図で語られていました。近年はオレゴン州など北西部太平洋岸（パシフィック・ノース・ウエスト）の成功例が紹介されるに従い、他州での生産も勢いづいてきました。

カリフォルニア州以外の可能性を切り開いたオレゴン州

カリフォルニア州の北に位置するオレゴン州は、主な生産地が沿岸部に近いこともあり、より冷涼で湿潤な海洋性気候の影響を受けます。そのピノ・ノワールが1980年代に「ブルゴーニュに近い」と評価されるようになり、ブルゴーニュの秀逸な生産者として知られるドルーアン社が現地法人を設立したことで、にわかに注目を集めるようになりました。現在ではピノ・ノワールのほか、シャルドネやピノ・グリが主に栽培されています。まだ開発可能とされる土地の2割強でぶどう栽培（7851ha／2009年）が行われている程度なので、今後さらに生産量が拡大していくものと思われます。

北西部太平洋岸の新しい話題ワシントン州

オレゴン州のさらに北に位置するワシントン州が、いま北西部太平洋岸のなかでの新しい話題といえます。ほとんどの生産地はカスケード山脈より東側のコロンビア河流域にあるため、乾いて寒暖差が大きな大陸性気候に支配されており、緯度的にはブルゴーニュとボルドーの間という高緯度にあるため、夏季の日照時間は日に17時間にもおよびます。とくにシャルドネやカベルネ・ソーヴィニヨンが有名で、「カリフォルニアのボリュームとフランスのエレガンスを併せ持つ」といわれたりもします。カリフォルニアに次ぎ、全米第2位の生産州とはいえ、栽培面積は1万4973haほど。今後の躍進が期待されます。

北東部大西洋岸などの新興産地

ニューヨーク州は湿潤な海洋性気候のため、長らくヴィティス・ヴィニフェラの栽培は困難とされていました。栽培面積では全米第3位（1万2250ha）とはいえ、3分の2はジュースなどの用途に充てられるラブルスカ種で、残りもフレンチ・ハイブリッドと呼ばれる仏系品種とラブルスカ種の交配によるものがほとんどでした。1960年代にはリースリングやシャルドネなどの早熟品種の栽培が始まったことで、国際市場でも評価を獲得できる商品をめざそうという意欲的な生産者も現れ始めています。

図1: ワシントン州とオレゴン州の生産地区

オレゴン州とワシントン州の気候区分は、両州を南北に貫くカスケード山脈が基準となっています。山脈より西側は、寒流の影響を強く受けるため、冷涼で湿潤な気候となります。一方、山脈の東側は大陸性気候となり、乾燥して寒暖差の激しい土地です。そのため、西側ではピノ・ノワールなどのブルゴーニュ系に適しており、東側ではカベルネ・ソーヴィニヨンやシラーなどに適しています。

1 ピュージェット・サウンド
  Puget Sound
2 コロンビア・ヴァレー
  Columbia Valley
3 ヤキマ・ヴァレー
  Yakima Valley
4 レッド・マウンテン
  Red Mountain
5 ワラ・ワラ・ヴァレー
  Walla Walla Valley
6 ウィラメット・ヴァレー
  Willamette Valley
7 アンプカ・ヴァレー
  Umpqua Valley
8 ローグ・ヴァレー
  Rogue Valley

Step 71 オーストラリア 1
概論

南半球にあるオーストラリアでは、1970年代頃まで輸出向けに酒精強化酒、国内向けに日常消費用を主に生産していました。品質管理が可能な輸送技術が確立されたことにより、その後は辛口への転換、とくに上級品への転換が進みます。数ある新興国のなかでもアメリカに次ぐ存在感がありますが、その独自性は際立つものがあります。

オージー・ブレンドは世界の非常識？

オーストラリアではアメリカにならい、品種による品質分類を導入しましたが、複数品種を用いた優良品はヴァラエタル・ブレンドという独自等級を設けているのが特徴です。とくに興味深いのは、品種はあくまでも原料の違いと捉えており、例えば「シャルドネ／セミヨン」というフランスの生産地が違う品種を混ぜたオージー・ブレンドが普及していたことです。近年はヨーロッパ市場での競争力確保のため、徐々に独自のブレンドは減り、「カベルネ・ソーヴィニヨン／メルロ」などの妥当性があるものへの転換が進んでいます。栽培品種はすべて欧州系の有名品種ですが、なかでもシラーズ（フランスのシラーのオーストラリア名）は同国を象徴する品種として評価を得ています。

マルチ・リージョナル・ブレンド

新興国では長らく「原産地で品質は決まらない」という考え方が支配的でしたが、この思想を究極まで押し進めたのがオーストラリアです。巨大企業の寡占状態にある同国では、原材料の安定的確保のために、原材料を州などの生産地に拘らず、広く集めることが一般的でした（これをマルチ・リージョナル・ブレンドと呼ぶ）。同一銘柄でも収穫年により品種の比率が違う、あるいは生産地が違うことが間々あります。ただし、新興国一般でもテロワールに関する意識が高まるなかで、小規模生産者を中心に生産地の個性を謳う商品が現れたほか、大規模生産者でもより厳密に原料の個性として、生産地の違いを捉えなおすようになってきています。

究極の合理主義による生産技術

オーストラリア・ワインは「濃い」「甘い」「やわらかい」といった、国際的嗜好を最も端的に表現しています。温暖な気候に恵まれている上、それを強調するための極めて特殊な醸造技術が導入されているためです。タンニンを抑えるために、ぶどうは除梗されて仕込まれ、比較的低温で発酵させるのが一般的です。ときには種子からの渋味の溶出を避けるため、回転式発酵槽が利用されるほか、熟成には芳香成分の溶出が多いアメリカン・オークの樽を使用します。ただし、これらの醸造技術は果実味と樽風味を強調するあまり、必要なタンニンの溶出さえも犠牲にします。そのため、工業的操作でタンニンの補強※が行われることも普及しています。

※ ①粉末の醸造用タンニンの添加、②オーク・チップ（樽材の粉砕屑）の添加、③スターヴ（樽内に設置する板切れ）、などが考案されている

図1: オーストラリアの産地

インド洋 Indian Ocean　太平洋 Pacific Ocean
ノーザン・テリトリー
クイーンズランド州
西オーストラリア州
南オーストラリア州
ニュー・サウス・ウエールズ州
ビクトリア州
タスマニア州
Australia

温暖な気候帯に属するオーストラリアでは、南極に近いより冷涼な南沿岸部でぶどう栽培が行われています。とくに東寄りの3州(ニュー・サウス・ウエールズ州、ビクトリア州、南オーストラリア州)で国内生産の大部分を担っています。

栽培面積　16.3万ha
年間生産量　96.2万kℓ

Column

アメリカとオーストラリア 品種名ラベル表示の規定

アメリカはいち早く品種による品質保証を掲げ、①優良品種を名乗る上級ワイン(Varietal Wine)、②優良品種でないために名乗らない日常用ワイン(Generic Wine)、に分類しました。しかし、ボルドーのように品種をブレンドしたために、品種を名乗れないワインをどのように扱うかで議論があり、ブレンドした上級ワインを生産者の独自の名称で販売する、プロプライアタリー(Proprietary Wine)として慣習的に分類しています。一方、オーストラリアではこの議論をより明確にするために、①優良品種を名乗る上級ワイン(Varietal Wine)、②優良品種をブレンドした(Varietal Blend Wine)、③品種名表示をしない日常用ワイン(Generic Wine)、に分類しました。

品種名ラベル表示の有無と使用比率

アメリカ	名称	条件
品種名表示あり	ヴァラエタル・ワイン Varietal Wine	表示品種75%以上使用の場合
品種名表示なし	ジェネリック・ワイン Generic Wine	

オーストラリア	名称	条件
品種名表示あり	ヴァラエタル・ワイン Varietal Wine	表示品種85%以上使用の場合
	ヴァラエタル・ブレンド・ワイン Varietal Blend Wine	1品種の使用比率は85%未満だがブレンドしている場合 例)Cabernet Sauvignon　Merlot
品種名表示なし	ジェネリック・ワイン Generic Wine	

New World
新興産地 オーストラリア1

Step 72 オーストラリア 2

南オーストラリア

南オーストラリア州は州別生産量で国内最大規模を誇るばかりか、バロッサ・ヴァレーをはじめとして、評価の高い生産地の多くを抱えています。また、アデレード周辺には世界的にも指折りの大手ワイナリーがいくつも集まり、製造や栽培に関する研究機関があることから、質・量ともにオーストラリアの牽引的存在となっています。

国内生産量の半分を占める南オーストラリア州

20世紀初めから半ばには、南オーストラリア州は国内生産量の75％を占めることもありました。他州でのワイン生産が拡大するに従い、その占有率は徐々に下降しています。現在は占有率が44％となったものの、州別生産量はいまも圧倒的な首位を維持しています。バロッサ・ヴァレーやクナワラなどの有名産地を数多く抱えるほか、大手ワイナリーが生産拠点を構え、栽培・醸造やビジネスに関する研究機関もあることから、質・量ともにオーストラリアの牽引的存在となっています。1838年マクラーレン・ヴェイルでぶどう栽培が始まったのを起源としており、その当時に創業されたワイナリーが現存するなど、歴史的蓄積を感じさせます。

オーストラリアの牽引車かつ象徴的存在のバロッサ

アデレードの北東80kmに位置するバロッサ・ヴァレーは、オーストラリアで最も有名な生産地です。ペンフォールズ社やウルフ・ブラス社などの超大手生産者が本拠地を置くばかりでなく、樹齢100年を超えるぶどう樹が現存する畑からワインが造られているなど、産業的かつ歴史的に最も重要な位置づけにあります。その歴史は1847年の植樹に遡ることができ、シレジア地方（旧ドイツ領）からの移民が多かったことから、その影響を強く受けているといわれています。さまざまな品種が栽培されているなか、バロッサ・ヴァレーのシラーズはオーストラリアの象徴的な存在となっています。起伏に富む地勢から、標高の低い温暖な地域ではシラーズやカベルネ・ソーヴィニヨンなどの重厚な赤ワイン、標高の高いやや冷涼な地域ではリースリングなどの繊細さを感じさせる白ワインが造られています。

バラエティを広げる個性的な生産地区

南オーストラリア州は温暖なバロッサ・ヴァレーに代表される力強く重厚なワインを造る生産地と思われていますが、海流の影響により冷涼な沿岸部、丘陵地などの複雑な地形を利用して、バラエティ豊かなワインが造られています。アデレードの北150kmに位置するクレア・ヴァレーでは高地にぶどう畑があり、その冷涼な気候からリースリングをはじめとする白ワインで国内随一の評価を得ています。また、隣接するイーデン・ヴァレーでも高地で栽培が行われ、リースリングなどが高く評価されています。一方、州南端で沿岸部にあるクナワラでは、州内でも最も冷涼な気候のため、他地区とは趣の異なるスタイルのワインを造っています。

New World 新興産地 オーストラリア2

図1: 南オーストラリア州の産地

1 クレア・ヴァレー
Clare Valley
アデレードの北に位置する内陸部にあり、昼夜較差の大きさから注目されている。リースリングでは国内でも最高評価を得ている

2 サザン・フリンダース・レーンジス
Southern Flinders Ranges

3 バロッサ・ヴァレー
Barossa Valley
アデレードの北東に位置する内陸部にあり、国内最大であるとともに、最も有名な生産地。シラーズは国内随一の評価であることはとくに有名。1847年ヨハン・クランプによる植樹にはじまり、ドイツ移民により開拓された

4 イーデン・ヴァレー
Eden Valley
バロッサ・ヴァレーとともにバロッサ地方に含まれるが、標高が高いため冷涼な気候となる。リースリングの評価が高く、クレア・ヴァレーと競うほどの人気を誇る

5 リヴァーランド
Riverland
州境に近い内陸部にあり、温暖で乾燥した大陸性気候に属する。収穫量は州内の6割（国内の3割）と多く、ワイン産業の「機関室」に喩えられるほど

6 アデレード・プレインズ
Adelaide Plains

7 アデレード・ヒルズ
Adelaide Hills
アデレードの東に隣接する丘陵地で、起伏に富むため気候条件が複雑で、さまざまな品種が栽培されている。国内最高級のテーブルワインと発泡酒が注目されている

8 マクラーレン・ヴェイル
McLaren Vale
アデレードの南に隣接する丘陵地で、セント・ヴィンセント湾の影響などにより複雑な気候条件となる。早くから産業化が進んだことから、巨大企業から中小までさまざまなワイナリーが揃う。1838年ジョン・レイネルの植樹に始まる

9 カンガルー島
Kangaroo Island

10 サザン・フルーイオ
Southern Fleurieu

11 カレンシー・クリーク
Currency Creek

12 ラングホーン・クリーク
Langhorne Creek

13 ラングホーン・クリーク
Langhorne Creek

14 パッドサウェー
Padthaway
州南部にあり、海洋性気候に属するものの、南に位置するクナワラよりも暖かい。1963年から大手企業の入植が始まり、近年になって評価を高めている

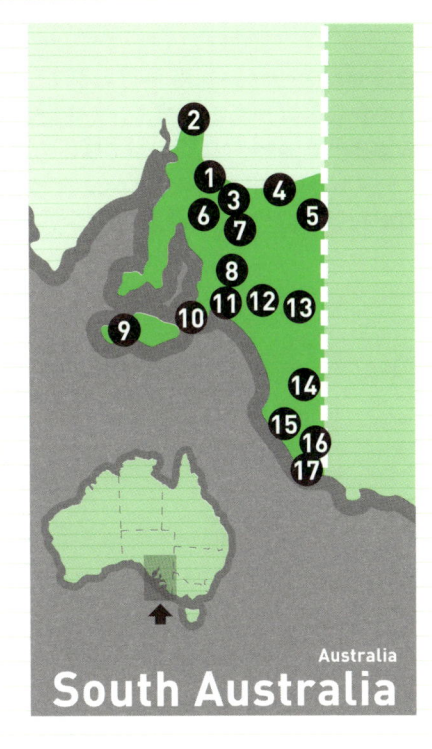

15 マウント・ベンソン
Mount Benson

16 ラットンブリー
Wrattonbully

17 クナワラ
Coonawarra
州内最南端に位置しており、沿岸から60kmから離れていないため、海洋性気候に属している。土地表面を覆う赤土は「テラロッサ」と呼ばれる。1890年ジョン・リドックによる植樹に始まる

New World / 新興産地 オーストラリア2

Step 73

オーストラリア 3
ビクトリア、NSW

国内全州でワイン生産が行われているものの、赤道に近い大陸北部ではわずかな事例がある程度で、生産地の大部分は大陸南東部に集中しており、南東3州で国内生産量の約95％を占めています。圧倒的存在感を誇る南オーストラリア州ばかりでなく、ビクトリア州やニュー・サウス・ウェールズ州でもその特性を活かしたワイン造りが行われています。

復興いちじるしく輝きを取り戻したビクトリア州

19世紀、ビクトリア州は「英国民のぶどう畑」と呼ばれ、英国向けの輸出量が国内で最大を誇っていました。19世紀末にフィロキセラによる壊滅的な被害を受けたことなどから、残念ながらワインの生産がいったん途絶えてしまいました。1960年代からいくつかのワイナリーの再入植を契機として徐々に復興が図られ、現在では国内生産量の20%を占めるまでになりました。ぶどう生産量では州境近くの北西部での栽培が大きいものの、州内の幅広く生産地が分布しています。南東3州のなかでも最も南に位置するため、おおよそは冷涼な気候となり、その特性を活かしてエレガントなテーブル・ワインやスパークリング・ワインで高い評価を獲得しています。

発泡酒とピノ・ノワールの銘醸地として復興を遂げたヤラ・ヴァレー

ビクトリア州の黄金時代と呼ばれる19世紀、ヤラ・ヴァレーは国内屈指の知名度を誇っていました。20世紀初め、テーブル・ワインから酒精強化酒への転換が進んだため、1921年ぶどう栽培がいったん途絶えてしまいます。1960年代に州都メルボルンの東にあるヤラ・ヴァレーで、ヤラ・イエリングが創業したことにより再開が図られます。1990年代になると、生産量はかつての規模を超えるまでになりました。その冷涼な気候からピノ・ノワールでは国内最高峰と讃えられているほか、シャンパーニュ最大手のモエ・シャンドン社の子会社となるドメーヌ・シャンドン社をはじめとして、スパークリング・ワインの生産でも国内随一の評価を獲得しています。

オーストラリア・ワインの発祥地ニュー・サウス・ウェールズ州

ニュー・サウス・ウェールズ州はオーストラリア・ワインの発祥の地とされ、その歴史は1790年代にシドニー周辺で栽培が始められたところまで遡ることができます。1820年代にはハンター・ヴァレーで商業生産が本格化し、国内屈指の生産地となります。19世紀末から20世紀初めにかけて、国内市場や英国市場が酒精強化酒に傾くなか、その対応が図られずにテーブル・ワインを造り続けたため、ワイン産業の中核の座は徐々に南オーストラリア州に移っていきます。また、近年は内陸部で大規模な開発が進んだことから、生産比率では小さくなってしまったものの、ハンター・ヴァレーは昔からテーブル・ワインを造り続けている生産地として、今も有名で、観光地としても親しまれています。

New World

新興産地 オーストラリア3

図1: ビクトリア州とニュー・サウス・ウェールズ州の産地

ビクトリア州

1 マレー・ダーリング
Murray Darling

2 スワン・ヒル
Swan Hill

3 ヘンティ
Henty

4 グランピアンズ
Grampians

5 ピレニーズ
Pyrenees

メルボルンの北西250kmの内陸部にある生産地で、温暖な気候のためカベルネ・ソーヴィニヨンやシラーズの赤ワイン、シャルドネの白ワインで評価される。1848年の植樹に始まる

6 ベンディゴ
Bendigo

7 ジロング
Geelong

メルボルン南西の沿岸部に位置する生産地で、海洋性気候に属する。1875年に国内で初めてフィロキセラが発見されたため、被害の拡大を防ぐためにすべてのぶどうが引き抜かれ、1966年にあらためて植樹された。シャルドネとピノ・ノワールで注目される

8 マセドン・レンジズ
Macedon Ranges

9 ヒースコート
Heathcote

10 ゴールバン・ヴァレー
Goulburn Valley

11 ラザグレン
Rutherglen

12 ビーチワース
Beechworth

13 アルパイン・ヴァレーズ
Alpine Valleys

14 ギップスランド
Gippsland

15 キング・ヴァレー
King Valley

メルボルンの北東200kmの内陸部にある生産地で、標高が155～800mと幅広くにおよぶため、さまざまな品種が栽培され、南東3州のワイナリーに原料を供給している

16 アッパー・ゴールバン
Upper Goulburn

17 グレンローワン
Glenrowan

18 ヤラ・ヴァレー
Yarra Valley

19世紀に酒精強化酒で栄えたものの1921年にぶどう栽培が途絶え、1960年代に再開された。現在はピノ・ノワールでは国内最高評価を得ているほか、発泡酒でも高い評価を得ている

19 モーニングトン・ペニンシュラ
Mornington Peninsula

20 サンブリー
Sunbury

21 ストラスボーギ・レンジズ
Strathbogie Ranges

ニュー・サウス・ウェールズ州

22 ヘイスティングズ・リヴァー
Hastings River

23 ハンター
Hunter

シドニーの北160kmに位置しており、亜熱帯気候に属している。1825年の植樹にはじまり、同国の産業を牽引してきたが、産業の主軸が他州に移るに従い、観光地化している。近年はより冷涼なアッパー・ハンター・ヴァレーの開発が進む

24 マジー
Mudgee

大分水嶺の西斜面に位置する生産地。山脈を東西にはさんでハンター地区とは近いものの、標高が高いため寒暖差が大きく、乾燥しており、軽やかなワインを造る

25 オレンジ
Orange

セントラル・ハイランドとして知られた土地で、果樹作物の栽培が盛んだった。ぶどうは1980年から商業生産が本格化し、収穫されたぶどうのほとんどは他地区に運ばれている

26 カウラ
Cowra

27 サザン・ハイランズ
Southern Highlands

28 ショールヘイブン・コースト
Shoalhaven Coast

29 ヒルトップス
Hilltops

30 リヴァリーナ
Riverina

州南部の内陸部にある生産地で、収穫量は州内の55%（国内の15%）を占めている。年間降水量が少ないため、ぶどう畑が拓かれたのはマランビジー川の灌漑計画が始動する1912年。ボトリティス・セミヨンや遅摘みヴァラエタルが有名

31 ペリクータ
Perricoota

32 キャンベラ・ディストリクト
Canberra District

33 グンダガイ
Gundagai

34 タンバランバ
Tumbarumba

Step 74 オーストラリア 4
西オーストラリア、タスマニア

オーストラリアのワイン産業は、大規模生産者が南東3州を舞台にスケール・メリットを活かして、低価格な割に良質な日常用ワインの実現という、極めて独自性の強いスタイルを打ち出すことで成功してきました。近年、それとは対照的な個性を打ち出すことで注目を集める生産地が登場し、オーストラリア・ワインの個性を豊かにしています。

小規模ながらも個性化に成功した西オーストラリア

オーストラリア・ワインの従来のビジネス・モデルとは対極的な個性を打ち出すことで注目を集めたのが西オーストラリア州です。その起源はスワン・ディストリクトでの1829年の植樹にまで遡ることができるものの、しばらく大きな広がりを見せることはなく、150年ものあいだスワン・ディストリクトは唯一の生産地として細々と生産を続けてきました。近年、マーガレット・リヴァーでの成功に触発されるかたちで、ワイン生産が州南部で拡大しています。州別生産比率はわずか約4％に過ぎないものの、小規模でも良質な中価格帯以上のものを狙うことで、オーストラリア・ワインの個性をより幅広くしています。

オーストラリア・ワインの新時代を開いたマーガレット・リヴァー

いまや西オーストラリア州で随一と讃えられるマーガレット・リヴァーは、栽培学者ハロルド・オルモ博士らの研究により注目を集め、1973年ルーウィン・エステイトの創業を皮切りに開発が進められました。温暖な地中海性気候に恵まれ、カベルネ・ソーヴィニヨンをはじめとするボルドー品種の赤ワインで高い評価を獲得しています。当初に比べれば話題は落ちついたものの、エレガントなワインとしての地位を確固としており、中価格帯以上では重厚感を求めてきた従来のオーストラリア・ワインとは対照的な存在感を示しています。また、近年はマーガレット・リヴァーに隣接するグレート・サザンやペムバトンでもエレガントで良質のワインが造られるようになってきました。

オーストラリア・ワインの新しい可能性を求めるタスマニア

タスマニア州はスパークリング・ワインの原料ぶどうの栽培地として、あるいはピノ・ノワールやシャルドネ、リースリングなどのエレガントなワインの生産地として注目を集め始めています。その起源は1840年の植樹まで遡るものの、りんごなどの果汁作物の1つとしての扱いで、商業栽培が始まるのは1970年代になってからです。また、その後もビクトリア州などに運ばれてブレンドされることが一般的だったため、ワイナリーとして独自に瓶詰めを始めるところが現われたのは2000年頃からです。国内では最も冷涼な気候に恵まれているため、オーストラリア・ワインのあたらしい個性を追求する動きのなかで、今、最も注目を集めています。

図1: 西オーストラリア州の産地

1 スワン・ディストリクト
Swan District
パースの北に隣接する生産地で、1829年に植樹されたのがはじまり。州内では約150年間は唯一の生産地であり、その歴史はヴィクトリア州や南オーストラリア州より長い

2 パース・ヒルズ
Perth Hills

3 ピール
Peel

4 ジオグラフ
Geographe

5 マーガレット・リヴァー
Margaret River
パースの南300kmに位置する沿岸部の生産地で、海洋性気候に属する。ハロルド・オルモ博士の研究に触発されて1970年代に開拓され、西オーストラリアの可能性を切り開いた。カベルネ・ソーヴィニヨンで国内屈指の評価を得ているほか、シャルドネなども評価される

6 ブラックウッド・ヴァレー
Blackwood Valley

7 ペムバトン
Pemberton

8 マンジマップ
Manjimup

9 グレート・サザン
Great Southern
州南部アルバニー周辺の広大な地域で、海洋性気候や内陸性気候など幅広い気候条件を持つため、カベルネ・ソーヴィニヨンからピノ・ノワール、シャルドネ、リースリングなど多彩なワインが造られる

図2: タスマニア州の産地

1 タスマニア
Tasmania

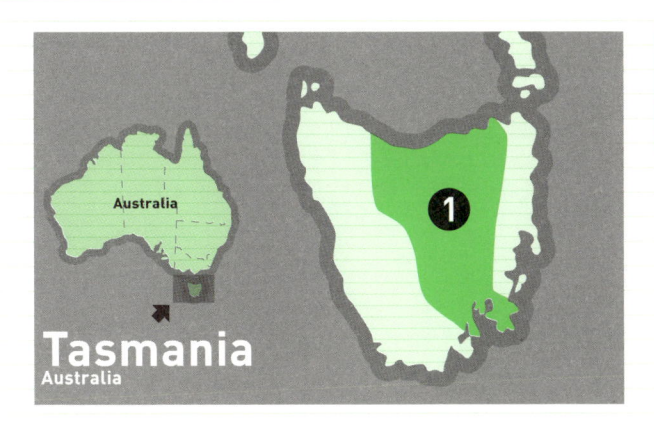

Step 75　ニュージーランド

生産規模は極めて小さいものの、新興国のなかでは唯一の寒冷気候であるため、独特の存在感を発揮しています。1980年代のソーヴィニヨン・ブランの成功を契機として、世界から注目を集めるようになり、現在はブルゴーニュ以外では初めてピノ・ノワールで「成功」を収めた生産地として人気を博しています。

新興国で唯一の冷涼気候により成功

海洋性気候に支配される島国で冷涼湿潤な気候であるため、ニュージーランドではわずかにミュラー・トゥルガウ種を用いたやや甘口などの廉価品が生産されるだけでした。マールボロ地域のソーヴィニヨン・ブランがイギリスで評判（1985年）※になり、世界の注目を一躍集めることとなったため、その後は耕作面積が驚くほど短期間に拡大を遂げています。評判となった理由は、従来の新興国が温暖で乾いた気候のためグラマラスさを誇示したのに対して、ニュージーランドがエレガンスを表現していたためといえます。また、同じ理由から、ブルゴーニュ以外では数少ないピノ・ノワールの成功した土地としても、現在注目を集めています。

※西オーストラリア州のケープ・メンテル社が創設した「クラウディ・ベイ」

3地域で8割を占める

栽培面積の8割がマールボロ地域、ホークス・ベイ地域、ギズボーン地域に集中しています。商業生産の歴史は短いものの、高級品市場を狙った意欲的な生産者が多く、成功事例がある地域は急激に耕作面積が拡大する傾向があります。その代表的産地がマールボロで、「品種の基準」といわれるほどソーヴィニヨン・ブランが成功を収めたことから、国内栽培面積の約47％を占める大産地となりました。また、ホークス・ベイは商業生産の発祥地で、ボルドー・スタイルでは国内随一の評価を得ており、同じく耕作面積が大きく広がっています。一方、ギズボーンはかつての最大産地であったものの、廉価品中心であったため置き去りにされた感があり、耕作面積は微増にとどまっています。このほか、小産地ながらも国内唯一の内陸性気候であるセントラル・オタゴが、ピノ・ノワールを中心に評価を高めています。

多雨を克服した栽培技術の研究

降雨量が多い上、肥沃な土壌を持つため、ニュージーランドでの高品質なワインの生産は不可能と考えられていました。それが当初、冷涼気候でも生育する付加価値の低い品種が普及した理由です。1990年代になって、オーストラリアの栽培学者リチャード・スマート博士の研究を基本にした、ぶどう樹の生理に基づいた栽培や剪定の方法（キャノピー・マネジメント・テクニックと呼ばれる）を導入したことで、ぶどう栽培には向かないとされた土地でも、ある程度の良質原料が確保できるようになりました。これは単に1つの新興国が誕生したということではなく、ぶどう栽培の地平線を押し広げる功績だったともいえます。

図1: ニュージーランドの産地

栽培面積　3.2万ha
年間生産量　11.3万kℓ

1 オークランド
Auckland
543ha（2009年）

オークランド近郊に栽培地があるものの、他地域から原料を調達して製造する生産者もある

2 ワイカト
Waikato
147ha（2009年）

北島西岸にあるため国内では最も湿潤な気候。地域別では最小産地の1つ

3 ギズボーン
Gisborne
2149ha（2009年）

かつては国内最大の生産地で、ミュラー・トゥルガウ種を用いたやや甘口を主に生産していた。近年はシャルドネ種の生産が盛んになり、「シャルドネの首都」と呼ばれる

4 ホークス・ベイ
Hawke's Bay
4921ha（2009年）

商業生産の発祥地で、ボルドー・スタイルの赤ワインでは国内随一の評価を獲得している

5 ウエリントン
Wellington
859ha（2009年）

ピノ・ノワールの生産で活況を呈している生産地で、アタ・ランギやマーティンボロ・ヴィンヤーズなど国内最高評価のワイナリーが集まっている

6 マールボロ
Marlborough
18401ha（2009年）

クラウディ・ベイのソーヴィニヨン・ブランにより国内随一の評価を獲得した生産地で、現在は国内栽培面積の約47%を占めている。

7 ネルソン
Nelson
813ha（2009年）

西海岸にあるため湿気が多い

8 カンタベリー
Canterbury
1763ha（2009年）

栽培南限に近いため爽やかで溌剌としたシャルドネやリースリングを主に生産する

9 セントラル・オタゴ
Central Otago
1532ha（2009年）

国内では唯一の内陸性気候であるため、年間降雨量は極めて少なく乾いた土地。昼夜較差が大きいため、今後の躍進が期待される。生産量の半分以上がピノ・ノワール

北島　North Island
太平洋　Pacific Ocean
南島　South Island

New Zealand

New World
新興産地　ニュージーランド

図2: 耕作面積の拡大

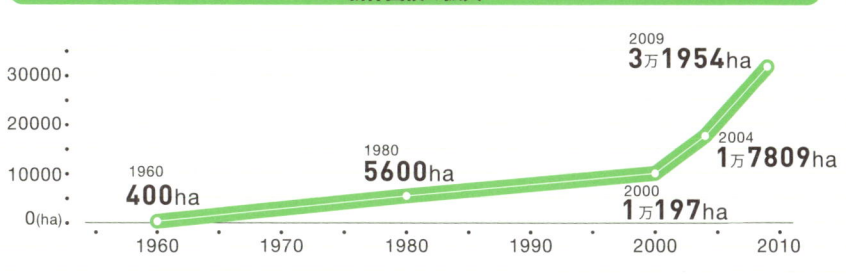

1960　400ha
1980　5600ha
2000　1万197ha
2004　1万7809ha
2009　3万1954ha

159

Step 76　チリ

新興国のなかでもアメリカやオーストラリアが中価格帯以上に主軸を置くのに対して、値頃感を武器にして低価格帯での圧倒的な存在感を示しています。1990年代にフランスやアメリカからの技術移転により品質向上を遂げ、第3世界では初の新興国への仲間入りを果たしました。近年は高付加価値商品の開発を企図して、さまざまな取り組みが行われています。

欧米の技術と資本による国際化

19世紀中葉以降、チリでもワイン生産が本格化したものの、それは多産型のパイス種を用いた地元消費用でした。大荘園によってコンチャ・イ・トロ社などのぶどう園が設立され、わずかに高級品が手掛けられたものの、その潜在性が世界的に注目されたのは、スペインのトーレス社が現地法人を設立（1979年）した頃からです。民主政権樹立後（1990年）は輸出用の開発を企図して、バロン・ド・ロートシルト社（ラフィット・ロートシルト）によるロス・バスコスとの技術提携に代表される、フランスやカリフォルニアからの資本や技術の移転が進みます。アメリカの流れに従って品種名商品を打ち出し、輸出量が急増しました。

圧倒的な価格競争力の秘密

チリ・ワインの価格競争力は、土地代や人件費が圧倒的に低いことに起因します。また、輸出向けを手掛けるワイナリーは、生産規模が比較的大きいため生産効率が高いほか、すでにフランスやアメリカで確立された技術を移転しているため、技術や設備の開発費用も抑えられるようです。乾燥気候のため灌漑設備は設けざるを得ないものの、病害防除のための農薬散布を減らすことも可能とされます。このほか、チリはフィロキセラ被害を受けていない唯一の国を謳い文句に掲げているように、植樹の際には自根栽培が可能となるため、台樹に対する費用や手間も省けるといわれています。

冷涼気候を求めて沿岸部や高地の開発が進む

アコンカグア・ヴァレーやセントラル・ヴァレーという名前からもわかるように、チリの生産地は河川流域に広がっており、その流域にはアンデスの雪解け水を灌水するための水路が張り巡らされています。もともと、ぶどう畑は海岸山脈とアンデス山脈に挟まれた肥沃な平地に設けられていましたが、近年は高品質原料を得るために冷涼で痩せた高地や沿岸部、より南の地域が新たに開墾されています。かつては高い技術力と低い製造コストによる値頃感だけを掲げていましたが、付加価値の高い商品の開発をめざす動きも見られるようになりました。

図1: チリの産地

コキンボ (Coquimbo)
蒸留酒のピスコ用、および生食用が栽培される

アコンカグア (Aconcagua)

1 アコンカグア・ヴァレー (Aconcagua Valley)
アコンカグア河流域のやや内陸部で、山々に囲まれた温暖な土地

2 カサブランカ・ヴァレー (Casablanca Valley)
沿岸部にある丘陵地で冷涼なため、チリの白ワインの代名詞。シャルドネやソーヴィニヨン・ブラン、ピノ・ノワールで注目

セントラル・ヴァレー (Central Valley)

3 マイポ・ヴァレー (Maipo Valley)
首都サンティアゴに隣接し、高級産地としては最古。カベルネ・ソーヴィニヨンが中心

4 ラペル・ヴァレー (Rapel Valley)
注目を集めるカチャポアル・ヴァレー (Cachapoal Valley) とコルチャグア・ヴァレー (Colchagua Valley) という2地区を含む産地。海岸山脈が低くなる辺りで、雨がやや多いためメルロで評価を上げた

5 クリコ・ヴァレー (Curicó Valley)
ぶどう栽培には向かないとされたものの、トーレス社の入植によって評価され、後続が増えた

6 マウレ・ヴァレー (Maule Valley)
チリ最大の生産地で、カベルネ・ソーヴィニヨンやメルロ、シャルドネが栽培される

南部 (South)
国内消費用が主に生産されていたものの、その冷涼な気候からビオ・ビオ・ヴァレー (Bío Bío Valley／地図7) が近年注目されている

栽培面積	19.6万ha
年間生産量	82.3万kℓ

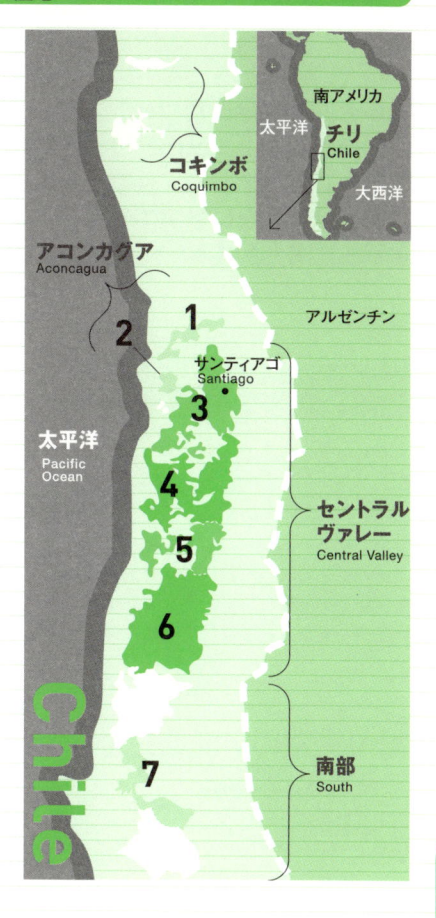

Column

チリにおける品種の混同

チリでは19世紀中葉にボルドー品種の移植が行われたものの、当時は品種に対する意識があまり強くなく、さまざまな品種が混植されていました。近年の遺伝子解析により、チリで「メルロ」と呼ばれていたものはカルメネールであったことが、また、「ソーヴィニヨン・ブラン」と思われていたものがトカイ・フリウラーノ（ソーヴィニヨン・ヴェール）であることがそれぞれ判明しました。

Step 77 アルゼンチン

アルゼンチンは国別ワイン生産量では世界第5位を誇るものの、国内消費志向が強い上、輸出向けは濃縮果汁やバルクワインなどの低価格品を主力としてきました。隣国チリの台頭に比べると、国際市場での存在感の低さは否めない事実でしたが、近年は欧米からの技術や資本の導入により品質向上が進み、注目が集まり始めました。

アンデス山麓の標高差を利用した多彩な表現力

アルゼンチンのぶどう栽培地は、西側の国境をなすアンデス山脈の山麓部、標高400〜2000mの高地に集まっています。冷涼な高地ではシャルドネ、温暖な低地ではカベルネ・ソーヴィニヨンといったように、標高の違いによる気温差を利用して多彩な品種が栽培されています。また、同一品種でも標高差を利用してブレンドを行うことで、より表現力のあるワインにしあげることもあります。アンデス山脈の影響で降雨量がきわめて少なく、そのほとんどが河川や地下水からの灌漑を利用しています。また、乾燥した気候のため腐敗病の発生が低く、有機栽培が普及しています。その一方、一部の地域では塩害のほか、線虫による被害が懸念されるため、それらに強い台樹を用いた接木栽培が行われています。

国内生産の7割を支えるメンドーサ地区

国内栽培面積の91％が中央西部地方に集まっており、なかでもメンドーサ州が国内生産量の72％を占めています。メンドーサ川上流域でマルベックなどから良質赤ワインが造られているほか、白ワインやロゼワインなど、良質なものが造られています。アルゼンチンは南米では初めてとなる原産地制度を（D.O.C.）を1992年に導入しており、メンドーサ州からはルハン・デ・クージョとサン・ラファエルがD.O.に認定され、量的ばかりでなく、質的にもアルゼンチンの牽引的存在となっています。また、サン・ファン州は国内生産量の21％を占め、メンドーサ州よりも気候が温暖であることから、生食や干しぶどうの栽培も含めて、多彩さが特徴となっています。

国際化の遅れから独自品種で個性化

アルゼンチンは国際化が遅れたため、他の新興国で見られるような一部の品種への偏りがありません。世界でも稀な成功例として国際的に評価を獲得しているマルベックは、アルゼンチンの象徴とみなされ、またトロンテスからは重厚な白ワインが造られ、評価を得ています。19世紀後半にスペインやイタリアから多くの移民を受け入れた経緯から、テンプラニーリョやサンジョヴェーゼ、ボナルダなどの南欧品種も広く栽培されています。このほか、圧倒的な栽培面積を誇ったセレーナやクリオージャ・グランデなどからは、昔ながらの地元消費向けの低価格品や濃縮果汁などが造られているものの、徐々に国際品種への転換が図られ、栽培面積を減らしてきています。

図1: アルゼンチンの産地

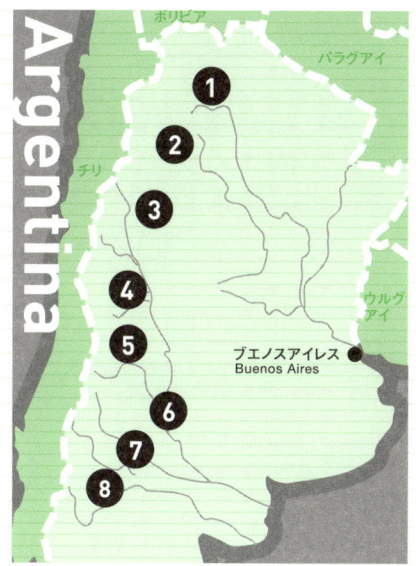

地方	州	D.O.	
北西部 Noroeste	1 サルタ州 Salta		
	2 カタマルカ州 Catamarca		
	3 ラ・リオハ州 La Rioja	Valles de Famatina	
中央西部 Centro-Oeste	4 サン・ファン州 San Juan		国内 生産量21%
	5 メンドーザ州 Río Negro	Luján de Cuyo San Rafael Maipú（申請中） Tupungato（申請中）	国内 生産量72%
南部 Sur	6 ラ・パンパ州 La Pampa		
	7 ネウケン州 Neuquén		
	8 リオ・ネグロ州 Río Negro		
その他 Otras		Córdoba	
		Tucumán	
		Santiago del Estero	
		Buenos Aires	

栽培面積　　22.6万ha
年間生産量　150.5万kℓ

New World

新興産地　アルゼンチン

Step 78 南アフリカ

17世紀中庸まで遡ることができる長い歴史を持ちながらも、20世紀には人種隔離政策のために輸出市場は縮小し、主に国内市場で消費されてきました。品種や生産形態など独自の発展を遂げてきましたが、近年は欧米からの技術や資本の投入が行われ、いちじるしく品質が向上しています。

人種隔離政策撤廃後にヨーロッパで人気急上昇

南アフリカのワインは1654年、オランダ東インド会社の社員による植樹を起源とします。英仏戦争時には英国向け輸出が好調だったものの、英仏間の交易再開に加えて、大英連邦諸国に対するイギリスの保護関税の撤廃により、20世紀初頭には不振に。生産過剰を調整するため、1918年に南アフリカワイン協同組合連合（K.W.V.）が設立されます。1990年代半ばまで協同組合による製造及び生産調整が行われ、K.W.V.の統一ブランドでの販売が行われてきました。一時は収穫高の半分以上が蒸留酒や酒精強化酒に充てられましたが※1、人種隔離政策の撤廃（1991年）後は再び欧州市場などへの輸出が可能となり、良質ワインの生産が増加※2しています。

※1 現在は栽培面積の9分の1ほどまで縮小
※2 2002年には年間生産量の4割が輸出向けに拡大

沿岸地方の冷涼気候から優美なワインを製造

ぶどう栽培地のほとんどは、西ケープ州の沿岸地方に集中し、内陸部にあるのは一部に限られます。ベンゲラ海流という寒流の影響を受けるため、沿岸部ほど冷涼な気候となり、エレガントで良質のワインを生産。降水量が比較的少ないため、一部の地域では灌漑を行って栽培が行われています。1973年に原産地制度が導入され、上級産地が確立。なかでもケープ・タウンの南に位置するコンスタンシアは、最も古くから銘醸地として知られ、ソーヴィニヨン・ブランやシャルドネの白ワイン、遅摘みの甘口ワインで評価を得ています。また、ケープ・タウン東のステレンボッシュは内陸部で、気候もやや温暖になり、ボルドー・タイプやピノタージュの赤ワインで評価されています。ケープ・タウンの周辺には固有植物種が多いことから、「ケープ植物区保護地域群」として世界遺産に登録されており、環境保護との両立が模索されています。

独自品種から国際品種への拡大

南アフリカは国際市場から切り離されたかたちで発展を遂げたため、1990年代に国際市場に登場したときには、極めて独自性の強い品種でワインが造られていました。その代表格が地元でスティーンと呼ばれているシュナン・ブランで、現在では栽培面積比18%まで縮小したものの、以前は3割を占めていました。また、ピノ・ノワールとサンソーの交配により生まれたピノタージュは、南アフリカの象徴的な赤ワインとして知られています。しかし、国際市場でのなじみのなさから消費者への訴求力は十分ではなく、近年はカベルネ・ソーヴィニヨンやシラーズ、ソーヴィニヨン・ブラン、シャルドネなどの国際品種の導入が盛んになっています。

New World 新興産地 南アフリカ

図1: 南アフリカの産地

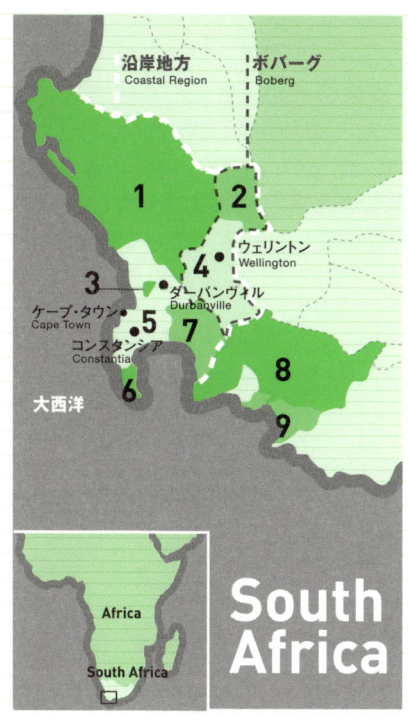

沿岸地方 Coastal Region
ボバーグ Boberg
ウェリントン Wellington
ダーバンヴィル
ケープ・タウン Cape Town
コンスタンシア Constantia
大西洋

Africa / South Africa

1 スワートランド Swartland

2 タルバック Tulbagh

3 タイガーバーグ Tygerberg
ケープ・タウンの東15km。市街地化が進むなか、ワイン造りが続けられている

4 パール Paarl
バーグ川流域にある栽培地で、国内生産量の約12％を占める。やや内陸よりにあるため温暖で、かつては酒精強化酒の主力生産地であった。また、南アフリカワイン協同組合連合の本部が置かれた

5 コンスタンシア Constantia
「伝説のデザートワイン」が誕生した土地。18世紀後半にヘンドリック・クルートが造った「コンスタンシア」がヨーロッパの王侯貴族に愛飲され、マデイラやソーテルヌと並ぶほどに高く評価された

6 ケープ・ポイント Cape Point
北から市街地化が進むなか、半島南部へと生産地が拡大している

7 ステレンボッシュ Stellenbosch
国内で最も有名な生産地で、国内生産量の約9％を占める。南アフリカではケープ・タウンに次いで2番目に古い街となる。フォルス湾に面するため涼しく、白ワインから赤ワインまで幅広く造られている。有名品種ピノタージュはステレンボッシュ大学で開発された

8 オーヴァーバーグ Overberg
あたらしい生産地で、冷涼な気候のため、ピノ・ノワールやシャルドネ、ソーヴィニヨン・ブランで注目を集めている

9 ウォーカー・ベイ Walker Bay
オーヴァーバーグのなかでも、ウォーカー湾に面する地域。冷涼な気候のため、秀逸なピノ・ノワールができる地域として注目されている

表1: 南アフリカの主な原産地

Region	District	Ward
コースタル・リージョン Coastal Region	ステレンボッシュ Stellenbosch	ヨンカースフック・ヴァレー Jonkershoek Valley
		ボテラレー Bottelary
		バンシュック Banghoek
	パール Paarl	ウエリントン Wellington
		シモンズバーグ・パール Simonsberg-Paarl
	タイガーバーグ Tygerberg	ダーバンヴィル Durbanville
	ケープ・ポイント Cape Point	———
	No District	コンスタンシア Constantia
ブリーダ・リヴァー・ヴァレー Breede River Valley	ロバートソン Robertson	エランディア Eilandia
		フープスリフィール Hoopsrivier
	ウスター Worcester	ヌイ Nuy
No Region	オーヴァーバーグ Overberg	エルギン Elgin
オリファンツ・リヴァー Olifants River	ルツヴィル・ヴァレー Lutzville Valley	クーケナップ Koekenaap
クライン・カンルー Klein Karoo	カリッツドープ Calitsdorp	———
No Region	ウォーカー・ベイ Walker Bay	ボット・リヴァー Bot River

表2: ワイン法

記載事項	最低比率
品種	85%
収穫年	85%
原産地	100%

その他
キャップ・クラシック Cap Classique：瓶内二次発酵によるスパークリング・ワイン

New World / 新興産地 南アフリカ

Step 79 日本

高温多雨な気候に加えて、肥沃な土壌を持つため、日本の風土では高級ワインの生産は不可能といわれてきました。そのため、北米品種もしくは北米品種との交配品種によるワイン生産、あるいは希薄な風味を補う甘口の生産が一般的でした。近年、栽培技術や醸造技術の向上に伴い、この風土論を超えて高級ワインを造ろうとの動きが盛んになってきています。

高品質原料を調達するのが困難

高品質原料の国内調達が困難である理由は、風土の問題に限らず、栽培農家の所有面積が小さく生産効率が低いことに加え、農地法をはじめとするする社会構造上の問題があります。とくに、企業が農地を保有できない一方、栽培農家は醸造用に比べて高値で取り引きされる生食用に力を注ぐ傾向が強く、国産商品は品質に比べて割高となるところです。そのため、製造業者の多くが中価格帯までの商品で、輸入原料を用いて製造した「国産」を手掛けるのが一般的となっています。

高温多雨を克服する独自の栽培技術

栽培地としては降雨量が多いため、ぶどうの収穫量が増加する上、カビに由来する病害の頻度が高いのが問題となっています。とくに降雨が収穫期に増加するため、ぶどうの糖度が上がりにくい上、果粒が破裂する（玉割れと呼ぶ）などの問題も抱えています。そのため、ぶどう樹を背丈ほどの棚一面に広げる棚仕立が17世紀以降行われてきましたが、この仕立法では高収量と低糖度に拍車をかけることになります。近年、原料品質の向上を図るため、欧米と同じように垣根仕立を導入する生産者も現れました。その際に雨の問題を避けるため、畑を傾斜地に設営する、畑に排水溝を設置する、畝をビニールで覆う（レインカット方式）などが実施されています。また、棚仕立での原料品質の向上を図るため、一文字短梢という新しい剪定法を実施する生産者も現れました。

欧州品種や甲州種に託す未来

多雨の生産地には欧州品種は向かないため、日本では北米品種と欧州品種の交配品種（マスカット・ベリーAやブラック・クイーンなど）が醸造用に栽培されてきました。しかし、交配品種では国際市場で高い評価を得られないことから、近年はカベルネ・ソーヴィニヨンやシャルドネなどの仏系品種の栽培面積が増加しています。一方、甲州種を用いて日本の独自性※を打ち出そうという動きもあります。従来は多収量に伴う希薄な風味、余韻に残る独特の苦味を打ち消すため、甘口に仕上げることが一般的でした。近年は低収量化を図り、収穫期を遅らせることで風味を強くして、辛口でも評価できる品質を持った商品が登場しています。

※甲州種は欧州品種（ヴィティス・ヴィニフェラ）であることがわかっているが、その起源に関しては明らかではない。修行僧 行基による栽培開始説（718年）、勝沼の代官 雨宮勘解由による栽培開始説（1186年）が言い伝えとして残っている

New World
新興産地 日本

図1: **都道府県別ぶどうの生産量（2009年）**

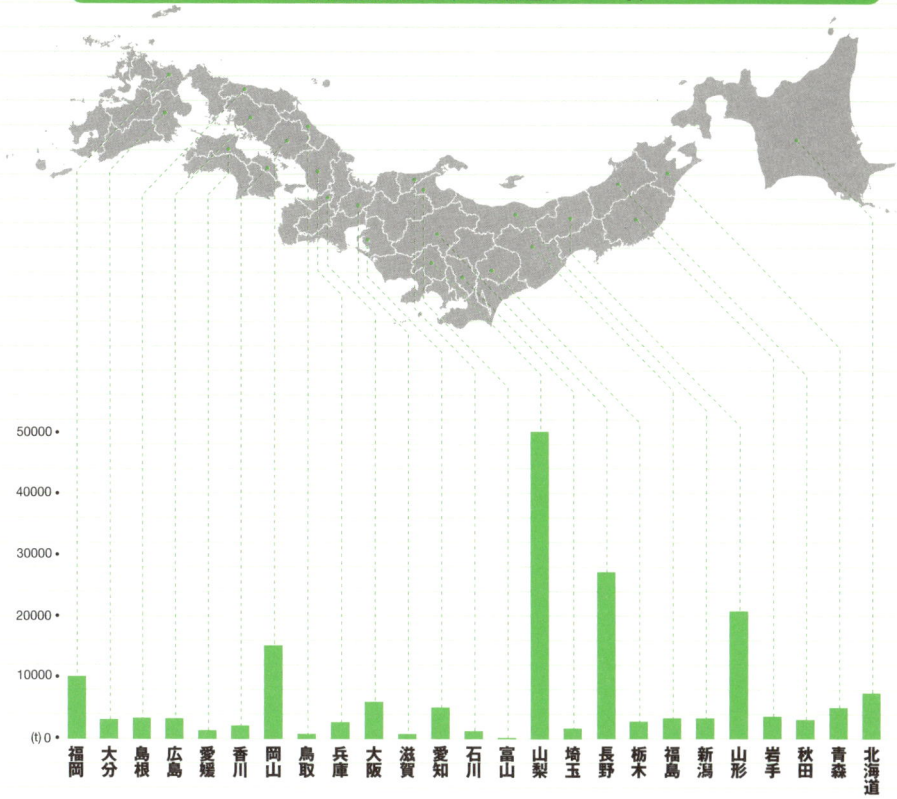

Column

ワイン生産国としての日本の課題

現在の日本では、ワイン生産国としてさまざまな問題・課題があり、第1に農地法があげられます。欧米では【ワイン製造＝農業】の認識がありますが、日本では農業法人以外の法人が農地を保有することを禁じており、日本で「自社畑」を謳う商品は、①研究用農場、②法人のオーナーが個人で農地を保有、③子会社として農業法人を設立して農地を保有、という場合にとどまります。一方、栽培農家がワインの製造を行う場合、酒類製造免許や酒類卸売免許を取得しなくてはならないという一面もあります。また、実際に栽培する農業の現場においては、ワイン用ぶどうに対し、生食用ぶどうの価格が高いという現状も問題の1つです。巨峰などの高級生食用ではキロ当たりの出荷価格が約1000円であるのに対して、カベルネ・ソーヴィニヨンなどの欧州系高級品種でキロ当たり約300円、甲州種で約100円にとどまります。そのため、年間約22.5万tの国内のぶどう生産高のうち、醸造用原料はわずか3万t。理論値でワイン生産量は約2.1万kℓということになりますが、輸入原料での補充分があり、国内製造ワインはこれでようやく9万kℓに達することになります。

New World

新興産地 日本

Step 80

その他の生産国

ワイン生産の長い歴史を誇る欧州南東部や東地中海諸国は一時期の衰退を経て、近年は復興が始まっています。また、アジアでも市場として開発が進むだけでなく生産が拡大しており、欧米からの技術移転によりいちじるしい進展が見られます。

高山性気候から軽快なワインを生むスイス

国土の大半が山岳地帯や丘陵地帯であるため、冷涼な高山性気候に属しています。生産地はフランス、ドイツ、イタリアに隣接する標高がやや低めの地域※にあり、陽だまりとなる斜面を切り開いて、ぶどう栽培が行われています。有名産地は国内生産量の半分を占めるヴァレー地区、国内を代表する品質とされるヴォー地区（いずれもフランスに隣接するスイス・ロマンド地方）などです。生産されるワインはほとんどが軽快なタイプで、なかでも国内の白ぶどう生産量の7割を占めるシャスラ種の白ワインが有名です。所得水準が高いため、品質に比べて割高感があり、ほとんどが国内消費に充てられています。

※ ローヌ河流域でフランスに隣接するスイス・ロマンド地方のほか、ライン河流域でドイツに隣接するスイス東部（スイス・アレマニック）地方、イタリアに隣接するティチーノ地方がある

1 スイス東部（ドイツ語圏） Eastern Switzerland
2 スイス・ロマンド（フランス語圏） Switzerland Romand
　a ヌーシャテル Neuchâtel
　b ヴォー Vaud
　c ジュネーヴ Genève
　d ヴァレー Valais
3 ティチーノ Ticino

冷え込みを利用したアイス・ワインで有名なカナダ

寒冷気候のため、カナダではフレンチ・ハイブリッドと呼ばれるヴィティス・ラブルスカ（北米品種）と仏系品種の交配品種※によるワイン生産が行われていました。近年はリースリング種などのヴィテス・ヴィニフェラ（欧州品種）による生産が増加しています。生産地ではオンタリオ湖南岸のナイアガラ半島（オンタリオ州）が中心で、国内生産量の8割を占めています。また、ブリティッシュ・コロンビア州でも（一部では輸入原料を利用するなどして）生産が行われています。とくに有名な商品としては、ドイツのような長寿型の高級品にはいたらぬものの、厳しい秋の冷え込みを利用したアイス・ワインがあります。

※ とくに有名な品種としては、ユニ・ブランとセイベルの交配によるヴィダルがある

1 ブリティッシュ・コロンビア州 British Columbia
2 オンタリオ州 Ontario

一時期の衰退期から復興を遂げる東欧・地中海諸国

欧州南東部は古代ギリシャ・ローマ時代に遡るワイン造りの歴史があります。なかでもルーマニアは欧州6位（世界13位）の生産量を誇り、社会主義体制下の品質低下を乗り越えて、徐々に品質改善が進んでいることで注目されています。現在は国内消費が9割を占めているものの、国際市場への輸出も増えてきています。また、旧ユーゴスラビアのなかではクロアチアが古くからの地場品種に加えて、近年は国際品種が導入されており、多彩なワインが造られています。一方、東地中海諸国は地中海世界で最も長いワインの歴史を持つ地域ながらも、中世以降のアラブ化によりワイン造りは衰退していました。19世紀からはレバノン、第二次大戦後からはイスラエルでワイン造りが盛んになっています。

市場としてだけでなく生産国として開発進むアジア

アジアでも近年はワイン造りが本格化しており、なかでも中国は生産量では世界6位にまで成長しました。偽造事件の多発などの問題を抱えつつも、欧米からの技術移転により、近年は品質向上を遂げています。ラフィット・ロートシルトが現地法人を設立するなど、市場としてだけでなく生産国としての潜在性も注目されています。一方、従来はワイン造りには不適とされた赤道に近い、暖かすぎる地域でもワイン造りが始まり、「低緯度帯ワイン」として注目されています。インドのデカン高原での大規模な開発例に見られるように、タイやブラジルでも標高の高い冷涼地でのワイン造りの試みが注目を集めています。

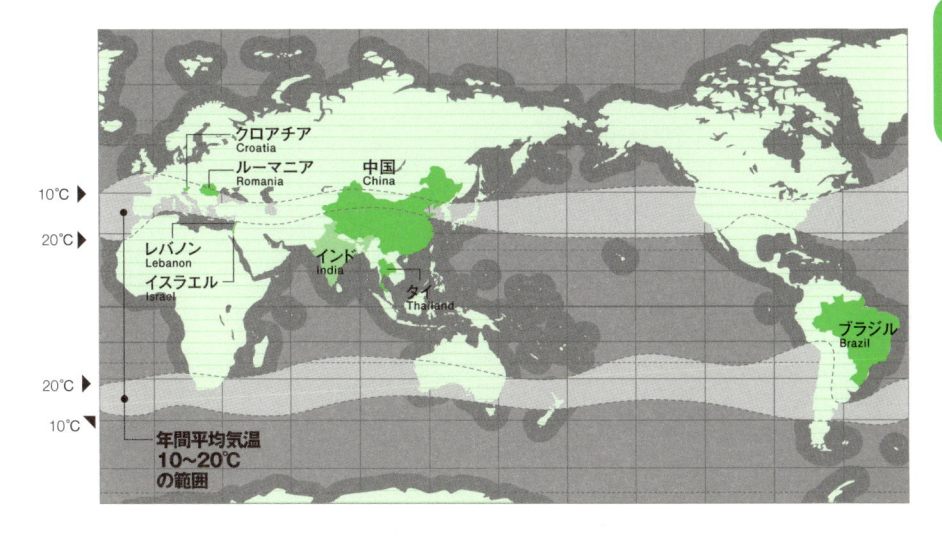

実践編

Training

80 Steps
for
Understanding
Wine

実践編

1 テイスティングの理論と方法

プロをめざすなら必須のテイスティング技術 アマチュアだって、知っていれば話題豊富に

テイスティングはワインの個性を把握するための試飲（一般にきき酒と呼ぶ）のことです。その目的はワインの品質や状態を確認するだけでなく、酒販業や飲食業に携わる立場では、価格やサービス方法、相性料理も検討します。このような検討を行うには、銘柄を伏せた状態で、基本的な生産地や品種の判断ができることが求められます。

したワインの出自に関しての推論を行います。

個性を引き出す方法や相性を検討

ワインの個性が把握できたところで、その個性を引き出すサービス方法や相性料理を検討します。レストランの客として楽しむにとどめるなら、ソムリエが提案をしてくれるので、その知識を求められることはありません。一方、プロフェッショナルとしては極めて重要な知識であり、その如何によりプロフェッショナルとしての力量や創造性が決まります。また、プロフェッショナルでないにしても、ある程度の知識を持つことにより、ワインの楽しさが随分と広がることは間違いありません。具体的な検討内容に関しては、「提供温度とサービス方法」（P.174）「料理とワインの相性」（P.176）にまとめます。

評価基準は時代や国によって変わる

上級と低級を区別する基準は、何をどのように評価するかによって違ってきます。高級酒の大市場であったイギリスでは、伝統的に深みや調和を重視して、そのようなワインに対して「フィネス」があると讃えました。一方、20世紀後半はアメリカ市場が拡大したことから、アメリカで好まれる「濃さ（凝縮感）」や「甘さ（成熟度）」が重視されました。また、21世紀になってからは、それに対する揺り返しとして、濃さだけではなく、「滑らかさ」や「きめ細かさ」といったテクスチャー（質感）が重視されるようになりました。評価基準の変遷は技術革新を促すことにもなり、時代とともに高級ワインのスタイルも変化を遂げています。

外観・香り・味わいの3段階で把握

生産地や品種、収穫年、醸造方法などの違いにより、ワインの風味には幅広い個性があります。テイスティングでは、これらの個性を把握するために、主に視覚・臭覚・味覚を利用します。大まかな確認項目としては、①外観、②香り、③味わい、の3段階があり、それぞれにいくつかの確認項目があります。一般的には銘柄を明らかにして試飲を行い、その商品が銘柄に対して品質や状態、価格が適正かを判断します。また、技能を向上させるためには、銘柄を伏せた状態（ブラインド・テイスティングと呼ぶ）で行い、上述

テイスティングの方法

	方法	ポイント

1 外観

方法：白地の上でワインが注がれたグラスを斜めに掲げ、色調や色合い、清澄度を確認します。その後、グラスの傾きを戻し、壁面に付着した滴から粘性を確認します。

ポイント：
- **色調（濃さ）**：一般的に色調が濃いものほど、風味も濃いと考えられる。赤ワインは熟成とともに色調は淡くなり、白ワインは濃くなる。
- **色合い**：品種によって違うが、一般的には白ワインでは、若いうちは黄緑色をしており、熟成とともに黄色、黄金色、黄褐色へと移る。また、赤ワインでは、若いうちは赤紫色をしており、熟成とともに赤色、赤橙色、赤褐色へと移る。
- **清澄度（輝き）**：「健全なワインは澄んでいる」といわれることから、健全度の指標とされる。無ろ過のワインなどでは、健全でも曇りが見られることもある。
- **粘性**：含有成分が多いワインは表面張力が増すため粘り気があり、滴で顕著に確認できる。
- **その他**：発泡性（微発泡）や澱などを確認する。

2 香り

方法：グラスに鼻を近づけて香りを確認します。その後、スワリング（グラスを回してワインを攪拌）することにより、香りを際立たせます。

ポイント：
- **強弱**：一般的に香りの強さはワインのボリューム感に比例する。
- **複雑性**：上級品は複雑で深みがあるのに対して、低級品は複雑性に乏しく素直とされる。
- **表現**：香りを的確に把握するために、身の周りにあるものに喩えて整理する。日本のワイン界では、表現を巧みに操ることが重視される。

3 味わい

方法：ワインを10mlほど口に含み、口のなかにまんべんなく行き渡らせ、各項目を確認します。その際に口をすぼめて、空気を勢いよく吸い込むようにすると、咽頭から鼻腔を通してより強く香りを感じることができます。そして、含んだワインを飲み干した（または吐き出した）後、その余韻の長さや特徴を確認します。

ポイント：
- **第一印象**：口に含んだときに感じる最初の雰囲気をさす。
- **要素**：基本味とされる五味（甘味・酸味・塩味・苦味・旨味）のほか、果実味や渋味、アルコールを確認する。なかでも甘味、酸味、果実味、渋味、アルコールがワインでは重要な要素となる。
- **総合印象**：要素を総合的に判断するもので、構成やボディ、バランス、テクスチャーなどを把握する。
- **余韻**：上級品は余韻が長いのに対して、低級品は余韻が短いとされる。

参考：国際規格グラス

- ISO No.3591
- 色　　　　無色透明
- 材質　　　クリスタル・ガラス
- 鉛含有量　9％以上
- 全容量　　215±10ml
- きき酒容量　50ml

寸法（単位mm）：46±2、0.8±0.1、65±2、100±2、9±1、55±3、65±5

再現性を高めるため、国際規格に基づいたグラスが公のテイスティングでは利用される。このグラスは「ISOグラス」「テイスティング・グラス」と呼ばれる

人物イラスト／相川徹也

実践編 **2** 提供温度とサービス方法

より美味しくワインをいただくためには、温度やグラスなどの環境も整えましょう

提供温度により個性を引き立てることもあれば、個性を削ぎ落とすこともあります。一般的には「白ワインは冷やして」「赤ワインは室温で」といわれますが、日本のような気候では白赤ともに、冷やす方が個性を引き立てるともいえます。また、適温を保つためにはグラスなどのサービス方法も検討することが大切です。

提供温度はボディに合わせて上がる

ワインを楽しむための提供温度は、そのワインのボディに比例します。軽快なタイプは爽やかさを強調するため低め、重厚なタイプは力強さや複雑さを引き出すため高めにします。これは温度による味わいの感じ方の違い、例えば低温では酸味を強く感じる、高温では苦味がやわらいで感じる、があるためです。ただし、訓練のためのテイスティングでは、温度などの条件を揃えることで感じ方の違いをなくすことが重要です。

グラスの大きさはボディに合わせて大きくする

グラスの大きさ（容量）は温度と同じく、ワインのボディに比例します。軽快なタイプは温度が上がらないうちに飲みきれるように、グラスは小さめにして、ボトルをワイン・クーラー（冷却用バケツ）で冷やします。一方、重厚なタイプは香りをグラスのなかに十分に蓄えるため、グラスは大きめにします。また、グラスの形状※はチューリップ型が基本となりますが、ブルゴーニュ・ワインのように香りが豊かなものは、液面が広くなるバルーン型（ブルゴーニュ型）を用います。

※オーストリアのグラス・メーカー、リーデル社は1950年代からグラスの形状とワインの相性に関して研究を始め、その提案（「ヴィノム」シリーズ1960年発売）が現在のサービスの基本となっている

デキャンティングの目的は正反対の2つ

ボトルからワインを別容器に移すことをデキャンティングといいます（移しかえ用のガラス容器はデキャンタ）。デキャンティングには大きく2つの目的がありますが、正反対の効果を期待して行います。1つは古酒で行われるもので、澱を除去するために上澄みを移し替えます。その際、古酒は酸化による風味の変化が激しいので、壁面にワインを伝わせるように静かに行います。一方、若いワインでは硬い風味をやわらげるために行うもので、空気接触を高めるために勢いよくワインを注ぎます（アエラシオンとも呼ぶ）。

ワインのタイプと適温

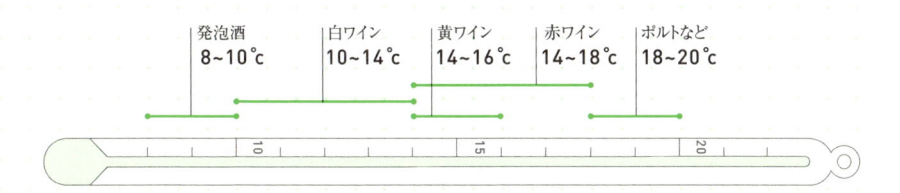

発泡酒	白ワイン	黄ワイン	赤ワイン	ポルトなど
8~10℃	10~14℃	14~16℃	14~18℃	18~20℃

温度と味わいの感じ方の関係

	低温	高温
全体の印象	清涼感が際立つ	ふくよかさが際立つ、複雑性・熟成感が増す
香りの印象	ボリューム感が抑えられる	ボリューム感が増す
甘味	抑制される	強調される
酸味	鋭角さが際立つ	まろやかに感じる
苦味/渋味	強調される	まろやかに感じる
バランス	細身に感じる	ふくよかに感じる

グラスの形状とワインのタイプ

1 シャンパーニュ・グラス
（フルート型）

主にガストロノミック用途。注ぎにくさや洗いにくさといった扱いにくさがあるものの、高い液面までに立ちのぼる気泡の美しさ、ガスや風味が維持しやすいといった特徴があります。

2 シャンパーニュ・グラス
（カップ型）

主に宴会用途。注ぎやすい、洗いやすい、楽な姿勢で飲めるといった特徴があるものの、ガスが抜けやすいといったこともあります。

3 赤ワイン・グラス
（ボルドー型）

口に含むとき頬に広がらずに舌の中心線に流れ落ちるように設計されており、渋味の感じ方が抑えられます。ボルドーの赤ワイン以外にもあらゆるタイプで用いられます。

4 赤ワイン・グラス
（ブルゴーニュ型）

液面が広がるような形状のため、香りが豊かなワイン、とくにブルゴーニュの赤ワインのほか、バローロなどに向いています。

5 チューリップ型グラス
（万能型）

赤ワイン・グラスに比べて小さめの万能型グラスです。

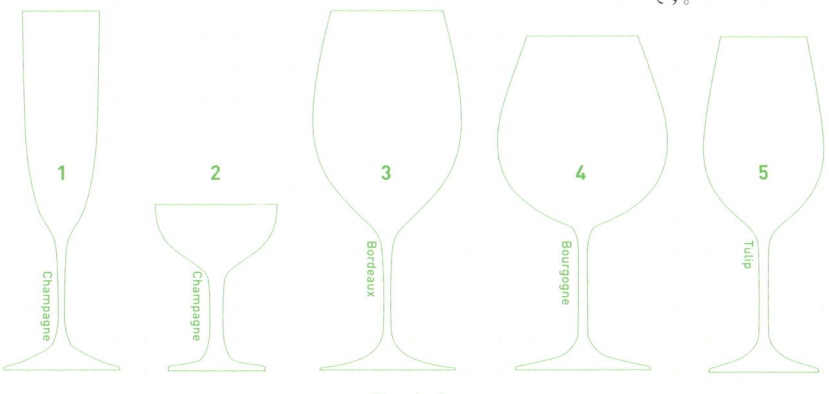

1 Champagne
2 Champagne
3 Bordeaux
4 Bourgogne
5 Tulip

Training

実践編 **3** 料理とワインの相性

組み合わせの基本ルールに則って、美味しくて楽しいディナータイムを

ワインの最大の魅力は、料理とともに楽しむことで、その美味しさがお互いに引き立てあうことです。その引き立てあう組み合わせを「マリアージュ（結婚）」「マッチング（相性）」と呼びます。美味しいかどうかは個人の嗜好に基づくものですが、先達による長年にわたる積み重ねは、それなりに妥当性があるものです。

料理とワインの軽重を合わせる

相性の基本法則は、料理とワインの軽重を合わせるということです。どちらか一方が際立つのは、美味しかったとしても「相性」は成り立ちません。そのため、あくまでも相性を成り立たせるという立場でいえば、例えば魚貝の生食など、素材感の際立つ料理には軽快なワインを合わせ、濃厚なソースを絡めた肉料理など、手間のかかった料理には重厚なワインを合わせます。

地方色を際立たせる組み合わせ

長い歴史のなかでは、ワインは「旅をしない」もので、その地方で「最善」とされる組み合わせが言い伝えられてきました。そのため、同じような料理でも、ある地方では白ワインを合わせ、ある地方では赤ワインを合わせるという矛盾もあったりします。今日ワインは流通するもので、日本にいながらにして世界のあらゆるワインや料理を楽しむことができます。そのような状況からすると、「雄鶏の赤ワイン煮込み」にブルゴーニュ・ルージュを合わせなくてはならない理由はありませんが、郷土料理に合わせることで地方色を際立たせるという演出効果もあります。

相応しくないとされる組み合わせ

言い伝えなどに従わないのであれば、相性はかなり広い可能性を持っています。裏返して考えれば、相応しくない組み合わせを除けば、広義の相性が成り立ちます。その相応しくない組み合わせとしては、重厚な肉料理に軽快な白ワイン、魚貝料理（とくに甲殻類）に赤ワイン、デザートに辛口ワイン、などがあります。また、油分や香辛料が強い料理は、ワインそのものに合わせにくいといわれてきました。近年はワインが合わせにくいとされた中華料理やエスニック料理に、ワインを合わせるといった提案も行われています。

料理とワインの相性の基本法則

料理とワインの軽重を合わせる

いずれか一方が際立ちすぎないようにします。一般的に白ワインは軽快なので魚料理に合わせ、赤ワインは重厚なので肉料理に合わせます。

料理に使ったワインと同じ、もしくは格上を合わせる

料理にワインを使う場合、風味が濃縮されるので、同じワインもしくは格上のワインを合わせます。

格式の高い料理には格式の高いワインを合わせる

格式の高い料理は手間をかけて調理されているので、その深みや複雑さ、繊細さを引き立てる格式の高いワインを合わせます。

郷土料理にはその土地のワインを合わせる

地方色を際立たせることで、演出効果があります。

フランスの郷土料理における代表的な組み合わせ

ブルゴーニュ地方

エスカルゴ ア・ラ・ブルギニヨン
Escargots à la Bourguignon

カタツムリをパセリとニンニク風味のバターでつぼ焼きにしたもの
●シャブリなどの辛口で並級のもの

ジャンボン・ペルシエ
Jambon Persillé

角切りハムをパセリ風味でゼリー寄せにしたもの
●ボージョレ地方の赤ワイン

コック・オ・ヴァン
Coq au Vin

雄鶏の赤ワイン煮込み
●ジュヴレ・シャンベルタンなどの赤ワイン

ボルドー地方

ランプロワ ア・ラ・ボルドレーズ
Lamproie à la Bordelaise

八つ目鰻の赤ワイン煮
●メルロ主体のやわらかな赤ワイン

アニョー・ド・レ
Agneau de Lait

乳飲み仔羊
●メドック地区は仔羊の産地でもあり、とくに乳飲み仔羊が有名。ロティなどさまざまな料理となるが、ポイヤック・ワインとの相性が良い

パリ
Paris

France

ボルドー
Bordeaux

リヨン
Lyon

南フランス

ブイヤベース
Bouillabaisse

海鮮の煮込み料理
●プロヴァンス地方の辛口白ワイン

カスレ
Cassoulet

肉と白いんげん豆の鍋焼き
●ラングドック・ルーション地方の赤ワイン

アルザス地方

フォワグラ
Foie Gràs

2大産地がアルザス地方とペリゴール地方であり、テリーヌやソテーなどで食す
●アルザス・ゲヴュルツトラミネールなどの重めで風味豊かなもの。ボルドーのソーテルヌも合う

シュークルート
Choucroute

塩漬けキャベツと豚肉の蒸し煮
●アルザス・リースリングなどの辛口白ワイン

コンフィ・ド・カナール
Confit de Canard

鴨の脂肪煮
●南西地方の赤ワイン

ナヴァラン・ダニョー
Navarin d'Agneau

仔羊の煮込み
●シャトーヌフ・デュ・パプなどのやわらかな赤ワイン

実践編 **4** 保存方法と飲み頃

長く寝かせておけば美味しくなるとは限りません。良い環境での適切な保存期間が大切です

ワインがその他の飲料と違った扱いを受けるのは、瓶詰めされた後も保存によって熟成を遂げ、付加価値が増大すると考えられているためです。ただし、大半の銘柄は若いうちに飲みきるようにできており、熟成するのはいくつかの銘柄に限られる上、理想的な保存が行われないと、熟成せずに劣化してしまうという難しさがあります。

ワインは生鮮食品と同じように扱う

「最適」とされる保存条件には、微妙な意見の違いがありますが、大よそいえることは「生もの」を傷めないためには、直射日光を避け、ある程度の温度で保存しなくてはならないということです。理想的な貯蔵庫（セラー）がない場合、冷蔵庫型セラーを利用するのも有効ですが、特殊用途の製品だけに割高感があるものも多く、冷却方式や収容本数に違いがあり、どれが良いかというと意見もさまざまです。また、気温が20℃を超える夏場だけ、家庭用冷蔵庫※で保存するのも、緊急避難的によく利用されます。
※ 温度が比較的高めで、湿度が保たれる野菜室が良いとされる

飲み頃はワインによって違う

成分が多く含まれるほど熟成能力が高い（飲み頃が長い）といえ、それに寄与する成分としては、①有機酸、②残糖、③アルコール、④ポリフェノール、があります。上級酒に分類されるものの場合、一般的に白は10年以内、カベルネ・ソーヴィニヨンやシラー、ネッビオーロなどで造られた重厚な赤は数年から数十年といわれています。また、貴腐ワインやアイス・ワインなどの甘口タイプ、ポルトやマデイラなどの酒精強化酒は、数十年から数百年におよぶ飲み頃を誇るものもあります。

白は濃くなり赤は薄くなる

瓶熟成は空気が欠乏した嫌気的条件で行われるため「還元的熟成」と呼ばれます。
白ワインの場合、呈色成分のカテキンが酸化により褐色化する反応と考えられており、色合いは黄緑色→黄色→黄金色→黄褐色という変化を遂げます。一方、赤ワインの場合、呈色成分のアントシアニン類（紫色）と渋味成分のタンニンが重合するなどして、ピグマンテッド・タンニン（黄色）が生成される過程です。このとき、色合いが赤紫色→赤色→赤橙色→赤褐色という変化を遂げるともに、これらの化合物が重合を続けて澱となって析出することで、退色が起きると考えられています。

代表的品種の熟成能力

	品種名	生産地	熟成可能年数
赤	カベルネ・ソーヴィニヨン	ボルドーほか	5～20年
	ネッビオーロ	バローロほか	5～20年
	シラー／シラーズ	ローヌほか	5～15年
	アリアーニコ	南イタリア	5～15年
	タナ	南西地方	5～10年
	メルロ	ボルドーほか	2～15年
	テンプラニーリョ	スペイン	2～10年
	ピノ・ノワール	ブルゴーニュほか	2～8年
	サンジョヴェーゼ	トスカーナほか	2～8年
	ジンファンデル	カリフォルニアほか	2～6年
白	貴腐ワイン		15～30年
	シュナン・ブラン（貴腐除く）	ロワールほか	4～10年
	リースリング（貴腐除く）	アルザスほか	2～10年
	シャルドネ	ブルゴーニュほか	2～10年
	セミヨン（辛口）	ボルドーほか	2～8年

熟成に伴う色合いの変化

熟成能力の低い早飲みタイプは、白赤ともに色合いの変化が早いのに対して、熟成能力の高いタイプは、白赤ともにゆっくりと色合いが変化していきます。

赤ワイン

色の変化 ▷ 赤紫色 ― 赤色 ― 赤橙色 ― 赤褐色

早飲みタイプ ○→ 飲み頃 2～5年 →

熟成向き ○→ 飲み頃 10～15年 →

白ワイン

色の変化 ▷ 黄緑色 ― 黄色 ― 黄金色 ― 黄褐色

早飲みタイプ ○→ 飲み頃 2～5年 →

熟成向き ○→ 飲み頃 10～15年 →

Column

ワインの理想的保存条件

1 温度が低め（12～14℃）で、温度変化が少ない
2 光が射し込まない暗所である
3 湿度が高め（70～75％）に保たれている
4 振動がない
5 異臭物がない
6 ラベルを上にしてボトルを寝かす

温度が20℃を超えるといちじるしく化学変化が促進され、風味の変化が起きるとされる。一方、低温の場合、熟成速度が遅くなるものの、凍結しなければ劣化は起きないとされる。筆者の経験では、1と2は不可欠な条件であるものの、それ以外はさほどの影響はないと思われる

実践編 5　ヴィンテージ

味わうにしても コレクションするにしても、 ヴィンテージは ワイン選びの重要な 要因です

ボトルのラベルに記載された年号をヴィンテージ（フランス語でミレジム）と呼び、ぶどうが収穫された年を表しています。ぶどうの作柄は天候に大きな影響を受けるので、その年の天候がワインの出来映えを表す指標として役立っています。とくにブルゴーニュやボルドーでは、作柄はスタイルに大きな変化をもたらし、価格をも左右する重要な要因にもなります。

いつも暖かい 新興国では 作柄差が小さい

天候による作柄は、フランスやドイツなどの、ぶどう栽培地としては高緯度に属する地域でより顕著に現れます。これらの地域は寒冷な気候との微妙なせめぎあいの上に成り立っており、天候に恵まれた年は成熟度の高いぶどうが収穫できるものの、恵まれなかった年は青臭くて刺々しい風味にしかならないためです。一方、新興国のように中・低緯度に属する地域では、温暖な気候に恵まれているため、「毎年が良作年」を謳ってきましたが、近年、ヴィンテージによる価格上昇を企図して、カリフォルニアなどでも作柄を打ち出すようになってきています。

作柄による 味わいや 飲み頃への影響

天候に恵まれた年を「グレート・ヴィンテージ」、恵まれなかった年を「オフ・ヴィンテージ」と呼びます。グレート・ヴィンテージは風味豊かで力強いスタイルとなり、若いうちは飲み手を圧倒することもあります。時間の経過とともにまろやかになり、心地よい風味が長い期間に渡って持続します。一方、オフ・ヴィンテージは単に力強くないというだけでなく、時間の経過とともに衰退が始まるので、若いうちに飲みきるのが良いとされます。

飲み頃は 時代の流れに 合わせて変わる

イギリスをはじめとするヨーロッパ市場では、「ボルドーは寝かせてから飲む」といわれるように、上級酒は数年あるいは数十年を経てから楽しむという習慣があります。一方、アメリカやアジアなどの新興市場では、上級酒でも若いうちに飲まれてしまいます。これらの新興市場の台頭に伴い、ボルドーではメルロから造ったシンデレラ・ワインと呼ばれるような、若いうちからも飲みやすい銘柄が注目されるようになりました。また、カベルネ・ソーヴィニヨンもそれに対抗して、若いうちからも渋味が強すぎないスタイルへと移ってきました。市場ニーズの変化に伴い、栽培技術や醸造技術の進歩によって、スタイルや飲み頃は変化を遂げています。

ヴィンテージ・チャート

(ヴィンテージ・チャート: 1979〜2008年、産地別評価表)

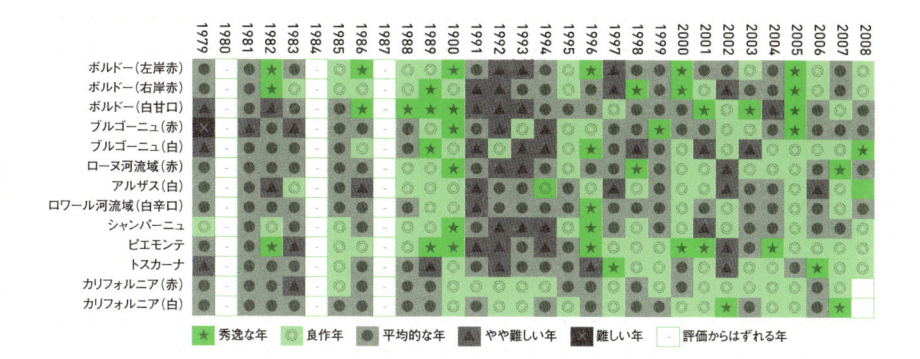

凡例: ★ 秀逸な年　◎ 良作年　● 平均的な年　▲ やや難しい年　✕ 難しい年　- 評価からはずれる年

産地:
- ボルドー(左岸赤)
- ボルドー(右岸赤)
- ボルドー(白甘口)
- ブルゴーニュ(赤)
- ブルゴーニュ(白)
- ローヌ河流域(赤)
- アルザス(白)
- ロワール河流域(白辛口)
- シャンパーニュ
- ピエモンテ
- トスカーナ
- カリフォルニア(赤)
- カリフォルニア(白)

時代による飲み頃の変化

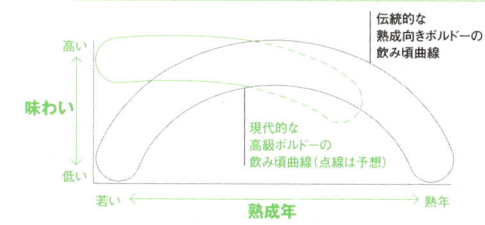

(グラフ: 伝統的な熟成向きボルドーの飲み頃曲線、現代的な高級ボルドーの飲み頃曲線(点線は予想)、縦軸: 味わい(高い〜低い)、横軸: 熟成年(若い〜熟年))

栽培技術や醸造技術の進歩により、ヴィンテージの振幅は小さくなったほか、飲み頃も市場ニーズに合わせて若いうちから飲みやすいようになってきました。新しいスタイルの高級ワインの寿命は、これらのワインが今後どのような変化を遂げるか、市場がそれをどのように捉えるかによって判断されます。

Column

シャンパーニュにおけるヴィンテージの付加価値

いわゆるワインは、ある年の原料のみから製造されるので、その収穫年がラベルに記載されます。一方、シャンパーニュやポルトなどでは、通常それぞれの年に仕込まれた原酒のブレンドを行うので、収穫年の記載がありません(ノン・ヴィンテージ)。

ただし、良作年にはその年の原料だけで商品を製造することがあり(ヴィンテージ・シャンパーニュやヴィンテージ・ポート)、これらは通常商品より高値で販売されます。ただし、シャンパーニュでは寒冷地にあって作柄の変動が大きいため、良作年でも全量をヴィンテージ・シャンパーニュとして製造するのではなく、20%以上を備蓄してブレンド用に充てることが義務づけられています。

実践編 **6** 劣化・ワインのダメージ

劣化を判別できるような知識と経験を積みましょう

劣化への対応の難しさは「開けてみないとわからない」ことに加え、消費者に知識がないと「開けてもわからない」ため、その実態が把握できないことによります。業界も当初は対応に前向きでなかったものの、このままでは業界全体の信頼を失うと考えるようになり、生産現場だけでなく、流通・販売段階でも真摯な対応が取られるようになってきました。

塩素剤を由来とするコルク臭

業界で最も深刻な問題となっているのが、「かび臭い」「濡れたダンボール紙」などに喩えられる風味がワインについてしまう、コルク臭（ブショネ）と呼ばれるものです。原因はコルク栓を製造する際の漂白剤や殺虫剤が残留し、それをカビがテトラ・クロロ・アニソール、またはトリ・クロロ・アニソール（TCA）という化学物質に変えてしまうためです。また、醸造所や倉庫の建材などに残留する殺虫剤が汚染源となることも確認されており、コルク製造で漂白剤や殺虫剤を使わないというだけでなく、生産・流通のあらゆる段階での衛生管理や汚染源の排除が求められています。

出荷量の5%にもおよぶ

劣化品に対する対応は、残念ながらほかの業界ほどは確立されていません。コルク臭は一時、出荷量の5～8％が侵されていると報告されたこともあり、その被害の大きさから新興国を中心に代替栓に転換する動きがありました。ただし、【代替栓＝安ワイン】という印象が拭えないことから、高価格帯での普及が進んでいないのも事実です。良心的な輸入業者・酒販店は、コルク臭の商品に関して代品手配をしてくれるものの、ほとんどの消費者はコルク臭を判別できないという問題もあり、生産者の良識が問われているともいえます。

流通・販売での劣化は熱と光

流通・販売段階での劣化で最も大きな原因は、高温（20℃以上）にさらされたことによるもの、ならびに直射日光（蛍光灯も含む）を受けたことによるものです。極端に酸化が進むと「マデイラ」「シェリー」様の枯れた風味となってしまいます。良心的な輸入業者は定温管理（Reefer Container：リーファー・コンテナ）による輸送を行っているので、これらを原因とする劣化は近年少なくなっています。また、販売段階での品質管理の重要性が認知され、丁寧な管理を行う酒販店が増えてきており、日本は世界でも最も劣化のリスクが低い市場ともいえます。

ワインの主な劣化臭

コルク臭
Bouchonné

さまざまな汚染源が確認されており、生産・流通のあらゆる段階での衛生管理や汚染源の排除が求められます。醸造所が汚染されてしまうなど被害が大きい際には、醸造所を建て直さなくてはなりません。

還元臭

主に硫化水素によって引き起こされる香りで、「腐乱卵」に喩えられます。また、その他の硫黄化合物も原因となり、「ゆで野菜」に喩えられる香りとなります。通常、これらは発酵中に酵母によって生成されるもので、適切な工程を踏んでいれば自然に消えていきますが、稀に二酸化硫黄の不適切な添加などにより、生成されることもあります。グラスに注いだときに感じられたとしても、何度か注ぎなおすなどで消えますが、直射日光にさらされたことによる場合は、成分が分解されて発生したもので（「日光臭」あるいは「瓶臭」と呼ぶ）、注ぎなおしても消えません。

酸化臭

空気接触によりエチルアルコールが酸化されて、アセトアルデヒドが生成されることが原因。極端な場合には「マデイラ」「シェリー」に喩えられる香りが現れ、軽い酸化の場合には「シードル」「リンゴ」に喩えられる香りが引き起こされます。また、空気接触と微生物汚染が併発すると、酢酸が生成されるため、「酢」の風味が現れます。

乳酸菌汚染

再発酵防止のために添加されるソルビン酸が、ある種の乳酸菌の働きにより分解されて、「ゼラニウム」に喩えられる香りを引き起こします。一度汚染されるとほとんど回復は不可能です。

腐敗酵母臭

通常、発酵はサッカロミセス・セレヴィシエが関与したものですが、ブレタノミセス属が関与すると「馬小屋」「濡れた犬」「革製品」などの生臭い香りを引き起こします。昔ながらには「ねずみ臭」とも呼びます。微量の場合、複雑さを与えると考える向きもあります。

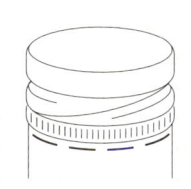

代替栓

スクリュー・キャップ
アルミニウム栓のなかにポリエチレンのライナー（緩衝材や薄膜からなる）を貼ったもの。ワインでは1970年頃から使用されだしたものの、「安ワイン」のイメージが強く、市場での拒否反応があったため、2000年代にいたるまであまり普及しませんでした。

疑似コルク
コルク製造時に発生した粉砕屑を樹脂で固めたテクニカル・コルク（Techinical Cork）、プラスチック製の合成コルク（Synthetic Cork）、天然のコルクの両端に薄膜を貼ったプロコルク（Procork）などがあります。

その他
ガラス栓のヴィノロック（Vino-Lok）などがあります。

実践編 **7** 食前酒・食後酒の楽しみ

日本ではなじみの薄い食事前後のお酒は、ダイニングの会話を弾ませます

食前酒と食後酒は日本では省かれがちですが、西洋文化圏では食事をより楽しくするものとして、重要な位置づけにあります。一般的に食前酒は食欲増進を目的として、アルコールのあまり高くないものが用いられ、食後酒は消化促進と疲労回復の目的から、アルコールが高めのものや甘味が強いものを用います。

食前酒は食欲増進と談笑のため

食前酒は食欲増進を目的としており、飲料としての条件は、①胃液の分泌を促す酸味や苦味を含むもの、②アルコールは比較的低めのもの、などが考えられます。食前酒として最も汎用性が高いのが辛口シャンパーニュで、そのまま食事に移行することもできるのが特徴です。また、アルコールが苦手な方にはミモザやベリーニなどのカクテル※、通向きにはシェリーなど辛口の酒精強化酒なども利用されます。日本では省かれてしまうことが多いものの、西洋文化圏では食前酒のときに出席者との会話を十分に楽しむという習慣があります。

※ミモザはスパークリング・ワインにオレンジ果汁を混ぜたもの、ベリーニはスパークリング・ワインに桃の果汁を混ぜたもの

食後酒は消化促進と疲労回復のため

食後酒は「ディジェスティフ」と呼ばれ、胃を刺激して消化を促すことを目的とします。また、食事の疲労を回復する目的に、甘めの飲料が頻繁に利用されます。代表的飲料としては、コニャックやカルヴァドスなどのオー・ド・ヴィーのほか、ポルトなど甘口の酒精強化酒、甘口のシャンパーニュなどです。食前酒と同様に会話を楽しむという目的もあることから、ダイニング・ルームからサロンやバーへ移動して楽しむこともあります。

生命の水と呼ばれる蒸留酒のいろいろ

蒸留酒は中世の頃、錬金術の発達によって生み出された飲料で、活力を与える飲み物として「オー・ド・ヴィー（生命の水）」「スピリッツ（魂）」などと呼ばれます。とにかくぶどうを原料とするコニャックやアルマニャックなどのブランデーが有名ですが、ワインの醸造工程で発生する廃物を二次利用したマールやフィーヌもあります（いわゆる粕取りブランデー）。また、フランス北西部のようにぶどうが育たない地方では、りんごや洋梨を原料とするカルヴァドスなどのフルーツ・ブランデーが盛んに造られます。このほか、これらのオー・ド・ヴィーに薬草を漬け込んだリキュールも数多くあります。

フランスを代表する蒸留酒の生産地

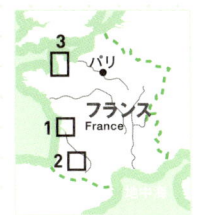

1 コニャック Cognac
西部（ボルドー地方の北隣）で造られるブランデーの最高峰。ワインを単式蒸留器で2度の蒸留を行い、樽内で長期の熟成を行ってから出荷します。

2 アルマニャック Armagnac
南西部（ボルドーの南隣）で造られるブランデーの名産地。伝統的にはワインを連続式蒸留器で1度の蒸留を行うものの、近年は単式蒸留器（2度）も可能です。

3 カルヴァドス Calvados
北西部（ノルマンディー地方）のぶどうが生育しない土地で造られるフルーツ・ブランデー。生産地にこだわったカルヴァドス・ペイ・ドージュ、洋梨だけで造ったドンフロンなどがあります。

食前酒・食後酒に用いられる飲料

タイプ	銘柄	地方	アルコール度	食前酒	食後酒	特徴
Sparkling Wine	シャンパーニュ（辛口） Champagne Brut	シャンパーニュ地方	12	●		辛口の発泡酒は食前酒・食中酒にも使える万能型
	シャンパーニュ（甘口） Champagne Doux	シャンパーニュ地方	12		●	甘口は日本市場ではあまり取り扱われていない
Flavored Wine	ヴェルモット Vermouth		16	●		ニガヨモギをはじめさまざまな薬草・香草類を漬け込み、スピリッツを加えた飲料。チンザノ（Cinzano）などがある
	キンキーナ Quinquina		16	●		キナ樹皮を漬け込んだ飲料。デュボネ（Dubonnet）が有名
V.D.N.	ミュスカ・ド・ボーム・ド・ヴニーズ Musucat de Beaumes-de-Venise	ヴァレ・デュ・ローヌ地方	15	●	●	マスカットを原料とする華やかな風味を持つ甘口飲料。南フランスでは同様のタイプのミュスカの飲料が多い
	バニュルス Banyulus	ラングドック・ルーシヨン地方	18		●	ポルト・タイプの飲料としては、国内最高評価。特級もある
V.D.L.	ピノー・デ・シャラント Pineau des Charentes	シャラント地方（コニャック）	18	●	●	
	フロック・ド・ガスコーニュ Floc de Gascogne	ガスコーニュ地方（アルマニャック）	18	●		ぶどう果汁にブランデーを添加した甘口飲料。各地で造られている
	ラタフィア・ド・シャンパーニュ Ratafia de Champagne	シャンパーニュ地方	18	●		
Eaux-de-Vie	コニャック Cognac	シャラント地方（コニャック）	40		●	ブランデーの最高峰で、優雅で女性的な雰囲気を持つ
	アルマニャック Armagnac	ガスコーニュ地方（アルマニャック）	40		●	コニャックと並び評価される。力強く男性的な雰囲気を持つ
	カルヴァドス Calvados	ノルマンディー地方ほか北西部	40		●	りんごを原料とする甘く華やかな風味を持つ
	フィーヌ Fine		40		●	滓引き時に除去された滓で造ったブランデー
	マール Marc		40		●	圧搾時にできた搾り粕で造るブランデー
Eaux-de-Vie de Fruits	フランボワーズ Framboise		40		●	木苺を原料とするフルーツ・ブランデー
	ポワール Poire		40		●	洋梨ポワール・ウィリアム種を原料とするフルーツ・ブランデー
	キルシュ Kirsch		40		●	さくらんぼを原料とするフルーツ・ブランデー
	ミラベル Mirabelle		40		●	黄色プラムを原料とするフルーツ・ブランデー
	クェッチ Quetch		40		●	紫色プラムを原料とするフルーツ・ブランデー
Liqueurs	シャルトリューズ Chartreuse	ジュラ、サヴォワ地方	40～71		●	シャルトリューズ修道院で製造された霊酒を起源とするもので、スパイシーな風味
	ベネディクティーヌ・ドム Bénédictine DOM	ノルマンディー地方	40		●	シャルトリューズと名声を二分するリキュールで、甘めで丸みがある風味
	グラン・マルニエ Grand Marnier	パリ郊外	40		●	オレンジ・キュラソー（橙色系のオレンジ・リキュール）のなかの名品とされるのが同銘柄
	コワントロー Cointreau	ロワール地方	40		●	ホワイト・キュラソー（無色系のオレンジ・リキュール）のなかの名品とされるのが同銘柄

実践編 **8** 品種

ワインの味わいを知るためには、品種を理解することが基本です

伝統国の原産地制度に対し、新興国は品種に基づく品質保証を行います。膨大な数におよぶ原産地に比べれば、品種数はある程度に限られるため、今のところでは品種は最もわかりやすいワインの指標となっています。この動きは伝統国の内部にも波及する一方、新興国では新たな付加価値として原産地を取り込む動きも見られます。

品種名商品の台頭は1970年代以降

以前、ブルゴーニュやボルドーという銘酒は存在しても、カベルネ・ソーヴィニヨンやシャルドネという銘酒は存在しなかったのです。あくまでも品種は土地を表現するための媒体であったわけです。ところが、新興国は複雑な原産地制度※1ではなく、簡易な品種規制を提唱することで、わかりやすい品質保証を市場に示しました。また、温暖な気候を反映した、あふれるような果実味というわかりやすく飲みやすいスタイルを打ち出したこともあって、1970年代以降に市場での強い支持※2を受けるようになりました。

シャルドネとカベルネの全盛期を迎えて

現在、シャルドネとカベルネ・ソーヴィニヨンの全盛期を迎えているといえますが、両者が新興国で栽培面積を伸ばし始めたのは1970年代以降です。それまでの国内向けに充てられていた品種※3に代わり、国際市場での競争力を高めるため、両者をはじめとするブルゴーニュやボルドーの有名品種への植え替えが進みました。この動きは南フランスのラングドック地方やイタリアにも広がった一方、流通量が増大したことにより、新興国内で新しい付加価値を求めてテロワールを謳う商品が現れたほか、シャルドネやカベルネ・ソーヴィニヨン以外を探す動きも見られるようになりました。

共通言語の誕生による功罪

品種名商品の台頭は、ヨーロッパで最も重要視されてきた地域性を消失させるという議論※4があるものの、世界のあらゆる生産地で共通品種が栽培されることにより、その土地が持つ潜在性や生産者の力量を発揮することができるようになったという功績もあります。また、あらゆる生産地である品種が栽培されたことにより、品種の個性やぶどうの生理が明らかになり※5、新旧世界を問わずに栽培技術の向上を押し進めたのも事実です。

※1 例えば、フランス国内で原産地は約450個が認められており、それらの地方や品種、階級などがわからないと、その銘柄のスタイルや品質が把握できないという難しさがある
※2 1976年に開催されたパリ対決を象徴的な出来事としている。評論家スティーブン・スパリュアの主催により、フランスやアメリカのワインのブラインド・テイスティングによる比較審査が行われ、白赤ともにカリフォルニア州産が首位となった
※3 アメリカではコロンバール種に代わり、シャルドネが首位に躍り出たほか、ジンファンデルやカベルネ・ソーヴィニヨン、メルロの栽培面積が急増した
※4 あくまでも品種は土地を表現する媒体と捉える立場では、品種に求められるのは「透明性」であると強く訴える生産者もいる
※5 例えば、カベルネ・フランやカベルネ・ソーヴィニヨンの青臭さは、それまで品種の個性と思われていたことが、栽培条件によって生まれた個性であることが明らかになったことなど

品種の詳細

黒ぶどう

品種名	代表的産地	特徴	スタイル
カベルネ・ソーヴィニヨン Cabernet Sauvignon	ボルドー（左岸地区）、新興国全般	ボルドー原産で、左岸地区では最も重要な品種。メルロなどとブレンドされることが多い。樹勢が強く、病気への抵抗力も強いことから、栽培が比較的容易で、さまざまな土地への適応力がある	濃い色合いや豊かな渋味、心地よい酸味を特徴としており、黒系小果実の風味がある。低級品でも「らしい」個性を表現でき、上級品では新樽熟成に伴う甘く香ばしい風味が加わる
ピノ・ノワール Pinot Noir	ブルゴーニュ、カリフォルニアおよびオレゴンの沿岸地区、ニュージーランド など	ブルゴーニュ原産で、突然変異が起こりやすく、病気にもなりやすいため、栽培家泣かせの品種。ブルゴーニュを除くと、成功例は新興国のなかでも冷涼地の一部に限られる	果皮が薄いため、色合いや風味が強く表現しにくいものの、上級品では赤系小果実の風味を持った、極めて華やかで艶やかな雰囲気となる。低級品では薄っぺらで、茎っぽい風味となる
メルロ Merlot	ボルドー（右岸地区）北イタリア、新興国全般 など	ボルドーでは最大面積を誇り、右岸地区では秀逸なワインとなる。早熟で多産型のため、栽培家には重宝がられる。湿った温度が低めの土地に順応する。ボルドー以外の成功例は少ない	中庸の色合いで、まろやかで、プラムのような風味がある。上級品では粒も細かく、密度があって張りを感じる。現代的タイプでは新樽熟成に伴う甘く香ばしい風味が加わる
シラー／シラーズ Syrah/Shiraz	ローヌ北部、オーストラリア など	原産地は諸説あるものの、ローヌ北部で秀逸なワインとなるほか、南フランス全般で混醸の際に重要な品種となる。また、オーストラリアでも多く栽培されており、独自のスタイルを築いて象徴品種となる	濃い色合いと豊かな渋味を特徴とするものの、黒系小果実の風味を持った力強いスタイルがち。オーストラリアでは圧倒的な果実味を打ち出した、濃くてやわらかで甘めの風味となる
ネッビオーロ Nebbiolo	北部イタリア など	イタリア北西部のピエモンテ州原産で、石灰質土壌で見事な品質をみせる。晩熟型で、収穫が10月半ばまでとなり、品種名はその頃発生する霧（ネッビア）に由来する。州内生産量のわずか3%	薔薇のような魅惑的な芳香は、ピノ・ノワールと似ている。タンニンと酸味が強く、力強いスタイル。古典派は紅茶や薔薇のような優美さを表現し、現代派はジャムのような濃密さを表現する
サンジョヴェーゼ Sangiovese	中部イタリア など	イタリアで最大生産量を誇る品種で、国内栽培面積の約10％を占める。突然変異が起こりやすく、サンジョヴェーゼ・グロッソ（別名ブルネッロ）などの優良クローンは秀逸なものとなる	クローンや技術によってさまざまなスタイルがある。秀逸なものはプラムに似た、爽やかで果実味にあふれた風味となる。スーパー・トスカーナでは仏系品種と混ぜて、現代的で濃密なスタイルとなる
テンプラニーリョ Tempranillo	スペイン など	スペインの中部・北部で栽培され、国内では最高評価の品種。品種名がスペイン語で「早い」に由来する通り、早熟型。石灰質土壌を好むが、樹勢が強くて高地などでも生育する	厚い果皮による濃密な色合い、ほどよい渋味と果実味が特徴。伝統的な米材樽で熟成したものは、イチゴやジャムのような風味を持つ。近年は仏材樽で熟成した、プラムのような濃密さを持つ現代的なものもある

白ぶどう

品種名	代表的産地	特徴	スタイル
シャルドネ Chardonnay	ブルゴーニュ、新興国全般	ブルゴーニュ原産で、辛口用としては世界で最も重要な品種。高収量を期待できる。寒冷地から温暖地まで、さまざまな環境への適合力があるため、あらゆる土地で栽培される	厚みがあって、飲みごたえがあるものの、品種個性がニュートラルであるため、醸造技術を反映してさまざまなスタイルとなる。上級品は概して新樽熟成に伴う甘く香ばしい風味を持つ
ソーヴィニヨン・ブラン Sauvignon Blanc	ロワール、ボルドー、ニュージーランド など	ボルドー原産と考えられており、ボルドーやロワールの辛口では重要な品種。樹勢が極めて強いため、繁茂しすぎて未熟果をつけやすい。寒冷地で栽培されることもあって、青臭さが際立つ	青芝やハーブに喩えられる強烈な個性、清涼感に溢れた強い酸味を持つものの、完熟するとパッションフルーツのような風味となる。ボルドーの上級品では新樽熟成に伴う香ばしさが加わる
リースリング Riesling	アルザス、ドイツ	ドイツ原産と考えられており、ライン河流域では最も重要な品種。耐寒性があり、発芽が遅いので霜害に遭いにくい。寒冷地で栽培されることから、多品種に比べて酒石酸比率が高く、硬質な風味となる	清涼感に富み、かたく磨きあげられた透明感が特徴。従来はラインやモーゼルの中辛口や中甘口、遅摘みや貴腐などが有名だったものの、近年はアルザスやオーストリアなどの辛口も注目されている

実践編 **9** ワイナリー

ワイナリーの情景を思い浮かべてワインを飲めばより楽しい

狭義にはワインの醸造施設をワイナリーと呼びますが、一般的には熟成や瓶詰めの施設を付属しており、ぶどう畑を併せ持つ生産者もいます。広々としたぶどう畑のなかに壮麗な城館を有するボルドーの風景を思い描きがちですが、ブルゴーニュのひなびた農家の屋敷や新興国のコンビナートのような大規模施設まで、さまざまなものがあります。

元詰めは栽培から瓶詰めまで手がける

ボルドーにおけるシャトー、ブルゴーニュにおけるドメーヌなどは、ぶどう畑を所有する醸造施設、つまり栽培から製造、瓶詰までを一貫して行う生産者を指します。一方、原料やワインを購入して、製造や瓶詰めから手掛ける生産者をネゴシアンと呼びます。栽培・製造者による瓶詰め（生産者元詰めと呼ぶ）は、あたり前の生産形態と思われる向きがありますが、これは20世紀後半になってからの新しい流れ※1で、生産者による品質管理を徹底化する目的から始まりました。

新興国では元詰めは一般的ではない

ボルドーやブルゴーニュにおける元詰めは、高級品としての1つの指標と理解されているものの、新興国では生産者がぶどう畑を所有するよりも、契約農家から良質原料を求めるのが一般的です。ときには生産者は州内外のさまざまな畑から原料を求め、めざすスタイルにあわせて適宜に混ぜ合わせること（マルチ・リージョナル・ブレンド）もあります。これとは逆にぶどう畑がブランド化される例※2もあり、生産者が自社畑ではない供給元の畑をラベルに大きく掲げることもあります。

ワイナリーの慌しい1年

ワイナリーが最も慌しいのは収穫時期で、搬入された原料を即座に仕込み、発酵の状態を厳重に管理しなくてはならないため、発酵が終了するまでは泊り込みや徹夜作業も珍しくありません。数週間の慌しい時期が過ぎると、わずかに落ち着きを見せますが、バトナージュやウイヤージュ、スーティラージュなど貯蔵中のワインの管理は随時に行われています。そして、ボルドーの上級品の場合には、収穫や仕込みの準備が始まる前の初夏に瓶詰めを行い、初夏もしくは収穫後に出荷することが多いようです。

※1 ボルドーでは以前、ネゴシアンがシャトーから樽でワインを購入して、それを独自に「何某シャトー」として瓶詰めしていた。1970年代に有名シャトーを騙る詐称事件が発覚したため（いわゆるボルドー・ショック）、ムートン・ロートシルトなどが先導となり、シャト一元詰めが普及した。一方、ブルゴーニュではフランスの専門誌「Le Revue de Vin de France」とアメリカのワイン商の声かけに応じたかたちで、1930年頃から元詰めの動きが広まった。流通量は1950年代にはわずか数百ケースだったものの、現在はおよそ半分が元詰め商品といわれている

※2 カリフォルニア州モントレー南方のサンタ・ルチア・ハイランドにあるピゾーニ・ヴィンヤードは、ラターシュの分枝を栽培しているといわれ、全米で最も人気の高いピノ・ノワールの畑となっている。供給先はフラワーズやタンタラ、テスタロッサなど数十軒にもおよぶ

ワイナリーの生産形態をあらわす表記

生産地		自社所有畑の原料だけを扱う生産者		自社所有畑以外の原料を扱う生産者	
フランス		プロプリエテ	Propriété	ネゴシアン	Négociant
				カーヴ	Cave
	ボルドー	シャトー	Château		
	ブルゴーニュ	ドメーヌ	Domaine		
	シャンパーニュ	レコルタン・マニピュラン	Récoltant-Manipulant		
イタリア		カステッロ	Castello	カンティーナ	Cantina
		テヌータ	Tenuta		
ドイツ		ヴァイングート	Weingut	ヴァインケラライ	Weinkellerei
スペイン				ボデガ	Bodega
アメリカ		エステート	Estate	セラー	Cellar

ワイナリーの年間スケジュール

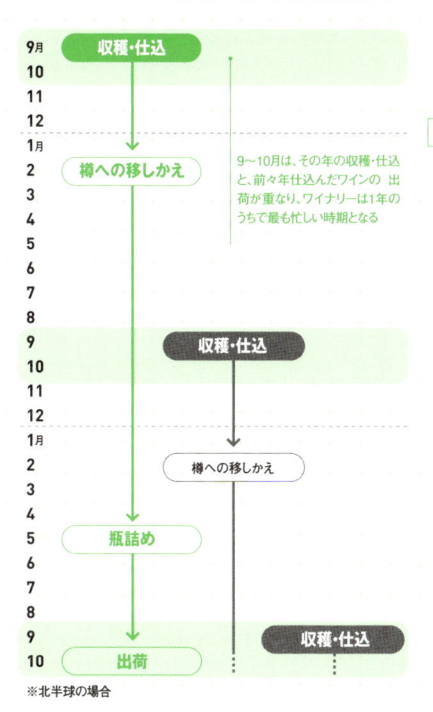

9月～10月：収穫・仕込
2月：樽への移しかえ
9月：収穫・仕込
2月：樽への移しかえ
5月：瓶詰め
9月：収穫・仕込
10月：出荷

9～10月は、その年の収穫・仕込と、前々年仕込んだワインの出荷が重なり、ワイナリーは1年のうちで最も忙しい時期となる

※北半球の場合

ワイナリーの構造

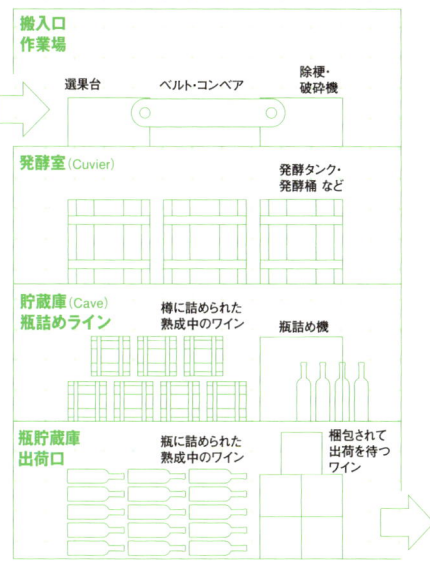

搬入口・作業場：選果台、ベルト・コンベア、除梗・破砕機

発酵室(Cuvier)：発酵タンク・発酵桶 など

貯蔵庫(Cave)・瓶詰めライン：樽に詰められた熟成中のワイン、瓶詰め機

瓶貯蔵庫・出荷口：瓶に詰められた熟成中のワイン、梱包されて出荷を待つワイン

比較的大きな規模のワイナリーの施設は、原料搬入および選果、除梗・破砕を行う作業場、発酵タンクが設置された発酵室、樽や瓶で熟成を行う貯蔵庫などからなる。図は、ポンプの使用などによって果汁やワインに負担をかけないようにと考えられた、作業に従って階下に降りていく重力システムを採用している

Column

ワイナリーの値段はいくらか？

数千万円程度から購入できる物件もありますが、ボルドーやブルゴーニュのような有名産地では驚くほどの金額になることもあります。例えば、ボルドーのメドック地区の格付け生産者の場合、シャトー・モンローズは1億4000万ユーロ（約200億円）で売却されました。一方、ブルゴーニュではぶどう畑1haあたりの平均価格は約7.5万ユーロ（約1000万円）ですが、特級畑の場合500万ユーロ/ha（約7億円）まで跳ね上がることもあるそうです。そのため、ブルゴーニュでは当座の資金を軽減するため、畑の賃借契約も頻繁に行われます（特級畑の年契約で約8000ユーロ/ha）。

Training

実践編

10 ワインの仕事と資格

ソムリエやワインアドバイザーなどの資格は自分の技術や知識を保証するために有効です

ワイン関連の仕事は免許制ではないため、自分で技術や知識を高めようとする意識がないと、就職することも難しい上、就職しても成果を上げることも難しいといえます。また、各種団体がさまざまな能力検定試験を実施しているので、自分の技術や知識の到達度を確認する、あるいは自分の技術や知識を保証してもらうのに有効です。

ワインに携わるさまざまな仕事

日本ではワインに携わる仕事をすべて「ソムリエ」と呼ぶ向きがあります。本来、ソムリエは飲食店で主に飲料サービスにあたる職種をさすもので、ワインの世界にはほかにもさまざまな職種があります。職業人口が限られているとはいえ、人材の流動性が高いことから、努力しだいで門戸が開かれると考えてもよいでしょう。また、近年は海外で修業をして、そのまま現地で活躍するといった例も増えてきています。

日本のソムリエはフランスの60倍以上!?

本場フランスではソムリエが約400人であるのに対して、日本のいわゆる「ソムリエ」※は、国内最大の認定組織である(社)日本ソムリエ協会の認定者だけで3万3000人を超え(2011年4月現在)、毎年1000人以上のペースで増えています。この大きな開きには、資格好きの国民性がよく現れており、この巨大な市場を狙って、日本では受験関連のビジネスも発達しています。ただし、日本の「ソムリエ」のすべてがワインに携わっているわけではなく、活躍しているのは限られた一部といってよいでしょう。

※(社)日本ソムリエ協会では、受験者の職種に応じて「ソムリエ」「ワインアドバイザー」「ワインエキスパート」という呼称を与えている

国柄を反映して試験内容も違う

各種団体が実施する試験の内容は、その団体が拠点を置く国の事情、その団体の組織・構成などによって、大きく違ってきます。日本ソムリエ協会の試験では、その組織名の通り、飲料サービスにあたる職種に求められる知識を中心にしており、料理との相性や産地情報に比重を置いています。また、イギリスに本部があるWSET（Wine & Spirit Education Trust）では、イギリスで伝統的に親しまれてきたスピリッツ類や酒精強化酒の比重が高く、販売や広告などの流通分野も対象範囲となります。

ワインに携わる職種

ソムリエ
飲食店で主に飲料サービスにあたる職種。また、ホテルのなかには飲料部門を設け、館内にある飲食店の飲料全体の管理にあたる場合もあります。しかし、専属スタッフを抱えている飲食店やホテルは限られており、ほとんどはホール・スタッフが兼任しています。専門のソムリエ職となれば相応の待遇を期待できるものの、求人数が少ないので難関といえます。

カヴィスト
(酒庫係)
酒販店や飲食店で主にワインの管理や仕入れに当たる職種。ソムリエを置いている飲食店では、ソムリエが兼任することが一般的。他の酒類に比べてワインは専門知識が必要なので、小売店は専門店化する傾向が強く、また、百貨店や大規模小売店でも酒類を扱うところが増えたことから、これらの店舗でも専門職を求める傾向があります。専門の販売員となれば、一般の販売員に比べて待遇は若干よいでしょう。

マーチャンダイザー
(輸出入業者)
輸出や輸入など流通に携わる業種。大手業者の場合、ワインの輸入を行う仕入担当、飲食店や酒販店への営業を行う営業担当などさまざまな職種があります。ただし、ワインの輸出入業者は中小規模がほとんどなので、その場合にはさまざまな業務を1人で担います。大手の酒類製造・販売業の場合には相応の待遇を期待できるものの、ワインに携われる可能性は低く、中小の場合には企業の業績に大きく影響を受けます。

クルティエ
(仲介業者)
製造業者と輸出入業者との仲介を行う業種で、活躍の場はフランスやイタリアなど生産国となります。現地企業で採用されるなどの極めて稀な例だったものの、小規模で起業して成功を遂げるなど、この分野で活躍する日本人も増えています。

製造業者
従来は国内にある製造業者に就職する道に限られていたものの、近年は欧米の製造業者に就職する例もあるほか、修業の後に国内外で独立する例も現れました。労働ビザの取得が難しいため、無給の研修生として働く例も多く、また、独立には莫大な資金が必要です。

国内で取得できるワインの代表的資格

(社)日本ソムリエ協会

呼称資格認定試験
(ソムリエ／ワインアドバイザー
／ワインエキスパート)
国内では最も知名度と実績がある資格で、㈳日本ソムリエ協会が主催しています。受験者の職種によって、呼称が分けられているものの、試験内容や難易度は基本的に同じです。
- ソムリエ　　　　　　飲食店に勤務するサービス従事者
- ワインアドバイザー　酒販業・輸入業などの従事者
- ワインエキスパート　特定の職種に限定されない資格

Wine & Spirit Education Trust

Diploma
上級
Advanced Certificate
中級
International Higher Certificate
日本語中級
Intermediate Certificate
初級

イギリスの業界団体が設立した教育機関が認定する資格で、難易度は中級が日本ソムリエ協会の呼称資格と同じくらいといわれています。中級以上は英語での試験となります。上級資格取得者は、ワイン界の最高位といわれる資格「マスター・オブ・ワイン」の受験資格が与えられます。

資料編

Data

80 Steps
for
Understanding
Wine

EUの新旧ワイン法比較

欧州共同体における原産地統制の改革

欧州統合の一環として農業政策の共通化に伴い、ワインに関する法的規制も強調が図られてきました。とくに近年は欧州市場の消費減少に加えて、新興国との競合が欧州のワイン産業に大きな打撃を与えていました。そのようななかで競争力を高めるため、2008年「ワインの共通市場組織に関する理事会規則」の抜本的改革が発効されました。
それに基づき従来の指定地域優良ワインとテーブル・ワインからなる分類は廃止され、あらたに保護原産地呼称ワイン、保護地理表示ワイン、ワインという分類が設けられました。従来の指定地域優良ワインは、例えばフランスのA.O.C.は保護原産地呼称ワインに、V.D.Q.S.（A.O.V.D.Q.S.）は保護原産地呼称ワインもしくは保護地理表示ワインに統合されます。
従来はラベルに「記載すべき事項」と「記載してはならない事項」が定められていました。新規制では「地理的表示のないワイン」でも収穫年や品種名を記載できるようになります。消費者に解りやすいラベル表示が可能となることで、新興国に対抗する競争力を獲得することを企図しています。

1967年	欧州共同体の設立
1979年	「ワインの共通市場組織に関する理事会規則」の制定
2006年	「持続可能な欧州のワイン部門に向けて」を公表し、ワイン共通市場制度の改革を提言
2008年	「ワインの共通市場組織に関する理事会規則」の抜本的改革が発効

旧分類

EU	フランス	イタリア	スペイン	ドイツ
指定地域優良ワイン V.Q.P.R.D. Vins de Qualite Produits dans une Région Déterminée	A.O.C. (Appellation d'Origine Contrôlée)	D.O.C.G. ＝Denominazione di Origine Contollata e Garantita	V.P. ＝Vino de Pago D.O.Ca. ＝Denominación de Origen Calificada	Prädikatswein
	V.D.Q.S. ＝A.O.V.D.Q.S. (Appellation d'Origine Vin Délimité de Qualité Supérieure)	D.O.C. ＝Denominazione di Origine Contollata	D.O. ＝Denominación de Origen V.C.I.G. ＝Vino de Calidad con Indicación Geográfica	Q.m.P. ＝Qualitätswein mit Prädikat
テーブル・ワイン V.d.T. ＝Vins de Table	V.d.P. ＝Vins de Pays	I.G.T. ＝Indicazione Geografica Tipica	Vino de la Tierra	Landwein
	V.d.T. ＝Vins de Table	V.d.T. ＝Vino da Tavola	Vino de Mesa	Tafelwein

新分類

EU	フランス	イタリア	スペイン	ドイツ
保護原産地呼称ワイン	A.O.P. ＝Appellation d'origine protégée	V.O.P. ＝Vino a Denominazione di Origine Protetta	D.O.P. ＝Denominación de Origen Protegida	Wein mit gesch tzer rsprungsbezeichnung
保護地理表示ワイン	I.G.P. ＝Indication Geographique protégée	I.G.P. ＝Vino a Indicazione Geografica Protetta	I.G.P. ＝Indicación Geográfica Protegida	Landwein
（地理的表記のない）ワイン	Vin	Vino	Vino de Mesa	Wein ohne Herkunftangabe

ボルドー全域

地方名※ Les Appellations Régionales		赤	白	ロゼ
Bordeaux ボルドー		●	●	
Bordeaux Supérieur ボルドー・スペリュール		●	半甘	
Bordeaux Clairet ボルドー・クレーレ				●
Bordeaux Rosé ボルドー・ロゼ				●
Crémant de Bordeaux クレマン・ド・ボルドー			発	発

※ 地方名と地区名はいずれもLes Appellations Régionalesに分類されるが、日本語表記は便宜上分けている（以下※同じ）

左岸地区

地区名※ Les Appellations Régionales	村名 Les Appellations Communales	赤	白	ロゼ
Médoc メドック		●		
Haut-Médoc オー・メドック		●		
	Saint-Estèphe サン・テステフ	●		
	Pauillac ポイヤック	●		
	Saint-Julien サン・ジュリアン	●		
	Listrac- Médoc リストラック・メドック	●		
	Moulis en Médoc ムーリス・ザン・メドック	●		
	Margaux マルゴー	●		
Graves グラーヴ		●	●	
Graves Supérieures グラーヴ・スペリュール			半甘	
	Péssac-Léognan ペサック・レオニャン	●	●	
Sauternes ソーテルヌ			甘口	
	Barsac バルサック		甘口	
Cérons セロン			甘口	

アントル・ドゥ・メール地区

地区名※ Les Appellations Régionales	村名 Les Appellations Communales	赤	白	ロゼ
Entre-Deux-Mers アントル・ドゥ・メール			●	
Entre-Deux-Mers Haut-Benauge アントル・ドゥ・メール・オー・ブノージュ			●	
Bordeaux- Haut-Benauge ボルドー・オー・ブノージュ			辛〜甘	
Cadillac Côtes de Bordeaux カディヤック・コート・ド・ボルドー		●		
Premières Côtes de Bordeaux プルミエール・コート・ド・ボルドー			半甘〜甘	○
	Cadillac カディヤック		甘口	
	Loupiac ルーピアック		甘口	
	Sainte-Croix-du-Mont サン・クロワ・デュ・モン		甘口	
Côtes de Bordeaux-Saint Macaire コート・ド・ボルドー・サン・マケール			辛〜甘	
Grave de Vayres グラーヴ・ド・ヴェイル		●	●	
Sainte-Foy-Bordeaux サン・フォワ・ボルドー		●	辛〜甘	

ブール／ブライエ地区

地区名※ Les Appellations Régionales	赤	白	ロゼ
Côtes de Bourg／Bourg／Bourgeais コート・ド・ブール／ブール／ブルジェ	●	●	
Blaye Côtes de Bordeaux ブライ・コート・ド・ボルドー	●		
Côtes de Blaye コート・ド・ブライ	●		
Blaye ブライ	●		

※ 2020年の収穫まで使用可

リブルヌ地区／サン・テミリオン・ポムロール

村名 Les Appellations Communales	赤	白	ロゼ
Saint-Émilion サン・テミリオン	●		
Saint-Émilion Grand Cru サン・テミリオン・グラン・クリュ	●		
Lussac Staint-Émilion リュサック・サン・テミリオン	●		
Montagne Staint-Émilion モンターニュ・サン・テミリオン	●		
Puisseguin Staint-Émilion ピュイスガン・サン・テミリオン	●		
Staint-Georges Staint-Émilion サン・ジョルジュ・サン・テミリオン	●		
Pomerol ポムロール	●		
Lalande-de-Pomerol ラランド・ポムロール	●		
Néac ネアック	●		
Fronsac フロンサック	●		
Canon-Fronsac カノン・フロンサック	●		
Castillon Côtes de Bordeaux カスティヨン・コート・ド・ボルドー	●		
Francs Côtes de Bordeaux フラン・コート・ド・ボルドー	●	●	

※アペラシオンとしての「サン・テミリオン・グラン・クリュ・クラッセ(Grands Crus Classés de St.-Émilion)」は、1984年に廃止されている
※「サン・テミリオン・グラン・クリュ(St.-Émilion Grands Crus)」はA.O.C.上の階級で、実質的にはシュペリュールにあたる

フランス ボルドー格付け／メドック 1

1級 Premiers Grands Crus / 2級 Deuxièmes Grands Crus

Saint Estèphe

2級
- シャトー・コス・デストゥールネル / **Château Cos d'Estournel**
  - レ・パゴド・ド・コス / Les Pagodes de Cos
- シャトー・モンローズ / **Château Montrose**
  - ラ・ダーム・ド・モンローズ / La Dame de Montrose

Pauillac

1級
- シャトー・ラフィット・ロートシルト / **Château Lafite-Rothschild**
  - カリュアド・ド・ラフィット・ロートシルト / Carruades de Lafite Rothschild
- シャトー・ラトゥール / **Château Latour**
  - レ・フォール・ド・ラトゥール / Les Forts de Latour
- シャトー・ムートン・ロートシルト / **Château Mouton-Rothschild**
  - ル・プティ・ムートン・ド・ムートン・ロートシルト / Le Petit Mouton de Mouton Rothschild

2級
- シャトー・ピション・ロングヴィル・バロン / **Château Pichon-Longueville Baron**
  - レ・トゥーレル・ド・ロングヴィユ / Les Tourelles de Longueville
- シャトー・ピション・ロングヴィル・コンテス・ド・ラランド / **Château Pichon-Longueville Comtesse de Lalande**
  - ラ・レゼルヴ・ド・ラ・コンテス / La Réserve de la Comtesse

Saint Julien

2級
- シャトー・デュクリュ・ボーカイユ / **Château Ducru-Beaucaillou**
  - ラ・クロワ / La Croix
- シャトー・グリュオ・ラローズ / **Château Gruaud-Larose**
  - サルジェ・ド・グリュオ・ラローズ / Sarget de Gruaud-Larose
- シャトー・レオヴィル・バルトン / **Château Léoville-Barton**
  - ラ・レゼルヴ・ド・レオヴィル・バルトン / La Réserve de Léoville-Barton
- シャトー・レオヴィル・ラス・カーズ / **Château Léoville-Las Cases**
  - クロ・デュ・マルキ / Clos du Marquis
- シャトー・レオヴィル・ポアフェレ / **Château Léoville-Poyferré**
  - シャトー・ムーラン・リッシュ / Château Moulin-Riche

※グレー文字はセカンド・ワイン（代表的銘柄のみ記載）

3級 トロワジェム・グラン・クリュ
Troisièmes Grands Crus

4級 カトリエム・グラン・クリュ
Quatrièmes Grands Crus

5級 サンキエム・グラン・クリュ
Cinquièmes Grands Crus

シャトー・カロン・セギュール
Château Calon-Ségur

シャトー・ラフォン・ロシェ
Château Lafon-Rochet

シャトー・コス・ラボリ
Château Cos-Labory

シャトー・デュアール・ミロン・ロートシルト
Château Duhart-Milon Rothschild

シャトー・バタイエ
Château Batailley

シャトー・オー・バタイエ
Château Haut-Batailley

シャトー・クレール・ミロン
Château Clerc-Milon

シャトー・クロワゼ・バージュ
Château Croizet-Bages

シャトー・ランシュ・バージュ
Château Lynch-Bages

シャトー・ランシュ・ムーサス
Château Lynch-Moussas

シャトー・オー・バージュ・リベラル
Château Haut-Bages-Libéral

シャトー・グラン・ピュイ・デュカス
Château Grand-Puy-Ducasse

シャトー・グラン・ピュイ・ラコスト
Château Grand-Puy-Lacoste

シャトー・ダルマイヤック
Château d'Armailhac

シャトー・ペデスクロー
Château Pédesclaux

シャトー・ポンテ・カネ
Château Pontet-Canet

シャトー・ラグランジュ
Château Lagrange

シャトー・ベイシェヴェル
Château Beychevelle

シャトー・ランゴア・バルトン
Château Langoa Barton

シャトー・ブラネール・デュクリュ
Château Branaire-Ducru

シャトー・サン・ピエール
Château Saint-Pierre

シャトー・タルボ
Château Talbot

France | Crus Classés de Médoc 1

フランス ボルドー格付け／メドック2

Data 04

		1級 プルミエ・グラン・クリュ **Premiers Grands Cru**	2級 ドゥジェム・グラン・クリュ **Deuxièmes Grands Crus**
Margaux	Margaux	シャトー・マルゴー **Château Margaux** パヴィヨン・ルージュ・デュ・シャトー・マルゴー **Pavillon Rouge du Château Margaux**	シャトー・デュルフォール・ヴィヴァン **Château Durfort-Vivens** ヴィヴァン・パル・シャトー・デュフォール・ヴィヴァン **Vivens par Château Dufort-Vivens** シャトー・ラスコンブ **Château Lascombes** シャトー・スゴンヌ **Château Segonnes** シャトー・ローザン・セグラ **Château Rauzan-Ségla** メーヌ・ドゥ・ジャネ **Mayne de Jeannet** シャトー・ローザン・ガシー **Château Rauzan-Gassies** アンクロ・ド・モンカボン **Enclos de Moncabon**
	Cantenac		シャトー・ブラーヌ・カントナック **Château Brane-Cantenac** ル・バルボン・ド・ブラーヌ **Le Barbon de Brane**
	Lavarde		
	Arsac		
Haut-Médoc	Ludon		
	St.Laurent		
	Macau		
Pessac-Leognan		シャトー・オー・ブリオン **Château Haut-Brion** ル・バーン・デュ・オー・ブリオン **Le Bahans du Haut Brion**	

※グレー文字はセカンド・ワイン（代表的銘柄のみ記載）

3級 4級 5級

トロワジェム・グラン・クリュ	カトリエム・グラン・クリュ	サンキエム・グラン・クリュ
Troisièmes Grands Crus	**Quatrièmes Grands Crus**	**Cinquièmes Grands Crus**

シャトー・デミライユ
Château Desmirail

シャトー・マルキ・ド・テルム
Château Marquis de Terme

シャトー・フェリエール
Château Ferrière

シャトー・マレスコ・サン・テクジュペリ
Château Malescot Saint-Exupéry

シャトー・マルキ・ダレーム
Château Marquis d'Alesme

シャトー・ボイド・カントナック
Château Boyd-Cantenac

シャトー・プージェ
Château Pouget

シャトー・カントナック・ブラウン
Château Cantenac-Brown

シャトー・プリュレ・リシーヌ
Château Prieuré-Lichine

シャトー・ディサン
Château d'Issan

シャトー・キルヴァン
Château Kirwan

シャトー・パルメ
Château Palmer

シャトー・ジスクール
Château Giscours

シャトー・ドーザック
Château Dauzac

シャトー・デュ・テルトル
Château du Tertre

シャトー・ラ・ラギューヌ
Château La Lagune

シャトー・ラ・トゥール・カルネ
Château La Tour-Carnet

シャトー・ベルグラーヴ
Château Belgrave

シャトー・ド・カマンサック
Château de Camensac

シャトー・カントメルル
Château Cantemerle

France Crus Classés de Médoc 2

ソーテルヌ、バルサック

階級	シャトー名	コミューン
プルミエ・クリュ・シュペリュール（特別第1級） Premier Cru Supérieur	Château d'Yquem シャトー・ディケム	Sauternes
	Y イグレック	
プルミエ・クリュ（第1級） Premièr Crus	Château Climens シャトー・クリマン	Barsac
	Château Coutet シャトー・クーテ	
	Château Guiraud シャトー・ギロー	Sauternes
	Château Rieussec シャトー・リューセック	Fargues
	R de Rieussec エール・ド・リューセック	
	Château Suduiraut シャトー・シュディロー	Pregnae
	Château La Tour Blanche シャトー・ラ・トゥール・ブランシュ	Bommes
	Château Rabaud-Promis シャトー・ラボー・プロミ	
	Château Sigalas Rabaud シャトー・シガラ・ラボー	
	Château de Rayne Vigneau シャトー・ド・レイヌ・ヴィニョ	
	Château Clos Haut-Peyraguey シャトー・クロ・オー・ペラゲ	
	Château Lafaurie-Peyraguey シャトー・ラフォリ・ペラゲ	
	Brut de Lafaurie ブリュット・ド・ラフォリ	
ドゥジェム・クリュ（第2級） Deuxièmes Crus	Château d'Arche シャトー・ダルシュ	Sauternes
	Château Filhot シャトー・フィロー	
	Château Lamothe-Despujols シャトー・ラモット・デプジョル	
	Château Lamothe-Guignard シャトー・ラモット・ギニャール	
	Château Broustet シャトー・ブルーステ	Barsac
	Château Nairac シャトー・ネラック	
	Château Caillou シャトー・カイユ	
	Château Doisy-Daëne シャトー・ドワジ・デーヌ	
	Château Doisy-Daëne Saint-Martin シャトー・ドワジ・デーヌ・サン・マルタン	
	Château Doisy-Daëne Sec シャトー・ドワジ・デーヌ・セック	
	Château Doisy-Dubroca シャトー・ドワジ・デュブロカ	
	Château Doisy-Védrines シャトー・ドワジ・ヴェドリーヌ	
	Château de Myrat シャトー・ド・ミラ	
	Château Suau シャトー・シュオ	
	Château Romer du Hayot シャトー・ロメー・デュ・アヨ	Fargues
	Château de Malle シャトー・ド・マル	Preignac

※グレー文字は辛口ワイン（代表的銘柄のみ記載）、A.O.C.はBordeaux／Bordeaux Supérieurとなる

グラーヴ

赤	白	シャトー名	コミューン
●		Château Haut Brion シャトー・オー・ブリオン	Pessac
●		Château Pape Clément シャトー・パプ・クレマン	
●		Château de Fieuzal シャトー・ド・フューザル	Léognan
●		Château Haut-Bailly シャトー・オー・バイイ	
●		Château La Tour-Haut-Brion シャトー・ラ・トゥール・オー・ブリオン	Talence
●		Château Smith-Haut-Lafite シャトー・スミス・オー・ラフィット	Martillac
●	●	Château Carbonnieux シャトー・カルボニュー	Léognan
●	●	Domaine de Chevalier ドメーヌ・ド・シュヴァリエ	
●	●	Château Malartic-Lagravière シャトー・マラルティック・ラグラヴィエール	
●	●	Château Olivier シャトー・オリヴィエ	
●		Château La Mission-Haut-Brion シャトー・ラ・ミッション・オー・ブリオン	Talence
●		Château Bouscaut シャトー・ブスコー	Cadaujac
●		Château La Tour-Martillac シャトー・ラトゥール・マルティヤック	Martillac
	●	Château Couhins シャトー・クーアン	Villenave-d'Ornon
	●	Château Couhins-Lurton シャトー・クーアン・リュルトン	

サン・テミリオン

階級	シャトー名	特記事項
Châteaux A シャトー・アー 第1級格付けA級	Château Ausone シャトー・オーゾンヌ	ヴァン・ド・グラーヴ（砂利土壌）
	Château Cheval Blanc シャトー・シュヴァル・ブラン	
Châteaux B シャトー・ベー 第1級格付けB級	Château Angélus シャトー・アンジュリュス	1996年に昇格した
	Château Beau-Séjour-Bécot シャトー・ボーセジュール・ベコー	1996年に返り咲いた
	Château Beauséjour シャトー・ボーセジュール （=Héritiers Duffau-Lagarrosse）（エリティエ・デュフォ・ラガロス）	
	Château Belair シャトー・ベレール	
	Château Canon シャトー・カノン	
	Château Figeac シャトー・フィジャック	ヴァン・ド・グラーヴ（砂利土壌）
	Château La Gaffelière シャトー・ラ・ガフリエール	
	Château Magdelaine シャトー・マグドレーヌ	
	Château Pavie シャトー・パヴィー	
	Château Trottevieille シャトー・トロットヴィエイユ	
	Clos-Fourtet クロ・フルテ	
	Château Pavie-Macquin シャトー・パヴィ・マッカン	
	Château Troplong-Mondot シャトー・トロロン・モンド	

	シャトー名
格付けされていない優良シャトー	Château Moulin-Saint-Georges シャトー・ムーラン・サン・ジョルジュ
	Château la Mondotte シャトー・ラ・モンドット
	Château Tertre-Rôteboeuf シャトー・テルトル・ロートブッフ
	Château Valandraud シャトー・ヴァランドロー

ポムロールの優良シャトー

シャトー名
Château Pétrus シャトー・ペトリュス
Château Certan-de-May シャトー・セルタン・ド・メイ
Domaine de l'Eglise ドメーヌ・ド・レグリズ
Château la Conseillante シャトー・ラ・コンセイヤント
Château l'Evangile シャトー・レヴァンジル
Château la Fleurs-Pétrus シャトー・ラ・フルール・ペトリュス
Château Gazin シャトー・ガザン
Château Lafleur シャトー・ラフルール
Château Latour à Pomerol シャトー・ラトゥール・ア・ポムロル
Château Nenin シャトー・ネナン
Château de Sales シャトー・ド・サル
Château Petit-Village シャトー・プティ・ヴィラージュ
Le Pin ル・パン
Château Trotanoy シャトー・トロタノワ
Vieux Château Certan ヴュー・シャトー・セルタン

コート・ド・ニュイ

Data 06

フランス｜ブルゴーニュ A.O.C.／コート・ドール

地区 Les Appellations Régionles	村 Village/Commune	一級 Premier Cru	特級 Grand Cru	赤	白	ロゼ
(Côte de Nuits) Côte de Nuitsは地区名なし	Marsannay マルサネ			●	●	
	Marsannay Rosé マルサネ・ロゼ					●
	Fixin フィサン			●	●	
		Fixin 1er Cru フィサン・プルミエ・クリュ		●	●	
	Gevrey-Chambertin ジュヴレ・シャンベルタン			●		
		Gevrey-Chambertin 1er Cru ジュヴレ・シャンベルタン・プルミエ・クリュ		●		
			Mazis-Chambertin マジ・シャンベルタン	●		
			Ruchottes-Chambertin ルショット・シャンベルタン	●		
			Chambertin-Clos de Bèze シャンベルタン・クロ・ド・ベーズ ※1	●		
			Chambertin シャンベルタン ※1	●		
			Chapelle-Chambertin シャペル・シャンベルタン	●		
			Griotte-Chambertin グリオット・シャンベルタン	●		
			Charmes-Chambertin シャルム・シャンベルタン ※2	●		
			Mazoyères-Chambertin マゾワイエール・シャンベルタン ※2	●		
			Latricières-Chambertin ラトリシエール・シャンベルタン	●		
	Morey-Saint-Denis モレ・サン・ドゥニ			●	●	
		Morey-Saint-Denis 1er Cru モレ・サン・ドゥニ・プルミエ・クリュ		●	●	
			Clos de la Roche クロ・ド・ラ・ロッシュ	●		
			Clos Saint-Denis クロ・サン・ドゥニ	●		
			Clos des Lambrays クロ・デ・ランブレ	●		
			Clos de Tart＊ クロ・ド・タール	●		
			Bonnes-Mares (一部) ボンヌ・マール	●		
	Chambolle-Musigny シャンボール・ミュズィニ			●		
		Chambolle-Musigny 1er Cru シャンボール・ミュズィニ・プルミエ・クリュ		●		
			Bonnes-Mares (一部) ボンヌ・マール	●		
			Musigny ミュズィニ	●	●	
	Vougeot ヴージョ			●	●	
		Vougeot 1er Cru ヴージョ・プルミエ・クリュ		●	●	
			Clos de Vougeot クロ・ド・ヴージョ	●		
	(Flagey-Échézeaux) ※3			●		
		(Flagey-Échézeaux 1er Cru) ※3				
			Échézeaux エシェゾー	●		
			Grands-Échézeaux グラン・エシェゾー	●		
	Vosne-Romanée ヴォーヌ・ロマネ			●		
		Vosne-Romanée 1er Cru ヴォーヌ・ロマネ・プルミエ・クリュ		●		
			La Grande Rue＊ ラ・グランド・リュ	●		
			Richebourg リシュブール	●		
			La Romanée＊ ラ・ロマネ	●		
			Romanée-Conti＊ ロマネ・コンティ	●		
			Romanée-Saint-Vivant ロマネ・サン・ヴィヴァン	●		
			La Tâche＊ ラ・ターシュ	●		
	Nuits-Saint-Georges ニュイ・サン・ジョルジュ			●	●	
		Nuits-Saint-Georges 1er Cru ニュイ・サン・ジョルジュ・プルミエ・クリュ		●	●	
	Côte de Nuits-Villages コート・ド・ニュイ・ヴィラージュ			●	●	

Côte de Nuits-Village を産する村:
- Fixin フィサン
- Brochon ブロション
- Prissey プリシー
- Comblanchien コンブランシアン
- Corgoloin コルゴロアン

				赤	白	ロゼ
Bourgogne Hautes Côtes-de-Nuits ブルゴーニュ・オート・コート・ド・ニュイ				●	●	
Bourgogne Clairet Hautes Côtes-de-Nuits ブルゴーニュ・クレレ・オート・コート・ド・ニュイ ※4				●		
Bourgogne Rosé Hautes Côtes-de-Nuits ブルゴーニュ・ロゼ・オート・コート・ド・ニュイ						●

＊はモノポールを表す
※1 シャンベルタン・クロ・ド・ベーズはシャンベルタンを名乗ることができる／※2 マゾワイエール・シャンベルタンはシャルム・シャンベルタンを名乗ることができる／※3 フラジェ・エシェゾーは村名、1級はヴォーヌ・ロマネの村名、1級となる／※4 Clairetとは、赤とロゼの中間の色を持つワイン。この一覧表では便宜的に赤に分類

コート・ド・ボーヌ

地区 Les Appellations Régionales	村 Village/Commune	一級 Premier Cru	特級 Grand Cru	赤	白	ロゼ
(Côte de Beaune) Côte de Beauneは地区名なし。 AC「Côte de Beaune」と混同しないように						
	Ladoix-Serrigny ラドワ・セリニ			●	●	
		Ladoix-Serrigny 1er Cru ラドワ・セリニ・プルミエ・クリュ		●	●	
			Corton (一部) コルトン ※1	●	●	
			Corton-Charlemagne (一部) コルトン・シャルルマーニュ		●	
	Aloxe Corton アロクス・コルトン			●	●	
		Aloxe Corton 1er Cru アロクス・コルトン・プルミエ・クリュ		●	●	
			Corton (一部) コルトン ※1	●	●	
			Corton-Charlemagne (一部) コルトン・シャルルマーニュ		●	
			Charlemagne (一部) シャルルマーニュ		●	
	Pernand-Vergelesses ペルナン・ヴェルジュレス			●	●	
		Pernand-Vergelesses 1er Cru ペルナン・ヴェルジュレス・プルミエ・クリュ		●	●	
			Corton (一部) コルトン ※1	●	●	
			Corton-Charlemagne (一部) コルトン・シャルルマーニュ		●	
			Charlemagne (一部) シャルルマーニュ		●	
	Savigny-lès-Beaune サヴィニ・レ・ボーヌ			●	●	
		Savigny-lès-Beaune 1er Cru サヴィニ・レ・ボーヌ・プルミエ・クリュ		●	●	
	Chorey-lès-Beaune ショレイ・レ・ボーヌ			●	●	
	Beaune ボーヌ			●	●	
		Beaune 1er Cru ボーヌ・プルミエ・クリュ		●	●	
	Côte de Beaune コート・ド・ボーヌ ※2			●	●	
	Pommard ポマール			●		
		Pommard 1er Cru ポマール・プルミエ・クリュ		●		
	Volnay ヴォルネイ			●		
		Volnay 1er Cru ヴォルネイ・プルミエ・クリュ		●		
	Meursault ムルソー ※3			●	●	
		Meursault 1er Cru ムルソー・プルミエ・クリュ ※3		●	●	
	Blagny ブラニ ※4			●		
		Blagny 1er Cru ブラニ・プルミエ・クリュ		●		
	Monthélie モンテリ			●	●	
		Monthélie 1er Cru モンテリ・プルミエ・クリュ		●	●	
	Saint-Romain サン・ロマン			●	●	
	Auxey-Duresses オーセイ・デュレス			●	●	
		Auxey-Duresses 1er Cru オーセイ・デュレス・プルミエ・クリュ		●	●	
	Saint-Aubin サン・トーバン			●	●	
		Saint-Aubin 1er Cru サン・トーバン・プルミエ・クリュ		●	●	
	Puligny-Montrachet ピュリニィ・モンラッシェ			●	●	
		Puligny-Montrachet 1er Cru ピュリニィ・モンラッシェ・プルミエ・クリュ		●	●	
			Montrachet (一部) モンラッシェ		●	
			Bâtard-Montrachet (一部) バタール・モンラッシェ		●	
			Chevalier-Montrachet シュヴァリエ・モンラッシェ		●	
			Bienvenues-Bâtard-Montrachet ビアンヴニュ・バタール・モンラッシェ		●	
	Chassagne-Montrachet シャサーニュ・モンラッシェ			●	●	
		Chassagne-Montrachet 1er Cru シャサーニュ・モンラッシェ・プルミエ・クリュ		●	●	
			Montrachet (一部) モンラッシェ		●	
			Bâtard-Montrachet (一部) バタール・モンラッシェ		●	
			Criots-Bâtard-Montrachet クリオ・バタール・モンラッシェ		●	
	Santenay サントネー			●	●	
		Santenay 1er Cru サントネー・プルミエ・クリュ		●	●	
	Maranges マランジュ			●	●	
		Maranges 1er Cru マランジュ・プルミエ・クリュ		●		
	Côte de Beaune-Villages / Côte de Beaune+Commune…14村 コート・ド・ボーヌ・ヴィラージュ／コート・ド・ボーヌ+コミューン			●		
Bourgogne Haute Côtes-de-Beaune ブルゴーニュ・オート・コート・ド・ボーヌ				●	●	
Bourgogne Clairet Haute Côtes-de-Beaune ブルゴーニュ・クレレ・オート・コート・ド・ボーヌ ※5				●		
Bourgogne Rosé Haute Côtes-de-Beaune ブルゴーニュ・ロゼ・オート・コート・ド・ボーヌ						●

※1 コルトン、コルトン・シャルルマーニュ、シャルルマーニュは複数村にまたがる／※2 Côte de Beauneは地区名ではなく、ボーヌ村名の格下A.O.C.／※3 ブラニィ(赤)はムルソーを名乗ることができる。また、ブラニィ(白)はムルソー(一部はピュリニィ・モンラッシェ)を名乗ることができる／※4 ムルソー、ムルソー1erの赤でヴォルネイ側の畑の一部は、ヴォルネイを名乗ることができる／※5 Clairetとは、赤とロゼの中間の色を持つワイン。この一覧表では便宜的に赤に分類

シャブリ、オーセール

地区 Les Appellations Régionales	村 Village/Commune	一級 Premier Cru	特級 Grand Cru	赤	白	ロゼ
Petit Chablis（最低Alc.度数　9.5%）プティ・シャブリ					●	
	Chablis(10.0%) シャブリ				●	
		Chablis Premier Cru(10.5%) シャブリ・プルミエ・クリュ			●	
			Chablis Grand Cru(11.0%) シャブリ・グラン・クリュ		●	
		ラベルへの表示が 認められている 特級畑×7	• Bougros • Les Preuses • (Moutonne) • Vaudésir • Grenouilles • Valmur • Les Clos • Blanchots			
Bourgogne Côtes d'Auxerre	ブルゴーニュ・コート・ドーセール			●		
Bourgogne Clairet Côtes d'Auxerre	ブルゴーニュ・クレーレ・コート・ドーセール　※1			●		
Bourgogne Rosé Côtes d'Auxerre	ブルゴーニュ・ロゼ・コート・ドーセール					●
	Irancy イランシー			●		
	Saint-Bris サン・ブリ				●	

※1 Clairetとは、赤とロゼの中間の色をもつワイン。この一覧表では便宜的に赤に分類

コート・シャロネーズ

地区 Les Appellations Régionales	村 Village/Commune	一級 Premier Cru	備考	赤	白	ロゼ
Bourgogne Côte Chalonnaise	ブルゴーニュ・コート・シャロネーズ			●	●	
Bourgogne Clairet Côte Chalonnaise	ブルゴーニュ・クレーレ・コート・シャロネーズ　※1			●		
Bourgogne Rosé Côte Chalonnaise	ブルゴーニュ・ロゼ・コート・シャロネーズ					●
	Bourzeron ブーズロン（旧　Bourgogne Aligoté Bourzeron）				●	
	Rully リュリ		赤10.5%/白11.0%	●	●	
		Rully 1er Cru リュリ・プルミエ・クリュ	赤11.0%/白11.5%	●	●	
	Mercurey メルキュレ		赤10.5%/白11.0%	●	●	
		Mercurey 1er Cru メルキュレ・プルミエ・クリュ	赤11.0%/白11.5%	●	●	
	Givry ジヴリ		赤10.5%/白11.0%	●	●	
		Givry 1er Cru ジヴリ・プルミエ・クリュ	赤11.0%/白11.5%	●	●	
	Montagny モンタニ		11.0%		●	
		Montagny 1er Cru モンタニ・プルミエ・クリュ	11.5%		●	

※1 Clairetとは、赤とロゼの中間の色をもつワイン。この一覧表では便宜的に赤に分類

マコネ

地区 Les Appellations Régionales	村 Village/Commune			赤	白	ロゼ
Mâcon マコン				●	●	●
Mâcon Supérieur マコン・シュペリュール				●	●	
Pinot-Chardonnay-Mâcon ピノ・シャルドネ・マコン					●	
	Mâcon+Commune マコン＋コミューン			●	●	
	Mâcon Villages マコン・ヴィラージュ				●	
	Saint-Véran サン・ヴェラン　※村名 (St.-Vérand) とは表記が異なる				●	
Saint-Véranを 産する村	• Chânes • Leynes • Saint-Vérand	• Chasselas • Prissé • Solutré (一部)	• Davayé • Saint-Amour			
	Pouilly-Fuissé プイイ・フュイッセ				●	
Pouilly-Fuisséを 産する村	• Chaintré • Pouilly	• Solutré • Fuissé	• Vergisson			
	Pouilly-Loché プイイ・ロッシェ				●	
	Pouilly-Vinzelles プイイ・ヴァンゼル				●	
	Viré-Clessé ヴィレ・クレッセ				●	

マコンの赤・ロゼはガメイ主体＋PN

ボージョレ 他地域とは異なる花崗岩土壌

地区 Les Appellations Régionales	村 Village/Commune		赤	白	ロゼ
Beaujolais ボージョレ			●	●	●
Beaujolais Supérieur ボージョレ・シュペリュール			●	●	●
	Beaujolais Villages／Beaujolais+Commune ボージョレ・ヴィラージュ／ボージョレ+コミューン		●	●	●
	Saint-Amour	総称:Crus du Beaujolais	●		
	Juliénas		●		
	Chénas		●		
	Moulin-à-Vent		●		
	Fleurie		●		
	Chiroubles		●		
	Morgon		●		
	Régnié		●		
	Brouilly		●		
	Côte de Brouilly		●		

ブルゴーニュ全域または限定地区の地方A.O.C.

地方(全域)	地方名+付加名		赤	白	ロゼ
Bourgogne ブルゴーニュ			●	●	●
	Bourgogne Notre Dame				
	Bourgogne Montrecul				
	Bourgogne Le Chapitre				
Bourgogne Passe-tout-grains ブルゴーニュ・パス・トゥー・グラン		※1	●		
Bourgogne Clairet ブルゴーニュ・クレーレ ※2					●
Bourgogne Rosé ブルゴーニュ・ロゼ					●
Bourgogne Aligoté ブルゴーニュ・アリゴテ				●	
Bourgogne Ordinaire／Bourgogne Grand Ordinaire ブルゴーニュ・オルディネール／ブルゴーニュ・グラン・オルディネール			●	●	
Bourgogne Ordinaire Rosé／Bourgogne Grand Ordinaire Rosé ブルゴーニュ・オルディネール・ロゼ／ブルゴーニュ・グラン・オルディネール・ロゼ					●
Crémant de Bourgogne クレマン・ド・ブルゴーニュ				●	●
Bourgogne Mousseux ブルゴーニュ・ムスー			●		

地方(限定地区)	地方名+付加名	適用地域	赤	白	ロゼ
Bourgogne + Commune ブルゴーニュ+コミューン			●	●	●
	Bourgogne Côtes d'Auxerre	Auxerre	●	●	●
	Bourgogne Coulanges-La-Vineuse	Coulanges-La-Vineuse	●	●	●
	Bourgogne Chitry	Chitry	●	●	●
	Bourgogne Côtes du Couchois	Couchois	●		
	Bourgogne Côtes-Saint-Jaacques	Côte Saint-Jacques	●		
	Bourgogne Epineuil	Epineuil	●		
	Bourgone Vézlay	Vézelay		●	
	Bourgogne Tonnerre	Tonnerre		●	
Côteaux du Lyonnais コート・デュ・リヨネー		Lyon	●	●	
Côte Roannaise コート・ロアネーズ		Roanne	●		
Côtes du Forez コート・デュ・フォレ		Massif Central	●	●	

※1 ブルゴーニュ(パス・トゥー・グラン、クレーレおよびロゼも含む)はブルゴーニュ・オルディネールもしくはブルゴーニュ・グラン・オルディネールに格下げできる
※2 Clairetとは、赤とロゼの中間の色をも持つワイン。この一覧表では便宜的にロゼに分類

ナント地区

広域地区名／地区名	村名(複数村/単独村) 畑名	備考	赤	白	ロゼ	品種 白	品種 黒
Muscadet ミュスカデ				●		MB	
	Muscadet-Coteaux de la Loire ミュスカデ・コトー・ド・ラ・ロワール			●		MB	
	Muscadet-Côtes de Grandlieu ミュスカデ・コート・ド・グランリュー			●		MB	
	Muscadet-Sèvre et Maine ミュスカデ・セーヴル・エ・メーヌ			●		MB	
Coteaux-d'Ancenis コトー・ダンスニ		VDQS		●			Gm
Gros Plant du Pays Nantais グロ・プラン・デュ・ペイ・ナンテ		VDQS/グロ・プラン	●		●	他	

アンジェ・ソーミュール地区

広域地区名／地区名	村名(複数村/単独村) 畑名	備考	赤	白	ロゼ	品種 白	品種 黒
Anjou アンジュー		白:辛〜甘/赤:CS可	●	●		CB	CF
	Anjou Villages アンジュー・ヴィラージュ	赤:CS可	●				CF
	Savennières サヴニエール	白:辛〜甘			●	CB	
	Savennières Coulée-de-Serrant ※ サヴニエール・クーレ・ド・セラン	白:辛〜甘		●		CB	
	Savennières Roche-aux-Moines サヴニエール・ロッシュ・オー・モワンヌ	白:辛〜甘		●		CB	
	Anjou-Coteaux de la Loire アンジュー・コトー・ド・ラ・ロワール	白:半甘〜甘		●		CB	
	Anjou Villages Brissac アンジュー・ヴィラージュ・ブリサック	赤:CS可	●				CF
	Coteaux de l'Aubance コトー・ド・ローバンス	白:甘		貴		CB	
	Coteaux du Layon コトー・デュ・レイヨン			貴		CB	
	Coteaux du Layon+Commune コトー・デュ・レイヨン+コミューン			貴		CB	
	Coteaux du Layon Chaume コトー・デュ・レイヨン・ショーム			貴		CB	
	Quarts de Chaume カール・ド・ショーム			貴		CB	
	Bonnezeaux ボンヌゾー			貴		CB	
	Saumur ソーミュール	赤:CS可	●	●		CB	CF
	Saumur-Puy-Notre-Dame ソーミュール・ピュイ・ノートル・ダム	赤のみ	●				CF
	Saumur-Champigny ソーミュール・シャンピニィ	赤:CS可	●				CF
	Coteaux de Saumur コトー・ド・ソーミュール			貴		CB	
Anjou-Gamay アンジュー・ガメイ			●				Gm

※ニコラ・ジョリィのモノポール

トゥール地区

広域地区名／地区名	村名(複数村/単独村)	備考	赤	白	ロゼ	品種 白	品種 黒
Touraine トゥーレーヌ			●	●	●	CB	CFGm
	Bourgueil ブルグイユ		●		●		CF
	Saint-Nicolas de Bourgueil サン・ニコラ・ド・ブルグイユ		●		●		CF
	Vouvray ヴーヴレ	白:辛〜甘		●		CB	
	Chinon シノン		●	●	●	CB	CF
	Montlouis-sur-Loire モンルイ・シュル・ロワール	白:辛〜甘		●		CB	
	Touraine Mesland トゥーレーヌ・メスラン		●	●	●	CB	GmCF
	Touraine Amboise トゥーレーヌ・アンボワズ	白:辛〜甘/赤:CS可	●	●	●	CB	GmCF
	Touraine Noble Joué トゥーレーヌ・ノーブル・ジュエ	Pinot Meunier(ピノ・ムニエ)			●		PM
	Touraine Azay-le-Rideau トゥーレーヌ・アゼイ・ル・リドー	白:辛〜半甘		●	●	CB	Gr

主要品種

- Ch:シャルドネ
- MB:ムロン・ド・ブルゴーニュ
- CB:シュナン・ブラン
- SB:ソーヴィニヨン・ブラン
- Rm:ロモランタン
- Gm:ガメイ
- CF:カベルネ・フラン
- Gr:グロロ
- PM:ピノ・ムニエ
- PN:ピノ・ノワール

トゥール地区郊外の栽培地

村名(複数村/単独村)	備考	赤	白	ロゼ	品種 白	黒
Cheverny シュヴェルニイ		●	●	●	CB	PNGm
Cour-Cheverny クール・シュヴェルニイ	Romorantin(ロモランタン100%)		●		Rm	
Coteaux du Loir コトー・デュ・ロワール	黒:Pineau d'Aunis(ピノー・ドーニス)	●	●	●	CB	他
Jasnières ジャスニエール			●		CB	
Orléns オルレアン		●	●		Ch	PM
Orléns-Cléry オルレアン・クレリィ		●				CF
Valençay ヴァランセ		●	●	●	SB	Gm

サントル・ニヴェルヌ地区

村名(複数村/単独村)	備考	赤	白	ロゼ	品種 白	黒
Coteaux du Giennois コトー・デュ・ジェノワ		●	●	●	SB	GmPN
Pouilly-sur-Loire プイイ・シュル・ロワール	Chasselas(シャスラ)		●		SB他	
Pouilly Fumé プイイ・フュメ			●		SB	
Sancerre サンセール		●	●	●	SB	PN
Menetou-Salon ムヌトゥー・サロン		●	●	●	SB	PN
Quincy カンシー			●		SB	
Reuilly ルイィ		●	●	●	SB	PN
Châteaumeillant シャトーメイヤン		●		●*		

※(グリ:灰色)を便宜的にロゼに分類

ロワール地方のロゼワイン

広域地区名	地区名	備考	品種
Rosé de Loire ロゼ・ド・ロワール		アンジェ・ソミュール地区およびトゥール地区	CF
	Cabernet d'Anjou カベルネ・ダンジュー		CF
	Cabernet de Saumur カベルネ・ド・ソーミュール		CF
	Rosé d'Anjou ロゼ・ダンジュー		Gr

ロワール地区の発泡酒

広域地区名/地区名	村名(複数村/単独村)	備考	赤	白	ロゼ	品種 白	黒
Crémant de Loire クレマン・ド・ロワール		赤:CS可		●	●	CB	CF
	Anjou mousseux アンジュー・ムスー	赤:CS可		●	●	CB	CF
	Anjou pétillant アンジュー・ペティヤン	赤:CS可		●	●	CB	CF
	Rosé d'Anjou pétillant ロゼ・ダンジュー・ペティヤン				●		Gr
	Saumur mousseux ソーミュール・ムスー	赤:CS可		●	●	CB	CF
	Saumur pétillant ソーミュール・ペティヤン			●		CB	
	Touraine mousseux トゥーレーヌ・ムスー	赤:CS可	●	●	●	CB	CF
	Touraine pétillant トゥーレーヌ・ペティヤン	赤:CS可	●	●	●	CB	CF
	Vouvray mousseux ヴーヴレ・ムスー			●		CB	
	Vouvray pétillant ヴーヴレ・ペティヤン			●		CB	
	Montlouis-sur-Loire mousseux モンルイ・ムスー・シール・ロワール			●		CB	
	Montlouis-sur-Loire mousseux pétillant モンルイ・ペティヤン・シール・ロワール			●		CB	

ヴァレ・デュ・ローヌ

地区 Régional	村名 Commune	クリュ Cru	品種および備考	赤	白	ロゼ
北部 Septentrional	Côtes du Rhône コート・デュ・ローヌ			●	●	●
		Côte Rôtie コート・ロティ	■SY (80% ■VN)	●		
		Condrieu コンドリュー	■VN		●	
		Château-Grillet ※ シャトー・グリエ	■VN		●	
		Saint-Joseph サン・ジョゼフ	■SY (90% ■MS ■RS) ■MS ■RS	●	●	
		Crozes-Hermitage クローズ・エルミタージュ	■SY (85% ■MS ■RS) ■MS ■RS	●	●	
		Hermitage エルミタージュ	■SY (85% ■MS ■RS) ■MS ■RS	●	●	
			Vin de Pailleおよび貴腐も含む		●	
		Cornas コルナス	■SY	●		
		Saint-Péray サン・ペレイ	■MS ■RS		●	
		Saint-Péray Mousseux サン・ペレイ・ムスー			発	
	Coteaux de Die コトー・ド・ディー				●	
	Clairette de Die クレレット・ド・ディー / Crémant de Die クレマン・ド・ディー				発	
	Châtillon-en-Diois シャティヨン・アン・ディオア			●	●	●
南部 Méridional	Côtes du Rhône コート・デュ・ローヌ			●	●	●
	Côte du Rhône Villages / Côte du Rhône+Commune コート・デュ・ローヌ・ヴィラージュ／コート・デュ・ローヌ+コミューン			●	●	●
		Drôme				
		Vaucluse	4県中の77村が対象			
		Ardéche	うち16村は村名記載可			
		Gard				
		Vinsobres ヴァンソーブル		●		
		Gigondas ジゴンダス		●		●
		Vacqueyras ヴァケイラス		●	●	●
		Beaumes de Venise ボーム・ド・ヴニーズ		●		
		Châteauneuf-du-Pape シャトーヌフ・デュ・パプ		●	●	
		Lirac リラック		●	●	●
		Tavel タヴェル				●
	Côtes du Vivarais コート・デュ・ヴィヴァレ			●	●	●
	Coteaux du Tricastin コトー・デュ・トリカスタン			●	●	●
	Ventoux ヴァントー			●	●	●
	Lubéron リュベロン			●	●	●
	Rasteau ラストー		VDN	甘	甘	甘
	Muscat de Beaumes-de-Venise ミュスカ・ド・ボーム・ド・ヴニーズ		VDN		甘	

※ネイル・ガシェのモノポール

ぶどう品種
■VN:ヴィオニエ　■MS:マルサンヌ　■RS:ルーサンヌ
■SY:シラー　■GR:グルナッシュ　■CG:カリニャン
■CI:サンソー　■MV:ムールヴェドル

フランス｜その他のフランスA.O.C. 1

ラングドック・ルーション

地区	A.O.C. 限定A.O.C.	commune	赤	白	ロゼ	品種及び備考
Languedoc	**Languedoc** ラングドック		●	●	●	
	Languedoc + Commune ラングドック+コミューン	Pic-Saint-Loup	●		●	Gard/Hérault
		Cabrières	●		●	
		Grès de Montpellier	●			Hérault
		La Méjanelle (Coteaux de la Méjanelle)	●		●	
		Montpeyroux	●			
		Pézenas	●			Hérault
		Picpoul-de-Pinet		●		
		Saint-Christol (Coteaux de Saint-Christol)	●		●	Hérault
		Saint-Drézéry	●			
		Saint-Georges-d'Orques	●			
		Saint-Saturnin	●		●	
		Terrasses du Larzac	●			
		Vérargues (Coteaux de Vérargues)	●		●	Hérault
		La Clape	●	●	●	
		Quatourze	●			Aude
Gard	Clairette de Bellgarde クレレット・ド・ベルガルド			●		
	Costières de Nîmes コスティエール・ド・ニーム		●	●	●	
Hérault	Clairette du Languedoc クレレット・デュ・ラングドック			●		
	Faugères フォジェール		●	●	●	
	Saint-Chinian サン・シニアン		●	●	●	
	Saint-Chinian Berlou サン・シニアン・ベルルー		●			
	Saint-Roquebrun サン・シニアン・ロクブルン		●			
Aude	Corbières コルビエール		●	●	●	
	Corbières-Boutenac コルビエール・ブトナック		●			
	Fitou フィトゥー		●			カリニャン主体
	Minervois ミネルヴォワ		●	●	●	
	Minervois la Livinière ミネルヴォワ・ラ・リヴィニエール		●			
	Cabardès カバルデス		●		●	
	Malepère マルペール		●			
	Limoux リムー		●	●		
Roussillon	Côtes du Roussillon コート・デュ・ルーション		●	●	●	
	Côtes du Roussillon Les Aspres コート・デュ・ルーション・レ・ザスプル		●			
	Côtes du Roussillon Villages コート・デュ・ルーション・ヴィラージュ		●			
	Côtes du Roussillon Villages + Commune コート・デュ・ルーション・ヴィラージュ+コミューン	Tautavel	●			
		Latour-de-France	●			
		Lesquerde	●			
		Caramany	●			
	Collioure コリウール		●	●	●	

地区	A.O.C. 限定A.O.C.	発泡酒	赤	白	ロゼ	品種及び備考
	Blanquette de Limoux ブランケット・ド・リムー			●		瓶内二次発酵
	Crémant de Limoux クレマン・ド・リムー			●		瓶内二次発酵
	Blanquette méthode ancestrale ブランケット・メトード・アンセストラル				●	田舎方式

地区	A.O.C. 限定A.O.C.	VDN/VDL	VDN	VDL	品種及び備考
Languedoc	Muscat de Lunel ミュスカ・ド・リュネル		●		
	Muscat de Mireval ミュスカ・ド・ミルヴァル		●		
	Frontignan (Muscat de Frontignan/Vin de Frontignan) ミュスカ・ド・フロンティニャン		●		
	Muscat de Saint-Jean-de-Minervois ミュスカ・ド・サン・ジャン・ド・ミネルヴォワ		●		
	Clairette du Languedoc クレレット・デュ・ラングドック			●	
	Clairette du languedoc Rancio クレレット・デュ・ラングドック・ランシオ			●	
Roussillon	Rivesaltes / Rivesaltes Rancio リヴザルト/リヴザルト・ランシオ		●		白、赤、ロゼ
	Muscat de Rivesaltes ミュスカ・ド・リヴザルト		●		白のみ
	Banyuls / Banyuls Rancio バニュルス/バニュルス・ランシオ		●		
	Banyuls Grand Cru バニュルス・グラン・クリュ		●		※1
	Banyuls Grand Cru Rancio バニュルス・グラン・クリュ・ランシオ		●		
	Maury / Maury Rancio モーリィ/モーリィ・ランシオ		●		白、赤、ロゼ
	Grand Roussillon グラン・ルーション		●		白、赤、ロゼ
	Grand Roussillon Rancio グラン・ルーション・ランシオ		●		

※1 赤のみ/グルナッシュ75％以上で30ヵ月以上樽熟成

南西地方

地区		A.O.C.	限定A.O.C.	品種及び備考	赤	白	ロゼ
Bergerac ボルドー隣接地区	ドルドーニュ河流域（両岸）	Bergerac ベルジュラック			●	●	●
			Côtes de Bergerac コート・ド・ベルジュラック	白:半甘	●	●	
	同左岸	Monbazillac モンバジャック		※1		甘	
		Saussignac ソーシニャック				甘	
	同右岸	Pécharmant ペシャルマン			●		
		Rosette ロゼット		白:半甘		●	
		Montravel モンラヴェル			●	●	
			Côtes-de-Montravel コート・ド・モンラヴェル	※1 白:半甘〜甘		●	
			Haut-Montravel オー・モンラヴェル	※1 白:半甘〜甘		●	
	ガロンヌ河流域	Buzet ビュゼ			●	●	●
		Côtes du Marmandais コート・デュ・マルマンデ			●	●	●
		Côtes de Duras コート・ド・デュラス			●	●	●
Haute-Garonne トゥルーズ北地区	ガロンヌ河支流 タルン河流域	Frontonnais フロントネー			●		●
Gaillac トゥルーズ北東地区	ガロンヌ河支流 タルン河流域	Gaillac ガイヤック			●	●	●
			Gaillac Premières Côtes ガイヤック・プルミエール・コート			●	
			Gaillac Doux ガイヤック・ドゥー			甘	
			Gaillac Mousseux ガイヤック・ムスー			●	
Cahors	ロット河流域	Cahors カオール			●		
Aveyron	ロット河／タルン河上流域	Marcillac マルシャック		コット主体	●		●
Pyrénées ピレネー山麓地区		Madiran マディラン			●		
		Pacherenc du Vic-Bilh パシュラン・デュ・ヴィク・ビル				●	
		Béarn ベアルン		タナ主体	●	●	●
		Jurançon ジュランソン		辛口〜半甘口		甘	
		Jurançon sec ジュランソン・セック				●	
		Irouléguy イルレギ		※2	●	●	●

※1 セミヨンおよびソーヴィニヨン・ブラン
※2 パスリヤージュによる甘口のみ／品種はプティ・マンサンおよびグロ・マンサン

アルザス

A.O.C.	赤	白	ロゼ	品種及び備考
Alsace (Vin d'Alsace) アルザス	●	●	●	※1 ※2
Alsace Grand Cru アルザス・グラン・クリュ		●		※3
Crémant d'Alsace クレマン・ダルザス		発	発	
Côtes de Toul コート・ド・トゥール	●	●	●	1998年制定／タイプとしてグリ（灰色）もある

※1 Riesling, Gewürztraminer, Tokay Pinot Gris (Pinot Gris), Muscat, Pinot Blanc (Klevner), Sylvaner, Chasselas (Gutedel), Pinot Noir
※2 シャスラを除く上記※1のブレンドの場合、ヴァン・ダルザス・エーデルツヴィッカー (Vin d'Alsace Edelzwicker) となる
※3 Riesling, Gewürztraminer, Tokay Pinot Gris (Pinot Gris), Muscat。一部の村ではブレンドが認められているほか、シルヴァーネールが認められている

プロヴァンス、コルス

地区	A.O.C.	赤	白	ロゼ	備考
プロヴァンス	カシス Cassis	●	●	●	白はClairette、Marsanne主体。マルセイユ近郊
	バンドル Bandol	●	●	●	赤はMourvèdre50％以上で樽熟成18ヵ月以上
	パレット Palette	●	●	●	白はClairette主体
	ベレ Bellet	●	●	●	白はRolle、赤はBraquetという特産品種を使用。ニース近郊
	コート・ド・プロヴァンス Côte de Provence	●	●	●	地方栽培面積の80％
	コート・ド・プロヴァンス・サント・ヴィクトワール Côtes de Provence Sainte Victoire	●		●	2005年認定
	コート・ド・プロヴァンス・フレジュ Côtes de Provence Fréjus	●		●	2005年認定
	コート・ド・プロヴァンス・ラ・ロンド Côtes de Provence La Londe	●		●	
	コトー・デクス・アン・プロヴァンス Coteaux d'Aix-en-Provence	●	●	●	
	レ・ボー・ド・プロヴァンス Les Baux de Provence	●		●	1995年認定
	コトー・ヴァロワ・アン・プロヴァンス Coteaux Varois en Provence	●	●	●	赤はGrenache、Syrah、Mourvèdre主体
	ピエールヴェール Pierrevert	●	●	●	赤とロゼはCarignan主体。白はClairette主体。1998年認定
コルス	パトリモニオ Patrimonio	●	●	●	白はVermentino100％、赤、ロゼはNielluccio90％以上
	アジャクシオ Ajaccio	●	●	●	白はVermentino80％、赤、ロゼはSciacarello40％以上
	ヴァン・ド・コルス Vin de Corse	●	●	●	白はVermentino75％以上。赤はNielluccio、Sciacarello他
	ヴァン・ド・コルス・サルテーヌ Vin de Corse-Sartène	●	●	●	Sciacarello、Grenache、Cinsautから造られる赤とロゼが多い
	ヴァン・ド・コルス・コトー・ド・キャップ・コルス Vin de Corse-Coteaux de Cap Corse	●	●	●	Vermentinoから造られる白ワインが多い
	ヴァン・ド・コルス・フィガリ Vin de Corse-Figari	●	●	●	
	ヴァン・ド・コルス・ポルト・ヴェッキオ Vin de Corse-Porto-Vecchio	●	●	●	
	ヴァン・ド・コルス・カルヴィ Vin de Corse-Calvi	●	●	●	Sciacarello、Grenache主体
	ミュスカ・デュ・キャップ・コルス Muscat du Cap Corse		●		VDN。コルス地方の北端に位置

ジュラ、サヴォワ

スティルほか

地区	クリュ	品種および備考	赤	白	ロゼ	Jaune	Paille
Côtes du Jura コート・デュ・ジュラ		グリも可	●	●	●	●	●
	L'Etoile レトワール			●		●	●
	Château-Chalon シャトー・シャロン	サヴァニャンのみ				●	
Arbois アルボワ			●	●	●	●	●
	Arbois Pupillin アルボワ・ピュピラン		●				
Macvin du Jura マックヴァン・デュ・ジュラ		VDL	●	●	●		
Vin de Savoie ヴァン・サヴォワ			●	●	●		
	Vin de Savoie + Cru ヴァン・ド・サヴォワ+クリュ						
	Seyssel セイセル	アルテッスのみ ローヌ河岸		●			
	Roussette de Savoie (Vin de Savoie Roussette) ルーセット・ド・サヴォワ(ヴァン・ド・サヴォワ・ルーセット)			●			
	Roussette de Savoie + Cru ルーセット・ド・サヴォワ+クリュ			●			

発泡酒

地区	クリュ	品種および備考	赤	白	ロゼ	Jaune	Paille
Côtes du Jura Mousseux コート・デュ・ジュラ・ムスー				●	●		
Crémant du Jura クレマン・デュ・ジュラ		1995年認定		●	●		
	Arbois Mousseux アルボワ・ムスー		●	●			
	L'Etoile Mousseux レトワール・ムスー			●			
Vin de Savoie-Mousseux (Mousseux de Savoie) ヴァン・ド・サヴォワ・ムス―(ムス―・ド・サヴォワ)				●			
Vin de Savoie-Pétillant (Pétillant de Savoie) ヴァン・ド・サヴォワ・ペティヤン(ペティヤン・ド・サヴォワ)				●			
	Seyssel Mousseux セイセル・ムスー			●			

産地区分

地方名(生産量順)	比率 白	赤	特徴	主要品種		
1 ラインヘッセン Rheinhessen	59.0	31.4	最大面積	Müller-Thurgau	Dornfelder	Silvaner
2 ファルツ Pfalz	49.2	37.5		Riesling	Dornfelder	Müller-Thurgau
3 モーゼル Mosel	90.5	6.5	リースリングが56.8%	Riesling	Müller-Thurgau	Elbling
4 バーデン Baden	55.4	32.4	最南端	Spätburgunder	Müller-Thurgau	Graburgunder
5 ヴュルテムベルク Württemberg	22.1	66.3	最大の赤ワイン産地	Trollinger	Riesling	Schwarzriesling
6 フランケン Franken	70.0	14.5	旧西独では最東端	Müller-Thurgau	Silvaner	Bacchus
7 ナーエ Nahe	70.5	25.1		Riesling	Müller-Thurgau	Dornfelder
8 ラインガウ Rheingau	86.6	9.1	リースリングが78.2%	Riesling	Spätburgunder	Müller-Thurgau
9 アール Ahr	13.2	71.1		Spätburgunder	Portugiser	Riesling
10 ザーレ・ウンストルート Saale-Unstrut	73.2	24.4		Müller-Thurgau	Weißburgunder	Silvaner
11 ヘシッシェ・ベルクシュトラーセ Hessische Bergstraße	74.1	18.5	最少面積	Riesling	Müller-Thurgau	Graburgunder
12 ミッテルライン Mittelrhein	83.9	9.7		Riesling	Spätburgunder	Müller-Thurgau
13 ザクセン Sachsen	84.2	10.5	生産量最少	Müller-Thurgau	Riesling	Weißburgunder

代表的な銘醸畑

地域	地区	
Rheinhessen	Bingen	ビンゲン
	Nierstein	ニーアシュタイン
	Wonnegau	ヴォンネガウ
Pfalz	Mittelhaardt	ミッテルハールト
	Deutsche Weinstrasse	ドイッツェ・ヴァインシュトラーセ
	Suedliche Weinstrasse	ズュードリッヒ・ヴァインシュトラーセ
Baden	Markgräflerland	マークグレーフラーラント
	Kaiserstuhl	カイザーシュトゥール
	Breisgau	ブライスガウ
	Ortenau	オルテナウ
	Kraichgau	クライヒガウ
Württemberg	Remstal-Stuttgart	レムスタール・シュトゥットガルト
	Württembergisch-Unterland	ヴュルテムベルギッシュ・ウンターランド
Mosel-Saar-Ruwer	Bernkastel	ベルンカステル

土壌	風味
黄土層に石灰岩と砂岩が混成した微粒砂土	ソフトでデリケートな、やわらかでまろやかなコクをもつ果実風味の豊かなワイン
粘土質の微粒砂土と風化された石灰岩	粘土と泥灰土からは心地よい芳香と風味のあるワイン、黄土混合土壌からは軽く新鮮なワイン
様々な土壌があるが、ベルンカステル地区はシーファーと呼ばれる粘板岩の急斜面	フルーティで豊かな芳香をもったワイン
黄土層、粘土質の微粒砂土、火山岩、貝殻石灰岩	非常にコクのある白、赤は丸みのあるやわらかなものから、時として気性の激しいものまで
貝殻を含んだ石灰岩、黄土層、泥灰岩	飲みごたえのある力強い、独特の土からの風味
黄土層、貝殻石灰岩、雑色砂岩	辛口で引き締まった味、コクがあり、力強い土の味
多種多様	モーゼルの花の香とラインガウの上品さをあわせもつ
沖積世の土壌に黄土層、粘板岩の微粒砂土と風化した粘板岩	エレガントでフルーティ、洗練された芳香と独特の力強い味を備えた気品
火山岩の混ざりあった粘板岩	
貝殻を含んだ石灰岩と砂岩	果実風味の豊かな辛口
黄土層	芳香性のよい、爽やかな果実味のある力強いワイン
粘板岩質の土壌の急斜面	フレッシュで生き生きとした酸をもち、香り高いワイン
砂岩、斑岩、粘土質の微粒砂土、その他多種混成土壌	はっきりとしたフルーティな酸をもつ辛口

村名（読み）		畑（読み／和訳）		
Ingelheim	インゲルハイム	Horn	ホルン	角笛
Nierstein	ニーアシュタイン	Pettenthal	ペッテンタール	ペッテン谷
		Paterberg	パーターベルク	神父の山
Oppenheim	オッペンハイム	Herrenberg	ヘレンベルク	男達の山
		Sackträger	ザックトレーガー	袋かつぎ
Nackenheim	ナッケンハイム	Rothenberg	ローテンベルク	赤い山
Flörsheim Dalsheim	フルールスハイム・ダイスハイム	Hubacker	フーバッカー	高い山
Forst	フォルスト	Ungeheuer	ウンゲホイヤー	怪物
		Jesuitengarten	イェズーテンガルデン	イエズス会修道士の庭
Deidesheim	ダイデスハイム	Hohenmorgen	ホーエンモルゲン	昼
Siebeldingen	ジーベルディンゲン	Im Sonnenschein	イム・ゾンネンシャイン	日だまりの中で
Britzingen	ブリツィンゲン	Sonnhole	ゾンホーレ	太陽の穴
Ihringen	イーリンゲン	Winklerberg	ヴィンクラーベルク	角の山
Malterdingen	マルターディンゲン	Bienenberg	ビーネンベルク	みつばち山
Durbach	ドゥルバッハ	Plauelrain	プラウエライン	プラウエ人の畦
Neuweier	ノイヴァイヤー	Mauerberg	マアアーベルク	塀の囲いの山
Michelfeld	ミヒェルフェルド	Himmelberg	ヒンメルベルク	天国山
Untertürkheim	ウンターチュルクハイム	Herzogenberg	ヘルツォーゲンベルク	殿様の山
Beilstein	バイルシュタイン	Wartberg	ヴァルトベルク	見張りの山
Maulbronn	マウルブロン	Eilfingerberg	アイフィンガーベルク	11本指の山
Erden	エルデン	Treppchen	トレップヒェン	小さな階段
		Prälat	プレラート	大司教
Urzig	ウルツィヒ	Würzgarten	ヴュルツガルデン	薬味の庭
Zeltingen	ツェルティンゲン	Himmelreich	ヒンメルライヒ	天国
		Sonnenuhr	ゾンネンウアー	日時計
Wehlen	ヴェーレン	Sonnenuhr	ゾンネンウアー	日時計

ドイツ — 代表的な銘醸畑

地域	地区（読み）	
(Mosel-Saar-Ruwer)	(Bernkastel)	
	Ruwertal	ルーヴァータール
	Saar	ザール
Franken	**Mainviereck**	マインフィアエック
	Maindreieck	マインドライエック
	Steigerwald	シュタイガーヴァルト
Nahe	**Nahetal**	ナーエタール
Rheingau	**Johannisberg**	ヨハニスベルク
Saale-Unstrut	**Schloss Neuenburg**	シュロス・ノイエンブルク
Ahr	**Walporzheim/Ahrtal**	ヴァルポルツハイム／アールタール
Mittelrhein	**Loreley**	ローレライ
Sachsen	**Meissen**	マイセン
Hessische Bergstraße	**Starkenburg**	シュタルケンブルク

村名（読み）		畑（読み／和訳）		
Graach	グラーハ	Dompropst	ドームプロープスト	大聖堂司祭長
		Himmelreich	ヒンメルライヒ	天国
Bernkastel	ベルンカステル	Doktor	ドクトール	医者
		Lay	ライ	岩
Braunberg	ブラウネベルク	Juffer-Sonnenuhr	ユッファー・ゾンネンウーア	乙女の日時計
Piesport	ピースポート	Goldtröpfchen	ゴルトトレプヒェン	黄金のしずく
Trittenheim	トリッテンハイム	Apotheke	アポテーケ	薬局
Klüsserath	クリュッセラート	Bruderschaft	ブルーダーシャフト	兄弟分
Trier	トリアー	St.Maximiner Kreuzberg	サンクト・マキシミナー・クロイツベルク	聖マキシムの十字架山
Maximin Grünhaus	マキシミーン・グリューンハウス	Abtsberg	アプツベルク	修道院長の山
Kasel	カーゼル	Nies'chen	ニースヒェン	くしゃみ
Eitelsbach	アイテルスバッハ	Karthäusserhofberg	カルトホイザーホーフベルク	カルトハウス中庭
Wiltingen	ヴィルティンゲン	Scharzhofberg	シャルツホーフベルク	シャルツホーフの山 ●
		Braune Kupp	ブラウネ・クップ	褐色の円頂
Ockfen	オックフェン	Bockstein	ボックシュタイン	雄羊の石
Ayl	アイル	Kupp	クップ	円頂
Serrig	ゼリッヒ	Schloss Saarfelser Schlossberg	シュロス・ザールフェルザー・シュロスベルク	シュロスベルク・ザール岩城の城山
Bürgstadt	ビュルクシュタット	Centgrafenberg	ツェントグラーフェンベルク	伯爵の山
Thüngersheim	テュンガースハイム	Scharlachberg	シャルラッハベルク	深紅の山
		Johannisberg	ヨハニスベルク	聖ヨハネ山
Würzburg	ヴェルツブルク	Stein	シュタイン	石
		Stein-Harfe	シュタイン・ハルフェ	琴と石
Randersacker	ランダースアッカー	Sonnenstuhl	ゾンネンステュール	太陽の腰掛け
		Pfaffenberg	ファッフェンベルク	大僧正の山
Escherndorf	エッシュンドルフ	Lump	ルンプ	がらくた
Castell	カステル	Kirchberg	キルヒベルク	教会の山
		Kugelspiel	クーゲルシュピール	玉遊び
		Herrenberg	ヘレンベルク	男たちの山
Iphofen	イプホーフェン	Kalb	カルプ	仔牛
		Julius-Echter-Berg	ユリウス・エヒター・ベルク	ジュリアスの本当の道
Münster-Sarmsheim	ミュンスター・ザルムスハイム	Dautenpflänzer	ダウテンプフレンツァー	ダウテン栽培者
Langenlonsheim	ランゲンロンスハイム	Königsschild	ケーニヒスシルト	王の盾
Bad Kreuznach	バート・クロイツナッハ	Narrenkappe	ナレンカッペ	道化師の帽子
Rüdesheim	リューデスハイム	Berg Rottland	ベルク・ロットラント	山・乱人の地
		Berg Schloßberg	ベルク・シュロスベルク	山・城山
Assmannshausen	アスマンズハウゼン	Höllenberg	ヘレンベルク	地獄山
Johannisberg	ヨハニスベルク	Schloss Johannisberg	シュロス・ヨハニスベルク	ヨハネスベルク城 ●
Winkel	ヴィンケル	Schloss Vollads	シュロス・フォルラーツ	フォルラーツ城 ●
		Hasensprung	ハーゼンシュプルンク	うさぎとび
Oestrich	エストリッヒ	Schloss Reichartshausen	シュロス・ライヒャルツハウゼン	ライヒャルツハウゼン城 ●
Hattenheim	ハッテンハイム	Steinberg	シュタインベルク	石の山 ●
		Wisselbrunnen	ヴィッセルブルンネン	知の泉
		Nussbrunnen	ヌスブルンネン	くるみの泉
Erbach	エルバッハ	Marcobrunn	マルコブルン	マルコの泉
		Schlossberg	シュロスベルク	城山
Rauenthal	ラウエンタール	Baiken	バイケン	曲がった畑
Hallgarten	ハルガルテン	Jungfer	ユングファー	処女
Kiedrich	キードリッヒ	Gräfenberg	グレーフェンベルク	伯爵の山
		Wasserrose	ヴァッサーローズ	水溝
Hochheim	ホッホハイム	Kirchenstück	キルヒェンシュトゥック	協会の所有物
		Königin Victoriaberg	ケーニギン・ヴィクトリアベルク	ヴィクトリア女王山
		Domdechaney	ドームデヒャナイ	大聖堂僧職
		Hölle	ヘレ	地獄
Karsdorf	カールスドルフ	Hohe Gräte	ホーエ・グレーテ	山の頂
Marienthal	マリエンタール	Klostergarten	クロスターガルテン	修道院の庭
Bacharach	バッハラッハ	Hahn	ハーン	鶏
Proschwitz	プロシュヴィッツ	Schloss Proschwitz	シュロス・プロシュヴィッツ	プロシュヴィッツ城
Heppenheim	ヘッペンハイム	Centgericht	ツェントゲリヒト	中央裁判所

※●=オルツタイルラーゲ

Germany Vineyard

217

メドック

代表的生産者・著名人一覧 ボルドー代表的生産者1

ラフィット・ロートシルト 第1級
Ch.Lafite-Rothschild

パリ・ロートシルト家が所有するワイナリーで、第1級のなかでも筆頭格。優雅で気品あふれるスタイルは「思慮深い王子」のようだったが、90年代以降は力強さを志向するようになった。ポムロールのレヴァンジルやソーテルヌのリューセックも傘下に置くほか、近年はチリやポルトガル、ラングドックなどにも進出。

ラトゥール 第1級
Ch.Latour

5大シャトーのなかで最も濃密で力強く、「男性的」と讃えられるワイナリー。メドックの典型ともいえる河岸の砂利小丘にあり、ほかに比べてぶどうの成熟が増すためといわれる。設備容量が不足して不振を招いた時期があったものの、設備拡充を行って安定化した。現在は流通業者のプランタン・グループのピノー家が所有。

マルゴー 第1級
Ch.Margaux

やわらかで豊潤なスタイルから「女王」の異名を取るワイナリー。70年代に名声に陰りが出たものの、ギリシャの流通部門メンツェロプロス家が買収して、多大な投資を行ったことで復活。その1978年ヴィンテージは「奇跡の復活」と讃えられ、それ以降はボルドーの頂点に君臨する。5大シャトーのなかでも最も人気が高い銘柄。

ムートン・ロートシルト 第1級（1973年昇格）
Ch.Mouton-Rothschild

ロンドン・ロスチャイルド（ロートシルト）家が所有するワイナリーで、ラベルの絵画を毎年違う有名作家が手がけることで知られる。強めの新樽風味をまとった濃密でやわらかなスタイルで人気を博す。海外進出にも積極的で、カリフォルニアのオーパス・ワンは新旧世界の合弁事業の記念碑ともいえる。ほかにもチリやラングドックにも進出。

コス・デストゥルネル 第2級
Ch.Cos-d'Estournel

スーパー・セカンドに讃えられるサン・テステーフ村を代表するワイナリー。メルロ比率が高めで、芳醇でしなやかなスタイルが人気を博す。初代所有者が東洋貿易で蓄財したことから、それに因んだ東洋風の城館で有名。20世紀はじめからプラッツ家が所有し、名声を高めたものの、遺産相続のために売却。2000年、プラッツ家の子孫が社長に就任。

デュクリュ・ボーカイユ 第2級
Ch.Ducru-Beaucaillou

サン・ジュリアンの典型ともいえる、しなやかで優美なスタイルを持つスーパー・セカンド。「美しい小石」という名前は、その土壌を言い表したもので、ヴィクトリア様式の壮麗な城館が建つ。ボリー家が所有しており、ポイヤックで人気上昇中のグラン・ピュイ・ラコストとは同系列。

レオヴィル・ラス・カーズ 第2級
Ch.Léoville-Las-Cases

スーパー・セカンドのなかでも第1級並みの実力と讃えられるワイナリー。ラス・カーズ侯爵家の地所の半分を継承したワイナリーで、分割されたポワフェレとバルトンは弟的存在。ラトゥールの南側に位置する畑で、力強く濃密で現代的なスタイルは「サン・ジュリアンの王」と呼ばれる。

モンローズ 第2級
Ch.Montrose

19世紀にカロン・セギュールの地所を分割して設立したワイナリーで、メドックでは比較的新しい設立。サン・テステーフらしいからめて芯のある古典的なスタイルは、控えめながらも定評がある。後継者問題から近頃、売却されることが決まった。売却額は1億4千万ユーロ（約200億円）。

ピション・ロングヴィル・コンテス・ド・ラランド 第2級
Ch.Pichon Longueville Comtesse de Lalande

スーパー・セカンドの1つで、芳醇でしなやかなスタイルは人気が高い。カベルネ・ソーヴィニヨンに近い割合でメルロを混ぜることで、「ポイヤックの女王」に喩えられる女性的な風味を表現する。1978年に相続したメイ・エレーヌ・ドゥ・ランクザン夫人が最新醸造設備を導入するなどして品質向上を図り、名声を獲得した。2006年シャンパーニュ名門のルイ・ロデレールにより買収される。

ピション・ロングヴィル 第2級
Ch. Pichon Longueville

「特級街道」を挟んで向かいあう壮麗な城館で有名なピション・ロングヴィルの一方。ジョセフ・ド・ロングヴィル男爵の死去により1850年ピション・ロングヴィル・コンテス・ド・ラランドが分割された。両者を間違えないためにピション・ロングヴィル・バロンと通称が用いられる。一時期は不振に陥ったものの、1987年に保険会社AXAが買収して改修を行い、品質向上が図られた。

カロン・セギュール 第3級
Ch.Calon-Ségur

いくつもの銘醸を所有したセギュール侯爵が「我、ラフィットを造るも、心はカロンにあり」と語ったことに由来する、ハート・マークのラベルが有名。サン・テステーフの流れに従って、メルロ比率を高めて、しっとりやわらかなスタイルを持つ。

ラグランジュ 第3級
Ch.Lagrange

一時期、評価が低迷していたものの、1983年に日本のサントリー社が買収。以来、畑の排水工事や設備の更新を行い、急激な品質向上を果たした。買収当初は日本企業であることに対する反発もあったものの、今では第3級を超える実力として尊敬される。ワインはサン・ジュリアンらしい、しなやかなスタイル。

パルメ 第3級
Ch.Palmer

芳醇で優美なスタイルで、第3級ながらもスーパー・セカンドと評価される。また、壮麗な城館はメドックのなかでもひときわ目立つ存在。名前はワーテルローの戦いでナポレオンを破った、ウェリントン公爵のもとで戦ったパルメ将軍に由来。現在は英仏蘭資本の共同所有。

ランシュ・バージュ 第5級
Ch.Lynch-Bages

元ポイヤック村長の父を持つジャン・ミシェル・カーズの所有するワイナリー。濃密で力強い現代的スタイルで、格付けを超えて第2級並みの評価を獲得。保険会社AXAの資金協力を得て、ピション・バロンとカントナック・ブラウンも買収するなど、氏の敏腕ビジネスマンぶりでも有名。

ソシアンド・マレ ブルジョワ級
Ch.Sociando-Mallet

ブルジョワ級ながらも、力強く濃密な現代的スタイルを持ち、近年は格付け中堅以上の高い評価を受けるワイナリー。サン・テステーフ村の北にあって、アペラシオンはオー・メドックだが、ジロンド河を望む絶好の立地条件。ネゴシアンのゴートロー家が所有。

グラーヴ

オー・ブリオン 第1級(メドック)／グラーヴ特級(赤)
Ch.Haut-Brion

17世紀、深みと調和を持つボルドーのスタイルを確立し、その卓越性を世に知らしめたワイナリー。その功績からメドック以外で唯一、メドック格付けに列せられた。地方随一とされる最高級辛口白をわずかに生産するものの、その稀少性のあまりに格付けを辞退。隣接するラ・ミッション・オー・ブリオンなどとともにルクセンブルグ王子の所有。

ドメーヌ・ド・シュヴァリエ グラーヴ特級(白・赤)
Domaine de Chevalier

白赤ともに生産するが、とくに白は地方随一の評価を得ている。いち早くソーヴィニヨン・ブランを新樽発酵させる方法を導入し、白ワイン革命を牽引する1つとなった。そのワインは力強く厚みがあり、鋼のようなかたさが特徴だったものの、近年はややわらかくなった。辛口白ではボルドーにおいてオー・ブリオン、マルゴーと並ぶ評価。

ド・フューザル グラーヴ特級(赤)
Ch. de Fieuzal

グラーヴらしい優美でしなやかな赤が格付けされているが、厚みのある白の方が有名。ドゥニ・デュブルデューの指導により、1980年代にソーヴィニヨン・ブラン主体で、新樽発酵を行う方法をボルドーで初めて導入し、その後の白ワイン革命の先導役となった。

ラ・ミッション・オー・ブリオン グラーヴ特級(白・赤)
Ch.Laville-Haut-Brion

オー・ブリオンに隣接する同経営のワイナリーで、グラーヴではオー・ブリオンと比肩される赤ワインを手掛けていた。同じく同経営のラヴィル・オー・ブリオンを統合し、2009年から白ワインも手掛ける。赤ワインはカベルネ・ソーヴィニヨンの優美なスタイルを持ち、白ワインはセミヨン比率を高くして厚みのあるスタイルにしている。

パープ・クレマン グラーヴ特級(赤)
Pape Clément

しなやかで優美な赤が格付けされており、厚みのある白も評判が良い。その起源は14世紀初頭にボルドー大司教が城館を建てたことに始まり、その人物は後に教皇クレマンス5世として、教皇庁をアヴィニョンに移したことで有名。

ソーテルヌ、バルサック

イケム 特別第1級
Ch.d'Yquem

ソーテルヌの筆頭にして、究極の貴腐ワイン。濃密で、贅沢なまでの甘美なスタイル。地区を見渡す最も標高が高い丘の上に、中世の壮大な城館が建っており、その周辺に広大な地所を持つ。リュル・サリュース侯爵家が長年所有していたものの、1997年に株式をLVMHグループが買収し、その傘下になる。

クリマン 第1級
Ch.Climens

バルサック村の筆頭とされるワイナリーで、軽やかで洗練されたスタイルを持つ。12hl/haという厳しい収量制限を行う贅沢な造りはイケムに次ぐとの評価。メドック地区の名門リュルトン家が所有。

シュディロー 第1級
Ch.Suduiraut

イケムに次ぐと評価されるワイナリーで、肉厚で力強いスタイルを誇る。城館はプレニャック村では最大規模を誇り、かつてはルイ14世が泊まったこともある由緒の正しいもの。1992年、保険会社AXAの所有となり、現在は幹部社員の研修所としても利用される。

サン・テミリオン

オーゾンヌ 第1特級A
Ch.Ausone

サン・テミリオンのコート地区にあり、アペラシオンの筆頭とされるワイナリー。名前はローマ詩人アンソニウスに因む。1997年以降、ヴォーティエ家の単独所有となってから経営方針が明確となり、品質向上が著しくなった。名門でありながらも技術革新にも積極的で、力強くしなやかで豊潤なスタイルを持つ。

シュヴァル・ブラン 第1特級A
Ch.Cheval Blanc

サン・テミリオンではオーゾンヌと比肩するワイナリー。ポムロールとの境界にある砂利質土壌地区(グラーヴと呼ばれる)にあるため、カベルネ・フラン主体で芳醇でしなやかなスタイルを持つ。LVMHグループのアルノー家が所有し、ピエール・リュルトンがイケムとともに管理を行う。

代表的生産者・著名人一覧 ボルドー代表的生産者2

アンジェリュス　第1特級B
Ch.Angélus

近年、評価が急上昇したことで、1996年に第1特級Bへの昇格を果たした。ミシェル・ロランがコンサルタントを行い、肉感的なスタイルを持つ。モダン・サン・テミリオンの旗手。1924年以来、現共同所有者のド・ブアール・ド・ラフォレス家が所有。

ボー・セジュール・ベコ　第1特級B
Ch.Beau-Séjour Bécot

1969年、ボー・セジュールの一部をベコ家が購入したことで設立されたワイナリー。当時は荒廃していたため、畑の回復と拡張に臨んだものの、その積極性が裏目に出て1985年の格付け改定で降格。その後、さらなる努力によって品質向上を遂げ、1996年に再度、第1特級Bへ昇格を果たす。

フィジャック　第1特級B
Ch.Figeac

シュヴァル・ブランを猛追する砂利質土壌地区（グラーヴと呼ばれる）の雄。3世紀にさかのぼる歴史を持ち、元はシュヴァル・ブランも地所の一部だった。両者とも土壌はほぼ同じであるが、こちらはカベルネ・ソーヴィニヨンとカベルネ・フラン、メルロをほぼ同比率で仕上げるため、質実で落ち着いた雰囲気。

パヴィ　第1特級B
Ch. Pavie

第1特級のなかで最大面積を持つワイナリー。流通業で成功したジェラール・ペルスが買収して以降、品質改善が図られ、一躍サン・テミリオンの話題になる。濃密で甘めの現代的スタイルを誇るものの、2003年産に関して米英の評論家で評価が分かれたことから、激しい論争に発展したことでも話題になる。

トロロン・モンド　第1特級B
Ch.Troplong-Mondot

所有者一族のクリスティーナ・ヴァレット女史の努力により、近年評価が著しく向上したワイナリーで、現在は格付け上位と互角とされる実力。ミシェル・ロランがコンサルティングを行い、濃密でやわらかなスタイルが人気を博す。2006年の改定で、プルミエ・グラン・クリュ・クラッセBに昇格した。

ラ・モンドット　格付け:なし
La Mondotte

わずか4haの新興ガレージ・ワインで、1998年のプリムールではサン・テミリオン最高値を記録したことで話題になる。所有者のネイペルグ男爵は同じく所有するカノン・ラ・ガフリエールの格付けへの昇格申請を却下されたことに反発し、ガレージ・ワインを手掛けることを決意。極めて現代的で、やわらかで豊満なスタイル。

テルトル・ロートブッフ　格付け:なし
Ch. Tertre-Rôtebœuf

サン・テミリオンにおける元祖ガレージ・ワイン。低収量で遅摘みされた原料を新樽100%で仕上げ、圧倒的な濃密さと深みを持つスタイルを誇る。所有者フランソワ・ミジャヴィルの品質に対する態度は、同業者から「常軌を逸している」と揶揄されたりもしたが、ロバート・パーカーの絶賛により話題になり、価格も格付けワインよりも高値となった。

ヴァランドロー　格付け:なし
Ch.Valandraud

ル・パンに続くシンデレラ・ワインで、1992年が初ヴィンテージながらも評論家の激賞により注目を集める。ガレージ・ワインの旗手ジャン・リュック・テュヌヴァンの旗艦銘柄だが、畑は国道沿いなど平凡とされるところ。小規模ながらも最新技術を用いて、濃密で豊潤な現代的スタイルを誇る。

ポムロール

ラフルール
Ch.Lafleur

トロタノワと並び、ペトリュスに次ぐ評価を持つポムロールの傑作で、ときには凌駕する実力といわれる。カベルネ・フラン主体の芳醇でしなやかなスタイルは、他に比べるものがないほど個性的。年産は2000ケースという稀少性の高さ。

ル・パン
Le Pin

地方最高値を誇ったこともあるシンデレラ・ワイン。1979年から無名の小区画を手に入れ始め、80年代に彗星の如く登場。当初は極めて現代的な濃密でやわらかなスタイルを特徴としたが、徐々に優雅さを志向するようになった。近年はかつてほど騒がれることもなくなったが、今ではポムロールではペトリュスと比肩される存在となった。ヴュー・シャトー・セルタンのティエンポン家が所有。

ペトリュス
Ch.Petrus

20世紀中葉までは無名に近かったものの、当時の所有者マダム・ルバの献身によりボルドーの頂上に上り詰める。その成功までの道程は元祖シンデレラ・ワインと称され、現在は地方最高値で取り引きされる。ポムロールの真髄ともいえる、しなやかで張りのあるスタイルを持つ。1964年からネゴシアンのJ.P.ムエックス社が共同経営となり（2000年から単独所有）、長年にわたり同社の旗艦銘柄であった。2009年同社社長クリスチャン・ムエックスの兄オリヴィエが相続して独立。

トロタノワ
Ch.Trotanoy

ペトリュスを手にするまではJ.P.ムエックス社の旗艦銘柄で、ポムロールの傑作。兄弟に喩えられる両者だが、ペトリュスの端整さに対して、濃密さが際立つスタイルを持つ。粘土と砂利の土壌は、雨後に堅く締まるので、「とても面倒な（trop anoi）」「とても憂鬱な（trop ennuye）」が名前の由来となった。

その他

ドゥルト
Dourthe
創業1840年の名門ネゴシアンで、ベルグラーヴなど6シャトーを所有するほか、70生産者と専売契約を結ぶ。1966年クレスマン社との統合によりC.V.B.G.グループ会社を結成し、売上規模は国内最大級を誇る。1988年には辛口白ワイン「ヌメロ・アン」を発表し、白ワイン革命を大きく牽引した。

ファルファ
Ch. Falfas
ボルドーではめずらしいビオディナミに取り組むワイナリー。先代当主フランソワ・ブーシェ（2005年逝去）はその第一人者として知られ、ニコラ・ジョリィやラルー・ビズ・ルロワなどの指導も行ったことで知られる。

ボネ　　　　　　　　　　　アントル・ドゥ・メール地区
Ch. Bonnet
白赤を産出する大ワイナリーで、マルゴー村の名門リュルトン家が所有。20世紀中葉、当時ボルドー大学の教授だったエミール・ペイノーの指導を受け、白ワインにおける低温発酵やスキン・コンタクトをいち早く導入。ボルドーにおける白ワインの可能性を示し、フレッシュ＆フルーティ・ブームを先導した。

ル・ピュイ　　　　　　　　アントル・ドゥ・メール地区
Le Puy
ボルドーではめずらしくビオディナミに取り組むワイナリーで、1610年創業から化学肥料や合成殺虫剤を撒布せず、有機栽培を続けてきたことを誇りとする。漫画のドラマ版でクライマックスに題材として紹介されたことから、香港で投機的価格がついて話題になる。

レイノン　　　　　　　　　プルミエ・コート・ド・ボルドー
Ch. Reynon
白ワインの魔術師といわれるボルドー大学のドゥニ・デュブルデュー教授が所有するワイナリー。白赤を産出するが、とくに白の評判が高い。教授はほかにもソーテルヌのドワジ・デーヌやグラーヴのクロ・フロリデーヌを所有。

レイニャック　　　　　　　ボルドー・シュペリュール
Ch. Reignac
実業家イヴ・ヴァテロが所有するワイナリーで、ミシェル・ロランの指導のもとに、まるで実験場のように最新の設備や技術の導入に意欲的。2002年産ではボルドー初ともいわれる、赤の小樽発酵を手掛ける。白赤ともにいくつもの銘柄を持つが、その上級品は力強く厚みがあり、評論誌では銘醸並みの評価。

有名生産者が手がける辛口白

銘柄	生産者
パヴィヨン・ブラン・ド・シャトー・マルゴー Pavillon Blanc de Ch.Margaux	マルゴー Ch.Margaux
エール・ダルジャン Aile d'Argent	ムートン・ロートシルト Ch.Mouton-Rothschild
シャトー・タルボ カイユー・ブラン Ch.Talbot Caillou Blanc	タルボ Ch.Talbot
レ・ザルム・ド・ラグランジュ Les Arums de Lagrange	ラグランジュ Ch.Lagrange
ブラン・ド・ランシュ・バージュ Blanc de Lynch-Bages	ランシュ・バージュ Ch.Lynch-Bages
イグレック Y	イケム Ch.d'Yquem
ブリュット・ド・ラフォリ Brut de Lafaurie	ラフォリ・ペラゲ Ch.Lafaurie-Peyraguey
エール・ド・リューセック R de Rieussec	リューセック Ch.Rieussec
シャトー・ドワジ・デーヌ サン・マルタン または シャトー・ドワジ・デーヌ セック Ch.Doisy Daëne St-Martin / Sec	ドワジ・デーヌ Ch.Doisy Daëne

全域で活躍するネゴシアン

代表的生産者・著名人一覧 ブルゴーニュ代表的生産者1

Data 15

アルベール・ビショ　ボーヌ
Albert Bichot
輸出量では地方最大のネゴシアンで、ロン・デパキやクロ・フランタンという名門ドメーヌを傘下に置く。ロン・デパキはシャブリに多くの特級・1級を所有し、なかでも特級区画ムートンヌ（法的にはヴォーデジルの1区画とされる）を単独所有。また、クロ・フランタンはリシュブールやコルトン・シャルルマーニュなどコート・ドールの特級畑を数多く所有。

ブシャール・ペール・エ・フィス　ボーヌ
Bouchard Père et Fils
18世紀創業の名門で、130haにおよぶ地所を所有し、特級・1級比率が高い。一時期、低迷していたものの、1995年にジョセフ・アンリオが買収して以降、品質向上。ボーヌ地区を得意としており、特級モンラッシェやコルトンなどを所有。1級ながらも単独所有のボーヌ・グレイヴ「ランファン・ジェス（幼きイエス）」が旗艦銘柄。

ドミニク・ローラン　ニュイ・サン・ジョルジュ
Dominique Laurent
ベルギーから移り住み、1989年に設立した新進ネゴシアン。洋菓子職人からという異色の転身だった。濃縮さを際立たせるために新樽比率を高め、一時は「200％」といった方法が話題になり、価格が高騰。時流が自然派に移ったこともあって、近年は程よく抑制を効かせたスタイルに移りつつある。

ジョセフ・フェヴレイ　ニュイ・サン・ジョルジュ
Joseph Faiveley
コート・ドールやコート・シャロネーズにいくつもの自社畑を所有する名門ネゴシアン。自社畑は100ha以上あり、生産比率の70％といわれる。古典派ながらも力強いスタイルで、評価も人気も高い。とくにシャロネーズのメルキュレでは栽培面積の10分の1を占め、その発展の立役者となった。

ルロワ　オーセイ・デュレス
Leroy
ブルゴーニュで最高評価のネゴシアンで、優良ドメーヌ並みの高値で取り引きされる。また、名門シャルル・ノエラを買収して設立したドメーヌ部門、当主ビーズ・ルロワ女史の個人所有ドメーヌ・ドーヴネは地方最高値の元詰め品として尊敬的の。女史はこの地方でのビオディナミの先駆者でもある。1992年まではロマネ・コンティ社の共同経営者。

ルイ・ジャド　ボーヌ
Louis Jadot
19世紀創業の名門ネゴシアンで、中世のジャコバン修道会に辿ることができる旧家。自社畑は特級・1級のみを20ha所有。古典的で、力強く堅めの仕上がりをしており、その卓越性は尊敬の的となっている。合理性に富む超近代的な醸造所も話題に。近年、ムーラン・ナ・ヴァン（ボージョレ）の最高峰シャトー・デ・ジャックを傘下に置く。

ルイ・ラトゥール　アロクス・コルトン
Louis Latour
現在は上級白では屈指とされるネゴシアンだが、元はコルトンで定評のあったドメーヌ。白のコルトン・シャルルマーニュおよび赤のコルトンに広大な地所を持つ。前者はネゴシアンものとして販売するが、アペラシオン最高と評価される。一方、コルトンのいくつかの地所産を混ぜたコルトン・グランセも出色の出来映え。

シャブリ

クリスチャン・モロー
Christian Moreau
シャブリに本拠を置く新興生産者（設立2001年）。名門ネゴシアンであるJ.モロー社（設立1814年）がその起源で、同社が1997年に大手酒類グループのボワセに買収された後、経営方針の対立から所有していた区画をもとに2001年に独立した。旗艦銘柄クロ・デ・ゾスピスは1804年から同家が所有する象徴的な畑。

ラ・シャブリジェンヌ
La Chablisienne
1923年に設立された、組合員300名の協同組合で、地区生産量の約3割を生産する地区最大の生産者。一般に協同組合は並級品を手がけるものだが、当組合はそれを遥かに超える実力を持ち、プティ・シャブリから特級までの優良品を安定的に供給することで知られる。

フランソワ・ラヴノー
François Raveneau
新樽によって深みを出す方法には反対の立場で、樽熟成を行うも旧樽がほとんどという古典派。小規模ながらも地所は特級と1級のみで、地区最高値で取り引きされる。肉厚でかたいスタイルのため若いうちは気難しいものの、長期熟成を経てからの魅力は他のおよぶところではないといわれる。

ウィリアム・フェーヴル
William Fèvre
シャブリ特級畑の最大所有者（100hのうち15.8ha）で、その品揃えはブランシュを除くすべてを誇る。新樽熟成を推進する筆頭格で、肉厚で芳醇なスタイルで好評を博す。キンメリッジ土壌こそがシャブリの個性と主張し、栽培地拡大を遂げる動きに反対。1998年にアンリオ家に売却され、現在はブシャール社とともに傘下にある。

222

コート・ド・ニュイ

アルマン・ルソー　　　ジェヴレ・シャンベルタン
Armand Rousseau
同村では最高評価を受ける生産者で、地所のほとんどが特級と1級からなる。シャンベルタンとクロ・ド・ベーズでは、ブルゴーニュにおける最高峰の1つとも讃えられる。そのワインは濃密でありながら、優美で芳醇。また、本生産者の1級クロ・サン・ジャックは特級並みの評価を受ける。元詰め運動の先駆者の1人。

デュジャック　　　モレ・サン・ドゥニ
Dujac
資産家ジャック・セイスが1968年に設立したドメーヌながらも、今ではドメーヌのトップ生産者の1つ。現代的醸造による濃密でやわらかなスタイルが好評を博した。近年はド・ヴィレーヌ家と共同でローヌ地方にドメーヌ・トリエンヌを設立したほか、ネゴシアン事業（デュジャック・フィス＆ペール）を展開。

コント・ジョルジュ・ド・ヴォギュエ　　　シャンボール・ミュズィニ
Comte Georges de Vogüé
ブルゴーニュ、究極の畑の1つ、特級ミュズィニの最大所有者（70％）で、ほかにもボンヌ・マールや1級アムルーズを所有する。一時期、低迷したものの、1995年以降は優美さや精妙さが復活し、力強さも備わった。ミュズィニに白の区画も持つ（現在は若木のため地方名で販売）。ヴォギュエ家の相続人エリザベスはロワールのラドゥーセット男爵に嫁いでいる。

ド・ラ・ヴュージュレ　　　ヴージョ
de la Vougeraie
ヴージョ村1級の白ワイン、クロ・ブラン・ド・ヴージョを単独所有する生産者。巨大酒類資本グループのボワセが傘下にあったドメーヌを1999年再編・設立したもので、6個の特級を含む37haを所有する。

アンリ・ジャイエ　　　ヴォーヌ・ロマネ
Henri Jayer
「神」とまで讃えられる生産者で、その門下生はジャン・ニコラ・メオ（ドメーヌ・メオ・カミュゼ）など数多い。化学農法による低迷期にあったブルゴーニュで、できるだけ自然な農作業に努めた。低温浸漬による肉厚で華やかなスタイルを誇る。旗艦銘柄の1級クロ・パラントゥをはじめ、記録的な高値で取り引きされる。引退後は甥のエマニュエル・ルジェが引継ぐ。

フランソワ・ラマルシュ　　　ヴォーヌ・ロマネ
François Lamarche
ヴォーヌ・ロマネ村に本拠を置く旧家で、特級ラ・グランド・リュを単独所有するドメーヌ。所有地10haのうち、半分は特級という素封家ぶりでも知られる。長らく評価を獲得できなかったものの、近年は徐々に改善が図られている。

ド・ラ・ロマネ・コンティ　　　ヴォーヌ・ロマネ
de la Romanée Conti
おそらく世界最高値となるロマネ・コンティをはじめとして、ラ・ターシュ（ともに単独所有）やリシュブール、ロマネ・サン・ヴィヴァンなどの特級畑を所有。自然派志向が強く、そのスタイルは独特のもので、「薔薇」に喩えられる華やかさは別次元のよう。ド・ヴィレーヌ家とロック家の共同経営で、ルロワ家が株式の一部を現在も保有。

メオ・カミュゼ　　　ヴォーヌ・ロマネ
Méo-Camuzet
1959年設立のドメーヌで、地方でも屈指の高品質を誇る。元詰め（1989年〜）に移行する前はアンリ・ジャイエが管理しており、創業者の甥で現管理者のジャン・ニコラ・メオもその指導を受ける。濃密で華やかなスタイルは師匠ゆずり。近年はネゴシアン部門も展開している。

プリューレ・ロック　　　ニュイ・サン・ジョルジュ
Prieuré Roch
ラルー・ビーズ・ルロワの甥で、現在ロマネ・コンティ社の共同経営者でもあるアンリ・フレデリック・ロックのドメーヌ。ビオディナミの実践者であり、地方では最も自然派志向が強い生産者の1人。有機農法だけでなく、酸化防止剤も抑えるなど徹底している。そのスタイルは若いうちから赤橙色の色合いやドライ・フラワーのような華やかさがあって独特。

コート・ド・ボーヌ地区

ボノー・デュ・マルトレ　　　ペルナン・ヴェルジュレス
Bonneau du Martray
現当主ルネ・ボノー・デュ・マルトレは、15世紀ボーヌにオテル・デューを建てたニコラ・ロランの直系子孫。コルトン・シャルルマーニュの所有区画はシャルルマーニュ大帝から継承したと伝えられる。濃密で力強く、優雅で端整なスタイルをしており、長期熟成を経てから出荷される。

コント・スナール　　　アロクス・コルトン
Comte Senard
アロクス・コルトンに本拠を置く名門（設立1857年）で、めずらしくコルトンを区画別に手掛けることで知られる（所有地9ha）。なかでも設立時から所有するコルトン「クロ・デ・メ」を単独所有することは有名。14世紀に建造された聖マルグリット修道院のセラーが現存する。

オスピス・ド・ボーヌ　　　ボーヌ
Hospices de Beaune
15世紀、ブルゴーニュ公国宰相ニコラ・ロランが私財を投じて創設した施療院。多くの王侯貴族からぶどう畑を寄進されたことからワイン造りを始め、その売上で施療院を運営（現在はボーヌ市民病院）。現在も11月に競売会が行われ、その年のワインの相場に影響を与えている。

フィリップ・パカレ　　　ボーヌ
Philippe Pacalet
ボーヌ市に本拠を置く新興ネゴシアン（設立2000年）で、自然派のなかでは筆頭格とみなされている。プリューレ・ロックの醸造責任者を退職する際、ロマネ・コンティ社からの同職への就任要請を辞退したことで話題になる。自然派の祖ジュール・ショーヴェの最後の弟子と言われ、ボージョレの故マルセル・ラピエールは叔父にあたる。

ド・モンティーユ　　ヴォルネイ
de Montille
ヴォルネイ村に本拠を置く名門で、代々、法曹家を輩出してきた家柄。17世紀後半にド・モンティーユ伯爵家が土地を所有したのがはじまり。もともと、高評を得ていたものの、映画『モンドヴィーノ』のなかで主役級の扱いを受けたことで、広く知られるようになった。2003年ネゴシアン会社ドゥー・モンティーユを設立。

デ・コント・ラフォン　　ムルソー
des Comtes Lafon
村内の1級を中心に卓越した白を手掛ける生産者。遅摘みや収量制限、無濾過による力強いスタイルで評判となった。当主ドミニクは近年、有機栽培に取り組むほか、マコン地区でネゴシアン部門（レ・ゼリティエール・デュ・コント・ラフォン）を立ち上げた。ブルゴーニュ最大のワイン祭「栄光の3日間」の午餐を創始した曾祖父ジュールを持つ名門。

ルフレーヴ　　ピュリニィ・モンラッシェ
Leflaive
白では地方で最高峰とされる生産者。念願の特級モンラッシェを手に入れたものの、先代ヴァンサンが1993年逝去。娘アンヌ・クロードがその名声を維持し、優雅で精妙な白を造り続ける。近年、ビオディナミに転換した。ヴァンサンの勧めに従い、甥オリヴィエが1984年にネゴシアン、オリヴィエ・ルフレーヴを設立。

ラモネ　　シャサーニュ・モンラッシェ
Ramonet
同村では最高評価の生産者で、元詰め運動の先駆者の1人。ボーヌ地区の白の造り手としてはトップクラスとされる。古木から収量制限で得られた原料を用い、濃密でかたいスタイルを生む。上級白は15年以上の寿命を持つといわれるが、白の陰に隠れがちな赤も評判が良い。

その他の地区

A.&P. ド・ヴィレーヌ　　コート・シャロネーズ
A. et P.de Villaine
ロマネ・コンティ社の共同経営者であるオーベル・ド・ヴィレーヌが所有するドメーヌ。ブーズロンのアリゴテが今日の名声を得るための牽引役割を果たした。夫人の従兄弟がカリフォルニアのぶどう栽培家ラリー・ハイドであることからアメリカへ進出。そこから原料供給を受けて、2000年に「HdV（ハイド＆ド・ヴィレーヌ）」を立ち上げる。

ヴェルジェ　　マコン
Verget
当主ジャン・マリー・ギュファンが1976年にベルギーから移り住み、1980年に設立した新進ネゴシアン。シャブリからマコンにいたるまでの白を専門に手掛け、新樽熟成による厚みのあるスタイルが好評。当時、無名に近かった産地の可能性を世に知らしめた功績は大きい。ドメーヌものはギュファン・エナンの名前で販売される。

ジョルジュ・デュブッフ　　ボージョレ
Georges Duboeuf
20世紀中葉以降、アメリカなどでのマーケティングに力を注ぎ、それまで田舎酒でしかなかったものを世界的な人気銘柄に育てた。その功績から「ボージョレの帝王」との異名を取る。膨大な輸出量を誇るだけでなく、品質的にも安定している。花柄をあしらったラベルで親しまれている。

マルセル・ラピエール　　ボージョレ
Marcel Lapierre
有機栽培における牽引的存在であり、ボージョレでは最高評価を受ける生産者。有機栽培の祖と仰がれる故ジュール・ショヴェの愛弟子であり、その跡を継承して補糖ゼロや亜硫酸無添加など、極めて自然な栽培・醸造を手がける。そのワインはボージョレの域を超え、華やかで深みがある。フィリップ・パカレの伯父にあたる。2010年逝去の後も、家族により同名で運営されている。

コート・ド・ニュイの特級畑

シャンベルタン
Chambertin
皇帝ナポレオンや文豪デュマが賞賛したワインを生んだ畑。たくましく芳醇でいて、気品に溢れるスタイル。隣接するクロ・ド・ベーズは7世紀に開墾されたと伝えられ、シャンベルタン（13世紀）よりも由緒正しい。このほか、同村には荒々しいほどの力強さを持つマジ・シャンベルタンなどがある。

クロ・ド・タール
Clos de Tart
13世紀にタール尼僧院が開墾して以来、分割されたことがなく、現在の所有者（モメサン家）で3軒目という地方随一の由緒正しい畑。一時、低迷したものの、復活を遂げた1995年以降はたくましく芳醇な風味を誇る。また、同村には濃厚で長寿のクロ・ド・ラ・ロッシュ、力強さと精妙さを併せ持つクロ・サン・ドゥニなどがある。

クロ・ヴージョ
Clos Vougeot
14世紀にシトー派修道院によって開墾され、現在も修道院跡が残る。広大な畑（50.6ha）を一緒くたに特級としたため、品質のばらつきが大きいといわれる。きき酒騎士団という親睦団体の本拠地になっており、年に十数回の叙任式を兼ねた晩餐会が開催される。

グラン・エシェゾー
Grands-Échézeaux
フラジェ・エシェゾー村は影が薄いものの（原産地名を持たないため、南隣のヴォーヌ・ロマネ村に組み込まれる）、精妙で気品に溢れるグラン・エシェゾーは評価も高い。隣接するエシェゾーは、ひとまわり小さくした感じ。

ミュズィニ
Musigny

ブルゴーニュの1つの究極といってもよいワインで、その清楚さや優雅さではかなうものがないといわれる。畑の3分の2をヴォギュエ家が所有しており、例外的に認められた白ワインの特級区画がある。また、モレ・サン・ドゥニ村と分け合うボンヌ・マールは、たくましく厚みがある。

リシュブール
Richebourg

「豊穣の山」という地名の通り、濃密であふれるほどの果実味を誇り、絹のようななめらかさを持つ。その鷹揚でわかりやすく、親しみやすさからヴォーヌ・ロマネ村のなかでも、とくに人気の高い銘柄。

ロマネ・コンティ
Romanée-Conti

世界最高峰の赤ワインを生むと賞賛される畑は、ヴォーヌ・ロマネの特級群の中心に位置する。驚くほど色合いは淡いのに、極めて華麗で強い風味があり、「真珠」に喩えられるほどの精妙なバランスを持つ。

ロマネ・サン・ヴィヴァン
Romanée-Saint-Vivant

ロマネ・コンティやリシュブールの斜面下にあるという立地でありながら、村内では控えめな特級。豊潤で艶やかな雰囲気があり、他が近寄り難さすらあるのに比べると、わかりやすく親しみやすい。

ラ・ターシュ
La Tâche

女王ロマネ・コンティの腕白な弟に喩えられ、力強いにもかかわらず、あまりにも端正であるために、おとなしくすら思えるほど。畑が斜面の上部から下部までに広がるため、品質的には最も安定感があるといわれる。

コート・ド・ボーヌの特級畑

シュヴァリエ・モンラッシェ
Chevalier-Montrachet

モンラッシェに隣接する区画のなかでも、モンラッシェと同格に賞賛される。斜面上部にあって、精妙さと強いミネラリティがあり、その優雅さではモンラッシェを超えるとされる。

コルトン
Corton

ボーヌ地区では唯一の特級赤。実際は28区画（160ha）で認められた原産地名で、これらのブレンドにより販売されることが多い。区画による品質差が大きいといわれるが、秀逸なものは厚みがあって力強い。

コルトン・シャルルマーニュ
Corton-Charlemagne

ブルゴーニュ白では1つの究極的存在で、精妙さはいまひとつであるものの、重厚さやミネラリティの強さでは寄せつけるものがない。熟成してからの深みや凄みは定評がある。

モンラッシェ
Montrachet

文豪デュマが「ひざまずいて飲むべし」と賞賛したブルゴーニュ白の究極的存在。精妙さや重厚さ、ミネラリティといった求めるべき要素をすべて備える。肉感的ともいえるほどの厚みがあるバタール・モンラッシェなどが隣接する。

Data 17

代表的生産者・著名人一覧　シャンパーニュ代表的生産者

モンターニュ・ド・ランス

アンリオ　Henriot
旗艦商品:キュヴェ・デ・アンシャンテール　Cuvée des Enchanteleurs
19世紀はじめに設立されたピノ主体の家族経営の製造会社だったものの、現在はLVMHの傘下にある。自社畑比率が80%と高い上、シャルドネを中心としたブレンドにより、優雅で精妙な雰囲気を持つ。その経営手腕を買われて、ブルゴーニュの名門ブシャール社とウィリアム・フェーブル社を傘下に置く。

クリュッグ　Kurg
旗艦商品:クロ・デュ・メニル　Clos du Mesnil
クロ・ダンボネイ　Clos d'Ambonnay
シャンパーニュ最高の生産者と讃えられ、その熱狂ぶりは「クリュギスト」と呼ばれる信奉者を抱えるほど。樽発酵を経て長期熟成された原酒より、豊潤で重厚なスタイルをかたくなに守り続ける。近年、LVMHの傘下となったものの、その評価は変わらない。旗艦銘柄は単一畑を名乗る地方では稀有なものに。

ランソン・ペール・エ・フィス　Lanson Père et Fils
旗艦商品:ノーブル・キュヴェ・ブリュット　Noble Cuvée Brut
シャンパーニュでは第2位の企業グループとなるマルヌ・シャンパーニュの中核企業で、単独でも出荷量6位。ポメリー社やローラン・ペリエ社の主要株主。代表銘柄の黒ラベルが生産量の9割を占め、イギリスをはじめ、スペインやスウェーデン王家の愛用品となっている。

ルイ・ロデレール　Louis Roederer
旗艦商品:クリスタル・ブリュット　Cristal Brut
ロシア皇帝アレキサンドル2世のために開発された最高級品クリスタルがあまりにも有名。18世紀中葉に設立された製造会社で、アメリカやロシアへの販路拡大で成功を収めた。クリュッグやボランジェとともに熱烈な愛好家が多い。近年はカリフォルニアに進出し、当地でも上級の発泡酒を手掛ける。

G.H.マム　G.H.Mumm
旗艦商品:グラン・コルドン　Grand Cordon
19世紀、ドイツ人のペーター・アーノル・マムによって設立された製造会社で、白地に斜めの赤帯を描いたラベルのコルドン・ルージュで大成功を収めた。同社社長が昭和初期にパリで活躍した藤田嗣治画伯の後見をしたことから、画伯が壁画を描いた礼拝堂が本社向かいにある。現在はF-1のスポンサーで、シャンパン・ファイトで使われることでも有名。

パイパー・エイドシック　Piper-Heidsieck
旗艦商品:キュヴェ・レア　Cuvée Rare
カンヌ映画祭やベルリン映画祭の後援者であり、その公式シャンパーニュとして映画界とのつながりが深いことで有名。MLFを行わない独自のスタイルで好評。電動カートで回る本社の見学コースは、まるで遊園地のアトラクションのように観光客を集める。シャルル・エイドシックとエイドシック・モノポールとは、もとは1つの製造会社だった。

ポメリー シャンパーニュ　Pommery Champagne
旗艦商品:キュヴェ・ルイーズ　Cuvée Louise
19世紀設立の業界最大手の1つ(出荷量4位)。いち早くイギリスの辛口嗜好に着目して、辛口の先駆者として大成功を収めた。イギリスゴシック風の豪勢な社屋、ガロ・ロマン時代に掘られた石切場を利用した長大な地下セラーは圧巻。2002年にLVMHを離脱。

リュイナール　Ruinart
旗艦商品:ドン・リュイナール　Dom Ruinart
最古の製造会社といわれ、その設立(1729年)はドン・ペリニヨン師の協力者リュイナール師の甥。「シャルドネ・ハウス」と讃えられるほど、精妙で爽やかな独自のスタイルを持つ。1960年代にモエ・シャンドン社の傘下となったことから、現在はLVMHの傘下にある。

テタンジェ　Taittinger
旗艦商品:コント・ド・シャンパーニュ　Comtes de Champagne
最も古い製造会社の1つで、第2次大戦後に躍進を遂げた。パリのホテル・クリヨンやレストラン・グラン・ヴェフール、クリスタルのバカラなどを傘下に収める。近年、ウェスティン・ホテルを持つスター・ウッド・キャピタルの傘下となったものの、わずかで破談にいたり、クレディ・アグリコール(フランスの農業銀行)へ転売された。優雅で軽妙なスタイルを持つ。

ヴーヴ・クリコ・ポンサルダン　Veuve Clicquot-Ponsardin
旗艦商品:ラ・グラン・ダム　La Grande Dame
銀行家クリコ家が18世紀に設立。美世した2代目の意志を受け継ぎ、未亡人が革命期の難局を乗り切った。動瓶による滓抜き技術を開発して大発展を遂げた。「ヴーヴ・クリコ・イエロー」と呼ばれる黄色のラベルが有名。優美で口あたりのよいスタイルで広く親しまれる。LVMHの中核企業。

エグリ・ウーリエ　Egly-Ouriet
旗艦銘柄:ブリュット・グラン・クリュ・ミレジメ　Brut Grand Cru Millésime
アンボネイ村に本拠を置く小規模生産者で、レコルタン・マニピュランのなかでは絶大な人気を誇る。ピノ・ノワールを得意としており、重厚で深みのあるスタイルが特徴。所有地はわずかに11.5haで、有機栽培を実践。原酒の木樽発酵を行うなど、意欲的なワイン造りをしている。

ヴァレ・ド・ラ・マルヌ

ボランジェ　Bollinger
旗艦商品:アネ・ラールR.D.　Année Rare R.D.
広大な自社畑(142ha)を持ち、現在も家族経営を守る製造会社で、クリュッグとともに最高峰と讃えられる。樽発酵を経て長期熟成された原酒を用いた、重厚で豊潤なスタイル。長期瓶熟成を経た「RD(Récennebt Dégorge)」という特別醸造品、プレ・フィロキセラの3区画のみで仕上げた「ヴィエイユ・ヴィーニュ・フランセーズ(Vieilles Vignes Françaises)」も有名。

226

ゴッセ　　Gosset
旗艦商品:グラン・ミレジム　Grand Millésime

16世紀にさかのぼることができる製造会社で（当時はワイン醸造元）、4世紀にわたって家族経営で維持してきたものの、1994年にコニャックのレミー社に経営譲渡。樽発酵を経て長期熟成された原酒を用いて、極めて肉厚で飲みごたえのあるスタイルを生む。豪華な雰囲気があるわりに、最高峰の製造会社のような肩が凝るような難しさがないので、熱烈な支持者を持つ。

ローラン・ペリエ　　Laurent-Perrier
旗艦商品:キュヴェ・グラン・シエクル　Cuvée Grand Siècle

第2次大戦後に急成長を遂げ、現在は出荷量5位の大手製造会社。出荷前の糖分添加をしない極辛口の「ウルトラ・ブリュット」の先駆者。爽やかで飲みきれの良いスタイルで、飲みやすい万能型。ブラン・ド・ブランの最高峰と讃えられるサロン社のほか、その姉妹会社ドラモット社を傘下に置く。

モエ・エ・シャンドン　　Moët et Chandon
旗艦商品:キュヴェ・ドン・ペリニヨン　Cuvée Dom Pérignon

出荷量が飛び抜けた業界最大手であり、シャンパーニュの代名詞ドン・ペリニヨンを生む。コニャックのヘネシー社と持ち株グループを形成した後、リュイナール社を傘下に収め、ルイ・ヴィトン社（ヴーヴ・クリコ社とクリュッグ社を傘下に置く）と提携。シャンパーニュ最大の企業グループLVMHを形成する。近年、長期瓶熟成を経た「ドン・ペリニヨン・エノテーク」を発売し、好評。

ペリエ・ジュエ　　Perrier-Jouët
旗艦商品:ベル・エポック　Belle Epoque

工芸作家エミール・ガレが描いた花模様をあしらった瓶はあまりにも有名。19世紀はじめ、コルク製造業のペリエが設立した製造会社で、イギリスでの成功により発展。また、1902年発売の花柄瓶がアメリカで話題となり、大発展を遂げる。瓶と同じように、華やかで繊細な独特の女性的スタイルを持つ。

フィリポナ　　Philipponnat
旗艦商品:クロ・デ・ゴワセ　Clos de Goisses

17世紀にさかのぼることができる老舗（当時はワイン醸造元）だが、有名になったのは1935年にアイ村のクロ・デ・ゴワセを購入して以降。マルヌ河を臨むドーム状の畑は、マルヌ地区で唯一の単独区画銘柄と公認される。同社は生産規模が小さいため目立つ存在ではないものの、華やかでやわらかなスタイルは定評がある。

ポル・ロジェ　　Pol Roger
旗艦商品:キュヴェ・サー・ウィンストン・チャーチル　Cuvée Sir Winston Churchill

19世紀中葉の設立以来、家族経営を守る中規模製造会社。イギリス首相ウィンストン・チャーチルが愛飲との逸話はあまりにも有名で、今でもイギリス王室のレセプションで使用されるなど、イギリスやアメリカで手堅い人気を得ている。地下35mのセラーは他社よりも低温であるため、穏やかでいて冴えがあるというスタイルを生む。また、機械化されるのがあたり前の動瓶を今も手作業で行う。

ルネ・ジョフロワ　　René Geoffroy
旗艦商品:プルミエ・クリュ・キュミエール　Premier Cru Cumières

栽培から瓶詰めまで手掛けるレコルタン・マニピュランのなかでも、代表格との評価を受ける小規模製造元。マルヌ河を臨むキュミエール村にあって、4世紀にわたってシャンパーニュを生産する。ピノ・ノワールから肉厚でやわらかなスタイルを生み、ロゼの評判も良い。

ジャクソン・エ・フィス　　Jacquesson et Fils
旗艦銘柄:デゴルジュマン・タルディフ　Dégorgements Tardifs

エペルネ対岸のディジィ村に本拠を置く中堅生産者ながらも、地方最高評価を誇る名門。皇帝ナポレオンが妃マリー・ルイーズとの結婚式に用いたことから、その功績に対して金メダルを授与されたことがある。スパークリング・ワインで普及しているミュズレ（飾り冠）やキャプシュルを初めて採用するなどの功績もある。

コート・デ・ブラン地区

アラン・ロベール　　Alain Robert
旗艦商品:メニル・トラディション　Mesnil Tradition

メニル村でブラン・ド・ブランを手がける小規模生産者。極低収量で遅摘みによる完熟原料は補糖を行わず、樽発酵を経て原酒を長期熟成させる。また、瓶熟成も他社に比べて遥かに長く、芳醇で厚みのある独特のスタイルを生む。レコルタン・マニピュランの星のような存在で、その評価はサロンと並ぶほどで、熱烈な信奉者を持つ。

ジャック・セロス　　Jacques Selosse
旗艦商品:シュブスタンス　Substance

1989年に元詰めに転換した小規模生産者で、この地方ではめずらしくテロワールを表現するために、ビオディナミによる農作業を行う。現在、自然派シャンパーニュの最高峰と讃えられる。旗艦銘柄のシュブスタンスはソレラ・システムによって熟成させた原酒を用いる稀有な造り。厚みがあって、強いミネラルを感じさせるスタイル。

サロン　　Salon
旗艦商品:サロン・ブラン・ド・ブラン　Salon Blanc de Blanc

20世紀はじめ、毛皮商ウジェーヌ・エメ・サロンが趣味で始めたものが評判となり、小規模の製造会社を設立して市販するようになった。ブレンドがあたり前のなか、単一村・単一品種・単一年という純粋性を守り、優良年にのみブラン・ド・ブランを製造する。その典雅で気品にあふれるスタイルは、一部の強い信奉者にこの地方最高峰と讃えられる。

代表的生産者・著名人一覧 | その他のフランス代表的生産者

アルザス

ヒューゲル・エ・フィス
Hugel et Fils

15世紀にさかのぼる長い歴史を持つだけでなく、品質的にも地方を代表する生産者。品種を記載するというアルザスの原産地制度制定でも牽引役となった。ギネスブックにも掲載された最古の樽サント・カトリーヌがある。特級制度に関しては異議を唱えており、ジュビリーは特級を名乗っていない。フルート型ボトルに貼られた黄色のラベルで馴染み。

ドメーヌ・マルセル・ダイス
Domaine Marcel Deiss

従来の品種名商品に対して異議を唱え、ラベルに地名表示だけを行って、テロワールを追求する先鋭的な生産者。大胆な提案は地方最高峰との評価に裏打ちされている。熱烈な信奉者がいる一方、同業者あるいは市場のなかには反論も強い。同氏の働きかけもあって、2004年産以降で特級制度改革が実現し、地名表示のみや品種混合も可能となった。

ドメーヌ・ヴァインバック
Domaine Weinbach

19世紀末に設立された元詰生産者で、地方を代表する品質で知られる。A.O.C.アルザス認可の際の立役者の1つ。特級初認定のシュロスベルクの最大所有者であり、そのリースリングは濃密で優雅なスタイルを誇る。とくに有名なのは同区画の選りすぐりキュヴェ・サント・カトリーヌ。また、特級ではないものの、単独所有するクロ・デ・キャプサンも好評。

ズィント・ウンブレヒト
Zind Humbrecht

地方で最も濃密で力強いスタイルを誇る生産者。低収量と遅摘みによる完熟原料に、糖度の高さのあまりに1年以上をかけて発酵する。地方最南の特級畑タン（ランゲン村）のなかに、旗艦銘柄となるクロ・サン・テュルバンの区画があり、その力強さは驚異的。とくに遅摘みや貴腐のワインの実力は3大貴腐を遥かに凌ぐ評価を受ける。

ヴァル・ド・ロワール

クロ・ド・ラ・クーレ・ド・セラン
Clos de la Coulée de Serrant

ニコラ・ジョリィがサヴニエールに単独所有する区画で、「フランスの5大白ワイン」の1つ。ロワール河南に臨むドーム状の丘にあり、その急斜面を馬を使って耕すほどの徹底した農作業を行う。同氏はビオディナミの伝道師といわれ、国内外の生産者の指導にあたるほか、自然派生産者の認証制度の構築など積極的な活動を行う。

ディディエ・ダグノー
Didier Dagueneau

各地での修業の末に帰郷したダグノー氏（2008年逝去）は「プイイ村のやんちゃ坊主」といわれた。なかば諦めているような、地方の伝統的なワイン造りに疑問を持ち、市場での高い評価を受けるために、ビオディナミによる農作業を行いつつ、ボルドー大学のデュブルデュー教授の助言を仰ぐなど、最新技術へも意欲的。旗艦銘柄プイイ・フュメのシレックスは肉厚で引き締まったスタイル。

ドメーヌ・ユエ
Domaine Huet

歴史的にも品質的にも地方を代表する生産者で、創業者ガストン・ユエはヴーヴレ村にも選ばれた。17世紀以降、最高の畑と評価されたル・モンのほか、2つの区画を所有する。辛口や中辛口は例年手がけるものの、良作年のモワルー（一般的には中甘口）はロワール最高の貴腐とされるカール・ド・ショームやボンヌゾーと並ぶ評価を受ける。

ドメーヌ・デ・ロッシュ・ヌーヴ
Domaine des Roches Neuves

ボルドーでいくつものシャトーを持つ一族に生まれながら、当主テュエリー・ジェルマンはみずからとロワールの可能性を信じてソーミュール・シャンピニに移住。90年代半ばから手がけたものの、その評価は驚くほどのスピードで上昇。ボルドーのような深みと調和を持ち、その実力は格付け生産者並み。評論誌が地方ではなく、国内最高水準と賞讃するほど。

クーリー・デュテイユ
Couly Dutheil

シノン発祥の地とされる畑クロ・デ・レコーの一角を所有する生産者。「神に祝福された土地」の名前を持つ畑は、文豪フランソワ・ラブレーを輩出した一族が所有していたものと伝えられる。セラーは5世紀に掘られた採石場を現在も利用している。

ヴァレ・デュ・ローヌ

シャトー・ド・ボーカステル
Ch. de Beaucastel

シャトーヌフ・デュ・パプをはじめとして南部の最高評価を受ける生産者。比較的、大規模ながらも家族経営を守る。有機農法・無添加醸造の先駆者であり、仕込直前にもろみを瞬間加熱して酸化防止剤の使用を抑える技術を開発。力強く濃密なスタイルで、旗艦銘柄は赤のオマージュ・ア・ジャック・ペラン、白のシャトーヌフ・デュ・パプ・ルーサンヌ・ヴィエイユ・ヴィーニュ。

シャプティエ
Chapoutier

タン・エルミタージュに本拠を置き、北部では大手に入る生産者。コート・ロティに自社畑を所有するほか、優良原料を求めてさまざまな銘柄を製造する。ビオディナミによる農作業を一部に導入している。世界初といわれる点字を刻んだラベルを貼っていることでも有名。やや控えめながらも、手堅い品質を維持している。

シャトー・グリエ
Ch. Grillet

ネイレ・ガッシェが単独所有する小区画は、コンドリュー内にあり、「フランスの5大白ワイン」の1つ。生産量・品質ともにやや不安定ではあるものの、良作年には深い黄金色と杏のような濃密さが現れる。その面積はわずか3.5haで、国内で4番目に小さな原産地となる。

ギガル
Guigal

設立1945年と歴史は長くないものの、現在では地方随一と賞讃されている。コート・ロティを中心に自社畑を所有するほか、契約農家から求めた原料でさまざまな銘柄を手がける。旗艦銘柄はコート・ロティの単一畑シリーズで、ラ・テュルク、ラ・ランドンヌ、ラ・ムーリンヌ。濃密で力強く、かつ優雅なスタイルが評価され、驚くほどの高値で取り引きされている。

ポール・ジャブレ・エネ
Paul Jaboulet Aîné

19世紀中葉に設立されたネゴシアンで、この地方では大手に入る規模。エルミタージュの最大所有者（130haのうち24ha）で、とくに丘の中腹にある礼拝堂周辺にある区画ラ・シャペルは旗艦銘柄。契約農家からの原料によるさまざまな銘柄まで含めて、地方水準を超える評価を受けている。

シャトー・ラヤス
Ch. Rayas

多品種が認められているシャトーヌフ・デュ・パプにおいて、グルナッシュだけでワインを造る個性派であり、地方最高評価を受ける生産者。4代目ジャック・レイノー（1997年逝去）は「奇人」と呼ばれるほどに、ざん新な改革を行ったことで、大きく評価を上げた。現在は系列に2軒シャトー・デ・トゥールとシャトー・ド・フォンサレットを抱える。

その他の地方

マス・ド・ドマス・ガザック　　　ラングドック・ルーション
Mas de Daumas Gassac

当主エメ・ギベールはボルドー大学のアンリ・アンジャルベール教授（地理学）とエミール・ペイノー教授（醸造学）の指導に従い、1970年代後半にワイナリーを設立。南フランスにおけるカベルネ・ソーヴィニヨン栽培と元詰めを手掛けた先駆。肉厚でやわらかいだけでなく、深みもあるスタイルが好評で、「南フランスのラフィット」と称される。

ドメーヌ・ゴビー　　　ラングドック・ルーション
Domaine Gauby

ルーション地方で最高峰と讃えられるだけでなく、南フランス最高評価を受けるワイナリー。国際ワイン博覧会VINEXPO（2001年）のブラインド・コンテストで、最上級品ムンタダがル・パンを押さえて優勝したことで話題。ピレネー山麓の高地（標高250m以上）に約80haの地所のうち、ぶどう畑は30haにとどめ、環境保全型農業を実施。

シャトー・モンテュス　　　南西地方
Ch. Montus

19世紀中葉にはすでに知られていたワイナリーだが、1979年に現当主アラン・ブリュモンが買収して以降、有名になった。タナ種100%による仕込み、および元詰めにより地域復興を牽引。タナ種は渋味が強いことで知られたが、ミクロ・オキシジェナシオンという新技術により、濃密でやわらかなスタイルを実現。同地区にシャトー・ブスカッセ（Ch. Bouscassé）も所有。

ドメーヌ・タンピエ　　　プロヴァンス
Domaine Tempier

19世紀中葉に設立されたワイナリーで、バンドールの最高水準のひとつ。現当主リュシアン・ペイローは、地域の品質向上に対して指導的役割を担った。通常の熟成期間を遥かに超えて、赤では30ヵ月もの長期熟成を行い、力強く男性的なスタイルを生む。カリニャンの古木から獲れた原料を用いたロゼも好評。

ドメーヌ・ド・トレヴァロン　　　プロヴァンス
Domaine de Trévallon

先代エロイ・デュルバックが1978年にみずから開墾したワイナリー。評論家ロバート・パーカーが「人生最大の発見」と賞賛したことで有名。カベルネ・ソーヴィニヨン種で南フランス最高の評価を受けるが、作付面積がA.O.C.レ・ボー・ド・プロヴァンスの規制に抵触したとして、ヴァン・ド・ペイに降格されたことで話題になる。

アンリ・メール　　　ジュラ・サヴォワ
Henri Maire

ジュラ地方最大の生産者で、4世紀の歴史を持ち、地方生産量の3分の1を担う。400haにおよぶ広大な自社畑のほか約200軒の契約農家から原料を求める。軽快で素直な白や赤のほか、ヴァン・ジョーヌや発泡酒も手がける。

ピエモンテ

ブライダ
Braida　　ロケッタ・タナロ（アスティ）

故ジャコモ・ボローニャが設立したワイナリーで、バルベーラ種の可能性を世に知らしめた。それまで酸味が強いだけの平凡な土着品種と思われてきたものの、畑の改良やフレンチ・バリックの採用により、凝縮感のあるバルベーラ種を生み出す。いくつかのバルベーラ・ワインを手掛け、旗艦銘柄は「極めつけの1本」という意味のアイ・スーマ。

チェレット
Ceretto　　アルバ

1939年にリッカルド・チェレットが設立したワイナリーで、1960年代以降その子息であるブルーノとマルチェッロ兄弟が引き継ぐ。ガイヤとともにバローロの改革運動を牽引し、その品質の高さから代表格の1つとなっている。旗艦銘柄のブリッコ・ロッケなど畑名商品をいち早く手掛け、高付加価値化を進めたほか、仏系品種の品種名商品も手掛ける。

ジャコモ・コンテルノ
Giacomo Conterno　　モンフォルテ・ダルバ（バローロ）

古典派に属するバローロ最高峰の生産者。1900年ジャコモ・コンテルノによって設立され、現在は曾孫ロベルトが管理する。所有地はわずか12haに限られている上、旗艦銘柄のモンフォルティーノ・リゼルヴァは大樽で7年間の熟成を経て出荷されるほど。極めて稀少性が高いので、熱狂的な信奉者を抱える。また、バルベーラやドルチェットも秀逸。

フォンタナフレッダ
Fontanafredda　　モンフォルテ・ダルバ（バローロ）

州内最大の製造会社で、設立は1878年にさかのぼる。イタリア最後の国王ヴィットリオ・エマヌエレ2世の土地にネッビオーロを植えたのが起源。バローロの改革運動に乗り遅れ、苦戦を強いられていた。古典派に属するものの、近年、モダン・トラディショナルを掲げ、現代派志向も打ち出す。その方向にある旗艦銘柄のバローロ、ラ・ローザが好評。

ガイヤ
Gaja　　バルバレスコ

アンジェロ・ガイヤはイタリア改革運動の先駆者であり、その功績から「帝王」と呼ばれる。畑の改良や改植、醸造設備の更新を1970年頃から行う。アメリカへの積極的な販売活動が成功を収め、大躍進を遂げる。一部に新樽熟成を用いるなど、そのスタイルは古典派と現代派の中間。近年、旗艦銘柄の畑名商品群をD.O.C.へ降格させて話題になったほか、トスカーナにも進出。

ブルーノ・ジャコーザ
Bruno Giacosa　　ネイヴェ（バルバレスコ）

古典派に属する比較的大手の製造会社で、その品質の高さからバルバレスコの筆頭格の評価を受ける。古典派らしく大樽での熟成を行うものの、発酵にはステンレス・タンクを採用するなど、技術的裏づけには細心の注意を払う。旗艦銘柄のバルバレスコ、サント・ステファノをはじめとして、バローロやバルベーラなども手掛ける。

トスカーナ

アンティノリ
Antinori　　フィレンツェ

アンティノリ侯爵家が所有する州内最大の製造会社で、創業は14世紀にさかのぼる名門。生産規模も大きいものの、トスカーナを中心として高品質商品を手がけることで知られる。旗艦銘柄であるティニャネッロ、ソライアなどスーパー・トスカーナの先駆であり、サッシカイア誕生にも関わるなど、同社が近年のイタリア・ワイン史を描いてきた。

ビオンディ・サンティ
Biondi Santi　　モンタルチーノ

「イタリア・ワインの女王」と呼ばれるブルネッロ・ディ・モンタルチーノの礎を築き上げたワイナリー。それまで未開地だったものを同家が19世紀に開墾し、優良クローンのサンジョヴェーゼ・グロッソ種を分枝して植樹。当初から品質重視で臨み、厳しい生産規定を設けた。追随する生産者もそれを維持したため、同地区は「優良品だけ」と讃えられる。

ルーチェ・デッラ・ヴィーテ
Luce della Vite　　モンタルチーノ

フレスコバルディ侯爵家が所有するカステルジョコンド（州内2番目の大手製造会社）、およびロバート・モンダヴィ社の共同出資によるワイナリーで、1995年設立。従来のスーパー・トスカーナの主流がカベルネ・ソーヴィニヨン主体であるのに対して、サンジョヴェーゼ・グロッソ（ブルネッロ）を主体にトスカーナらしさを表現したスタイル。

バローネ・リカーゾリ
Barone Ricasoli　　キアンティ・クラッシコ

統一イタリア初代首相を輩出した名家リカーゾリ男爵家が所有するワイナリー。軽快で飲みやすくするため、陰干しした白ぶどうを混ぜて仕込むゴベルノ法を1847年に考案、その後のキアンティ・スタイルを方向づけた。ゴベルノを生み出したとして、重厚志向の近年は悪名が高かったものの、それをバネにして品質向上し、キアンティ・クラッシコ随一の評価。旗艦銘柄はカステッロ・ディ・ブローリオ。

モンテヴェルティーネ　　　キアンティ・クラッシコ
Montevertine

サンジョヴェーゼ100%によるスーパー・トスカーナを最初（1977年産）に手がけた生産者。サンジョヴェーゼの権威が失墜していた当時、新たな可能性を示すことでイタリア・ワイン史に道標を打ち立てた。その旗艦銘柄レ・ペルゴーレ・トルテは芳醇で深みがあって、なめらか。1998年までのラベルは、女性の顔を描いた版画絵で好評だった。

オルネッライア　　　ボルゲリ
Ornellaia

アンティノリ侯爵家の現当主の弟ロドヴィゴが1981年に設立したワイナリー（生産開始1988年産）。サッシカイアに劣らぬものの熟成がトスカーナ最高水準のワインを生み出した。メルロ種を得意としており、旗艦銘柄はマッセート。ロバート・モンダヴィ社の資本参加を経て、現在はフレスコバルディ侯爵家が所有。

テヌータ・サン・グイード　　　ボルゲリ
Tenuta San Guido

20世紀中葉、初めてボルゲリ地区に開墾されたワイナリーで、元祖スーパー・トスカーナのサッシカイアを手がける。この成功に触発されて、同地区で追随する生産者が多く現れた。名門アンティノリ家の血縁インチーザ・ディ・ロケッタ侯爵家が所有。ラフィット・ロートシルトから分枝したカベルネ・ソーヴィニヨン種を原料に、深みと調和を表現する。

その他

ベッラヴィスタ　　　フランチャコルタ（ロンバルディーア）
Bellavista

フランチャコルタの最高峰と讃えられるワイナリー。建築デザイナーのヴィットリオ・モレッティが1973年に設立。有機栽培された原料を用いて、シャンパーニュと同じ製法で仕上げる。畑名商品は樽発酵させた原酒を用いて、6年以上の瓶熟成を行う。また、カベルネ・ソーヴィニヨン種を用いた赤なども手掛け、好評。

カ・デル・ボスコ　　　フランチャコルタ（ロンバルディーア）
Ca'del Bosco

ベッラヴィスタ社と並ぶフランチャコルタの最高峰。1965年、アンナ・マリア・クレメンティ・ザネッラが森を開墾してワイナリー名の由来となった。旗艦銘柄は女史の名に因むキュヴェ・アンナ・マリアで、きめ細かく穏やかで深みのあるスタイル。ほかにもボルドー・スタイルのマウリッツオ・ザネッラなども好評。

アンセルミ　　　ソアーヴェ（ヴェネト）
Anselmi

気軽とされるソアーヴェにあって、ピエロパン社やジーニ社とともに最高峰との評価を受けたワイナリー。小樽熟成を行うなど技術革新に意欲的で、同地区の品質向上を牽引。近年、「我々はF-1のフェラーリを作っているのであって、大衆車ではない」として、まだ意識改革が浸透しきれずに市場評価も上がらないD.O.C.ソアーヴェから脱退。

クインタレッリ　　　ヴァルポリチェッラ（ヴェネト）
Quintarelli

「イタリアの至宝」ともいわれるヴァルポリチェッラの最高峰。収穫からラベル貼りまで手作業で行い、より自然なスタイルを追求。旗艦銘柄となるアマローネのほか、ヴァルポリチェッラ・クラッシコやI.G.T.となる辛口白まで手がける。いずれも優雅で深みがある。同社で修業したダル・フォルノ・ロマーノも同地区では並ぶほどの評価。

グラヴネール　　　コッリオ（フリウリ・ヴェネツィア・ジューリア）
Gravner

国内の白産地として最も注目を集めるコッリオ地区で、最高評価を受ける小規模生産者。ビオディナミによって栽培された原料を仕込み、新樽熟成を行う。地場のリボッラ・ジャッラ種のほか、シャルドネなどの仏系品種をブレンドしたI.G.T.ビアンコ・ブレッグを手がける。評論家ルイジ・ヴェロネッリが最高評価ソーレ（太陽）を3回与えた唯一の生産者として有名。

エドアルド・ヴァレンティーニ　　　モンテプルチアーノ・ダブルッツォ（アブルッツォ）
Edoardo Valentini

同州有数の貴族ヴァレンティーニ家によって1632年から続けられている生産者。頑固者で知られた当主エドアルドは良作年しかワインを造らず、しかも収穫の8割を他の生産者に売却していたため、国内でも最も入手困難なワインとも讃えられた。無名の土着品種だったモンテプルチアーノやトレッビアーノから世界級のワインを造った功績は大きい。

フェウディ・ディ・サン・グレゴリオ　　　ソルボ・セルピコ（カンパーニア）
Feudi di San Gregorio

1986年設立ながらも、同州では最高評価を受ける生産者。最新の技術や設備を用いたモダン・スタイルながらも、国際品種を頼らずに地場品種を手掛ける。当地にぶどう栽培を奨励した教皇サングレゴリオ1世（6世紀）を讃えてワイナリー名に掲げる。アリアーニコ100%の旗艦銘柄セルピコのほか、いくつかの白赤を手掛ける。

マストロベラルディーノ　　　アトリパルダ（カンパーニア）
Mastroberardino

創業1695年の名門で、同州では最高評価を受ける生産者。19世紀末には南伊では初めてワインを輸出するなどの功績に加え、近年はフィアーノやグレコという古代品種を復活させたことでも知られる。最新技術の採用にも積極的で、フレッシュな白ワインやモダンな赤ワインから古典的で重厚な赤ワインまで幅広く手掛ける。

ドゥーカ・ディ・サラパルータ　　　パレルモ（シチリア）
Duca di Salaparuta

軽快な白赤で知られる人気銘柄コルヴォを生産する大規模ワイナリー。1824年、サルパルータ公爵が世界から訪れた賓客をもてなすため、地所内に設立。旗艦銘柄のドゥーカ・エンリコ（エンリコ公）は3代目当主の名前を掲げたもので、重厚で深みのある赤。量産基地だったシチリアの可能性を明らかにした功績は大きい。

ラインガウ

ゲオルグ・ブロイヤー
Georg Breuer

ライン河遊覧船の基点リューデスハイムにあるワイナリーで、辛口では国内最高評価。先代当主、故ベルンハルト・ブロイヤーはカルタ同盟を推進するなど、地方のオピニオン・リーダーとして活躍したものの、現在は独自の品質基準で販売。その厳格さはシュペトレーゼもQ.b.A.とするほど。旗艦銘柄はリューデスハイマー・ベルク・シュロスベルク。

ヘッセン州立醸造所クロスター・エーベルバッハ
Hessischen Staatsweingüter Kloster Eberbach

ヘッセン州が所有する国内最大の醸造所で、12世紀に設立されたエーベルバッハ修道院を母体とする。シュタインベルガーをはじめとする銘醸畑を131haも所有し、模範ともいえる秀逸なワインを生み続けた。修道院では品評会や収穫祭、オークションなどの積極的な活動を行い、ドイツのワイン界を牽引してきた。

ロバート・ヴァイル
Robert Weil

19世紀に設立されたワイナリーで、皇帝ヴェルヘルム2世が5大シャトーとともに愛飲したと伝えられる。1988年から日本企業のサントリーの所有となるが、創業者の曾孫ヴィルヘルム・ヴァイルが管理し、国内最高評価を受ける生産者の1つとなっている。旗艦銘柄はキートリッヒャー・グレーフェンベルク。

シュロス・ラインハルツハウゼン
Schloß Rheinhartshausen

12世紀ベネディクト派が設立した修道院を起源とするワイナリーで、18世紀にはシュペトレーゼやアウスレーゼの考案などワイン史を語る上では欠かせない。ライン河北岸の陽当たりが良い斜面を見たカール大帝の命令により、栽培地が同村へと広まり、ライン河を越えることとなった。メッテルニヒ侯爵家の所有。

シュロス・ヨハニスベルク
Schloß Johannisberg

エルバッハ村にある優良な醸造所で、18世紀にプロシア王家の所有となり、現在もその子孫が所有する。同村のジーゲルスベルクやマルコブルンのほか、ハッテンハイマー・ヴィッセルブルンネンも有名。特別単一畑のシュロス・ライヒャルツハウゼンとは別物。

モーゼル

エゴン・ミューラー
Egon Müller

古代ローマ時代に開墾された特別単一畑シャルツホーフベルクの最大所有者であり、ドイツで最も有名な生産者と言っても過言ではない。有機栽培で育てたぶどうを、天然酵母を用いて大樽で仕込む伝統的な醸造方法をかたくなに守り続ける。アウスレーゼ級以上の商品はザール・リースリングの神髄とも讃えられ、破格の値段で取り引きされる。

フリッツ・ハーク
Fritz Haag

5haの地所しか持たないが、エゴン・ミューラー家、J.J.プリュム家と並び、地域では最高評価を受ける生産者。旗艦銘柄のブラウネベルガー・ユッファー・ゾンネンウーアは、想像を絶する斜度72度の急斜面。当主ヴィルヘルム・ハークは『ゴーミヨ』誌でドイツ最高の醸造家と表彰されたこともある。

ヨハン・ヨゼフ・プリュム
Joh.Jos.Prüm

12世紀創業という名門ワイナリーで、中部モーゼル地区で最高評価を得る。旗艦銘柄は国内屈指の銘醸畑とされるヴェーレン村のゾンネンウーア畑で、1824年に先祖が日時計を建てたことから、畑名がついた。切れのある酸が寿命を驚くほど長く保ち、カビネット級でも20年は楽しめると讃えられる。

カルトホイザーホーフ
Karthäuserhof

14世紀に設立されたワイナリーで、アイステルバッハ村で最も有名な畑カルトホイザーホーフを単独所有する。同醸造は13世紀に開墾され、その後はシャルトリューズ修道院の修道士によって管理されていた。19世紀に現当主夫人の先祖が買収した。ネックの部分にのみ小さく貼られるラベルが特徴的。ルーヴァー地区の究めつけと讃えられる。

ドクター・ローゼン
Dr.Loosen

『Decanter』誌が2005年の世界最高の醸造家に選んだエルンスト・ローゼンが所有するワイナリー。有機栽培で育てた自根の古木から、リースリングの傑作を生む。旗艦商品はベルンカステル地区のエルデン村のトレップヒェン畑。近年、ファルツ地域の名門ワイナリーJ.L.ヴォルフを買収して、こちらでは国内最高水準の辛口を手掛ける。

ラインホルト・ハート
Rheinhold Haart

8世紀にさかのぼることができる銘醸地ピースポート村のなかでも、現存するうちでは最古といわれるワイナリー。有機栽培されたぶどうを遅摘みの上、厳格な選別を経て低温発酵を行う。同村で最も有名な畑ゴルトトロプヒェンでは最高評価を受ける。

ドクトール・ターニッシュ
Dr.Thanisch

ベルンカステル村のドクトール畑の最大所有者で、イギリス国王エドワード7世のお気に入りだったのは有名。畑名は、医者も手に負えない病に倒れたトリアー候が、農民が届けたワインを飲んで回復したという14世紀の逸話に因む。古典的な半甘口で、ミネラルの強さを持つ、きれの良いのが特徴。

フォン・シューベルト
Von Schubert

モーゼル河支流のザール河流域で最も有名なワイナリーで、10世紀設立という名門。旗艦商品でもあるマキシミン・グリュンハウス村のアプツベルク畑を単独所有。辛口も多く手掛けており、その評価も高い。『ゴーミヨ』誌が1995年のドイツ最高の醸造家として表彰。

その他の地域

ヘルマン・デンホフ　　　　　　　　　　ナーエ
Hermann Dönnhoff

18世紀設立のワイナリーで、ナーエ地域では最高評価を受ける。知名度の低い生産地にあっても、辛口から甘口まで手掛け、いずれも国内最高水準といわれる。とくに10年に2～3度という貴腐ワインやアイス・ワインは出色の出来映えと讃えられる。

グンダーロッホ　　　　　　　　　　ラインヘッセン
Gunderloch

19世紀設立のワイナリーで、20世紀初めには高値で取り引きされていたものの、その後は低迷していた。1986年に現所有者ハッセルバッハ夫妻が引き継ぎ、国内屈指との評価を受けるまでになった。とくに貴腐は評価が高いものの、辛口でも並みのリースリングではおよばない濃密さがある。

ドクトール・ビュルクリン・ヴォルフ　　　　　　ファルツ
Dr. Bürklin-Wolf

個人所有としては国内最大級のワイナリー（100ha）で、「ファルツの3B」としてバッサーマン・ヨルダン家、ブール男爵家とともに讃えられる。フォルスト村やダイデスハイム村などから畑の個性を活かしたワインを生む。階級制度の改革に意欲的に取り組むなど地域の牽引的役割で、慣習を廃してラベルには生産者・畑名・収穫年のみを記載。

ファルケンベルク　　　　　　　　　　ファルツ
Valckenberg

18世紀にオランダのペーター・ファルケンベルグによって設立された大手ネゴシアンで、国内の数多くの醸造家との信頼関係によりさまざまな銘柄を扱う。なかでもリープフラウミルヒでは最大手の発売元となり、その商標「マドンナ」は世界的に親しまれている。

ユリウスシュピタール　　　　　　　　　　フランケン
Juliusspital

ユリウスシュピタール財団が所有するワイナリーで、財団は病院や養老院も同じく運営。16世紀にヴュルツブルク司教によって設立された財団は、地域内の優良畑をいくつも所有し、地所は168haにおよぶ。伝統的なシルヴァーナの辛口のほか、貴腐にいたるまでさまざまな商品を高品質に生む。とくにヴュルツブルク村のシュタイン畑は最高評価を受ける。

ベルンハルト・フーバー　　　　　　　　　　バーデン
Bernhard Huber

もとはぶどう栽培家だったが、1987年に元詰めを始めた。新樽で熟成させたピノ・ノワールやシャルドネをいち早く打ち出すなど、ドイツの最近の流行を先取りしてきた。とくにピノ・ノワールに対する思い入れが強く、その評価は「ドイツの赤の模範」と讃えられる。

スペイン

アレハンドロ・フェルナンデス
Alejandro Fernandez
リベラ・デル・デュエロ

スペインにおける改革運動の先駆者アレハンドロ・フェルナンデスが1972年に設立したワイナリー。地場のテンプラニーリョ種にかかわり、一部に小樽を用いた熟成を行って、濃密で膨らみのあるスタイルを生んだ。従来のスペイン・ワインと一線を画す出来映えが話題となり、スーパー・スパニッシュの先駆けとなった。旗艦銘柄のグラン・リゼルバ、ハヌスはウニコと並ぶほどの評価。

ドミニオ・デ・ピングス
Dominio de Pingus
リベラ・デル・デュエロ

スペインのガレージ・ワインの最高峰で、生産量は約30樽(約9000本)。デンマーク人のピーター・シセックはヴァランドローで修業の後、当地に移る。樹1本から500gとの極端な収量制限、新樽100%での熟成などにより、圧倒的な凝縮感を生む。旗艦銘柄のピングスは、国内最高値の1つ。

ベガ・シシリア
Vega Sicilia
リベラ・デル・デュエロ

国内最高峰と讃えられるウニコを抱えるワイナリー。1864年にボルドー品種を移植したことから、テンプラニーリョ種にボルドー品種を混ぜるスタイルを確立。良作年のみに製造するウニコのほか、セカンド・ワインのバルブエナ、いくつかの収穫年を混ぜたウニコ・エスペシアル・リゼルバがある。1992年にはボルドー・スタイルをめざすボデガス・アリオンを設立。

アルバロ・パラシオス
Alvaro Palacios
プリオラート

4人組の若手アルバロ・パラシオスが所有するワイナリーで、旗艦銘柄レルミタは樹齢60年以上の単一畑で収穫されたグルナッシュ主体。セカンド・ワインのフィンカ・ドフィのほか、90軒の栽培家から原料を求めたレス・テラセスも手がける。

クロス・マルティネ
Clos Martinet
プリオラート

プリオラート興隆を遂げた有名な「4人組」の1人、タラゴナ大学教授ホセ・ルイス・ペレスが設立したワイナリー。グルナッシュやカリニャンにシラーやカベルネ・ソーヴィニヨンを混ぜて、濃密でふくらみのあるスタイルを生む。4人組のほかに、ルネ・バルビエ(クロス・モガドール)、カルレス・パストラーナ(クロス・デ・ロバック)、アルバロ・パラシオス(レルミタ)。

ファウスティーノ・マルティネス
Faustino Martinez
リオハ

1860年設立のリオハでは最古のワイナリーの1つ。1931年には元詰めを始めるなど、近代化にもいち早く取り組む。長期熟成させた古典的商品を得意としており、旗艦銘柄はグラン・リゼルバ・ファウスティーノ1世。市場調査のため、新樽を用いて熟成させたボルドー・スタイルのファウスティーノ・デ・アウトールを1994年産に造ったこともある。

マルケス・デ・リスカル
Marqués de Riscal
リオハ

現存するワイナリーとしてはリオハ最古となる名門で、1858年リスカル侯爵により設立。フランス品種の移植や技術者の招聘などによりリオハの品質向上を牽引し、国内随一の銘醸地としての地位を確立。歴代のスペイン国王に加えて、画家ダリなどに愛飲された輝かしい経歴を持つ。

レメルリ
Remelluri
リオハ

先鋭的醸造家テルモ・ロドリゲスの実家であり、出世作となったスーパー・スパニッシュの1つ。ボルドーで修業した後リオハに戻ったものの、古典派につき物の長期熟成に伴う枯れたスタイルを嫌い、新樽熟成を適度に切り上げた。伝統的階級制度でもあるレゼルバ表示も止めた。父との意見の対立から1999年を最後に独立。

ミゲル・トーレス
Miguel Torres
ペネデス

17世紀の設立以降トーレス家が所有する製造業者で、個人所有形態の製造会社では生産量世界一を誇る。いち早く仏系品種を手がけた上、求めるべきスタイルに応じて、ステンレス発酵や小樽発酵・熟成など技術革新にも積極的。ペネデス地方のみならず、スペインの品質向上を牽引した。近年はチリやアメリカにも進出している。

フレシネ
Freixenet
サン・サドゥルニ・ダリヤ

年産1億本を超えるカバを手掛ける製造会社で、スパークリング・ワインでは世界最大規模を誇る。13世紀から社名にもなった畑ラ・フレシネーダを所有するフェラー家によリ1914年に設立。内戦の苦難を乗り越えて英米市場で成功を収めた。黒色磨りガラス瓶に詰められたコルドン・ネグロは同社の顔として有名。

ポルトガル

ダウ
Dow
ポルト

オポルト地区出身のブルーノ・ダ・シルヴァが1798年にロンドンで販売を始めたのが起源。現在はグレアム社と同じくシミントン一族が所有。他社が優良品を造れない年でも、良いものを生むと知られている。シミントン・グループのなかでは最も辛口のスタイル。

フォンセカ・ギマラエンス
Fonseca Guimaraens
ポルト

マノエル・ペドロ・ギマラエンスが1822年にフォンセカ・モンテイロ社を買収して設立。同氏は政治家としても活躍するが、政敵に狙われてイギリスに脱出し、成功を収めた。同氏の死後、会社はポルトに戻り、現在も子孫が維持する。Aクラスの格付け畑を多く所有し、いまだに足でぶどうを踏み潰して仕込む伝統的醸造を守り続け、力強くリッチなスタイルが好評。

グラハム　　　　　　　　　ポルト
Graham's

スコットランドの貿易商ジョン・グラハムが1820年に設立。ダウ社と同じくシミントン・グループに属する。濃密で最も甘味が強いといわれるスタイル。

キンタ・ド・ノヴァル　　　　　ポルト
Quinta do Noval

1715年設立の製造会社で、現在はピション・ロングヴィル・バロンとともに保険会社AXAの傘下にある。史上最高値となったナシオナル1931年は、プレ・フィロキセラの古木から獲れた原料のみを使ったもの。

ソグラペ　　　　　　　　トラズ・オス・モンテス
Sogrape

1924年設立。ポルトガル最大の製造会社であり、旗艦銘柄は微発泡性で親しみやすいマテウス・ロゼ。同商品は130ヵ国に輸出され、単一銘柄としては世界最大の出荷量を誇る。近年はドウロ地区の辛口赤ヴィラ・レジャなども手掛ける。

テイラー　　　　　　　　　ポルト
Taylor

1692年設立の製造会社で、いまだに他社の傘下に置かれたことがない。「貴族的」と称せられる優雅なスタイルを持ち、ポルト製造業者のなかでも最高評価を受ける。近年、フォンセカ社と合併して、業界リーダーとして活躍。

その他のヨーロッパ諸国

クラッハー　　　　　　ノイジードラーゼ(オーストリア)
Kracher

同国で最高評価の貴腐と讃えられる生産者。国内東部の丘陵地でさまざまな品種を栽培しており、その原料を用いて伝統的スタイルのツヴィッシェン・デン・ゼーン、現代的スタイルのヌーヴェル・バーグ、複数品種を混ぜたグランド・キュヴェを造る。辛口白も手掛け、こちらも好評。

F.X. ピヒラー　　　　　　ヴァッハウ(オーストリア)
F.X. Pichler

フランツ・クサファー・ピヒラーは、辛口白では別格扱いにある最高峰の生産者で、「白のロマネ・コンティ」と讃えられるほど。グリュナーフェルトリナー種とリースリング種を手掛けており、旗艦銘柄は最上区画ケラーベルグ、秀逸年のみに生産するMなど。アルコール度の高さのわりに爽やかで優美なスタイルを持つ。

ニコライホフ　　　　　　ヴァッハウ(オーストリア)
Nikolaihof

国内最高評価を受ける生産者の1つで、ビオディナミによる農作業を行い、大樽発酵による古典的醸造をかたくなに守る。グリュナーフェルトリナー種とリースリング種のいくつかの階級を手掛けており、いずれも濃密でありながら清涼感に富むスタイル。醸造蔵は聖ニコライ修道院として5世紀に建てられたものと言い伝えられている。

フンガロヴィン　　　　　　　ハンガリー
Hungarovin

ハンガリー最大の製造会社で、1992年の民主化に伴い、それまで国営だったものをドイツ最大の発泡酒製造会社ヘンケル社に売却された。国内のいくつかの生産地に1000ha以上の所有地があり、トカイやエグリ・ビカヴェールを手掛ける。本社内のセラーは1000年の歴史を持ち、総延長25km。国内で唯一、王冠をラベルに描くことが許されている。

ロイヤル・トカイ・ワイン・カンパニー　　　ハンガリー
Royal Tokay Wine Campany

評論家ヒュー・ジョンソンが地元の小規模生産者と合弁で、1989年に設立した製造会社。20世紀はじめからの社会主義体制のもとでは、生産量のほぼすべてが量産品に充てられていた。品質を確保するため、当地で19世紀前の格付けにおける最上位区画の原料を中心に用いる。

クルタキス　　　　　　　　　ギリシャ
Kourtakis

ギリシャ最大のワイン製造会社で、1895年ヴァッシリ・クルタキスにより設立。最新技術を導入するとともに、紀元前からの伝統を守る。アギオルギティコやサヴァティアノなどの古代品種を用いてギリシャならではの個性を表現している。

アメリカ

代表的生産者・著名人一覧 | 新興産地代表的生産者

オーパス・ワン
ナパ(ノース・コースト)
Opus One

ロバート・モンダヴィ社とバロン・フィリップ・ド・ロートシルト社（ムートン・ロートシルト）の共同出資により1979年に設立されたワイナリー。ワイン名の「作品番号1番」は、故フィリップ男爵が「ワインは交響曲」と喩えたことに因む。芳醇で深みがあり、カリフォルニア・プレミアムの模範的存在。モンダヴィ社売却に伴い、その共同経営権も巨大酒類製造会社コンステレーション・ブランズ社に移動。

ケンゾー・エステート
ナパ(ノース・コースト)
Kenzo Estate

ゲームソフトの旗手、カプコンの現CEOである辻本憲三がワイルド・ホース・ヴァレー（ナパ）に設立したワイナリー（1990年土地取得、2005年初収穫）。栽培家デイビット・エイブリュー、醸造家ハイディ・バレットが参加した妥協のないワイン造りが話題になる。カベルネ・ソーヴィニヨンを主軸としたプレミアム・ワインを手掛ける。

シャトー・モンテレーナ
ナパ(ノース・コースト)
Ch. Montelena

1976年のパリ対決シャルドネ部門での優勝が話題となったワイナリー。禁酒法以降は放置されていたものの、1970年代から復興を遂げた。ナパ・ヴァレーの最奥テイストガにあり、壮麗な城館を持つ。MLFを回避して引き締まったスタイルのシャルドネのほか、芳醇で落ちついたカベルネ・ソーヴィニヨンがある。2008年、ボルドーのコス・デストゥルネルが買収。

スクリーミング・イーグル
ナパ(ノース・コースト)
Screaming Eagle

カルト・ワインの最高峰に君臨する。その稀少性（年産500ケース）から、市場で10〜30万円の高値で取り引きされる。また、2000年のチャリティー・オークションでは1992年産マグナム・ボトルが50万ドルで落札されたことが話題に。「カルト・ワインの女王」と呼ばれるハイディ・バレットが手掛け、そのスタイルは芳醇でシルクのようなきめ細かさ。

スタッグス・リープ・ワイン・セラーズ
ナパ(ノース・コースト)
Stag's Leap Wine Cellars

1976年のパリ対決カベルネ・ソーヴィニヨン部門での優勝が話題となったワイナリー。現当主ウォーレン・ウィニアスキーはシカゴ大学教授を辞め、モンダヴィ社などで修業。1970年当地に植樹し、1972年から生産開始、パリ対決は1973年産だった。芳醇で深みがあり、極めて端整な仕上がりをしている。パリ対決の優勝を記念して、モンテレーナとともにスミソニアン博物館に展示されている。2007年、ワシントン州のシャトー・サン・ミッシェル社とイタリアのアンティノリ社の合弁会社により買収。

ドミナス
ナパ(ノース・コースト)
Dominus

ボルドー右岸の盟主ムエックス家が、ナパ・ヴァレーの名門ワイナリー、ナパヌックを1983年買収。その旗艦銘柄となるのがドミナス。カベルネ・ソーヴィニヨン主体のボルドー・ブレンドで、芳醇で深みのあるスタイル。1996年には廉価版のナパヌックを発売、こちらはフルーティでまろやかさを持ち、別ブランドの位置づけ。

ハーラン・エステイト
ナパ(ノース・コースト)
Harlan Estate

ボトル1本が数万円〜数十万円で取り引きされるカルト・ワインのなかでも代表格の存在。不動産業で成功したウィリアム・ハーランが世界最高をめざして設立、1990年から生産開始。徹底した収量制限と遅摘みによって得られた原料を近代的設備で仕込む。圧倒的なまでの凝縮感に反して、滑るほどのなめらかさが特徴。ミシェル・ロランがコンサルティング。

ルビコン・エステート
ナパ(ノース・コースト)
Rubicon Estate

映画監督フランシス・フォード・コッポラが所有するワイナリー。伝説的ワインのイングルヌックを手掛けたニーバム（設立1879年）の一部を1975年に買取して設立。当初はニーバム・コッポラを掲げたが、プレミアム・ブランドに特化するため2006年より現組織になる。廉価版はフランシス・フォード・コッポラ社で生産する。

ロバート・モンダヴィ
ナパ(ノース・コースト)
Robert Mondavi

カリフォルニア・ワイン隆盛の牽引役となったロバート・モンダヴィが1966年に設立したワイナリー。世界市場を意識した品質向上と販売戦略を構築して大成功。ムートン・ロートシルトとのオーパス・ワンなど、他社との共同事業も意欲的だった。2004年、巨大酒類製造会社コンステレーション・ブランズ社に1300億円で売却され、話題になった。

E&Jガロ
ソノマ(ノース・コースト)
E&J Gallo

1933年、禁酒法廃止に伴いアーネストとジュリオのガロ兄弟が設立。年産7000万ケースと世界最大の生産量を誇る製造会社。1990年代までバルク市場を主な対象としていたものの、近年の高級酒人気を受けて、品種名や畑名を掲げた上級商品の充実を図っている。州内各地区の契約農家から原料を求めるほか、ソノマ地区最大の栽培業者（2500ha）でもある。

マーカッシン
ソノマ(ノース・コースト)
Marcassin

女性醸造家ヘレン・ターリーが所有するワイナリー。シャルドネとピノ・ノワールの単一畑商品に特化しており、品薄のために極めて高値で取り引きされる。収量制限された原料を自然酵母で仕込み、無清澄・無ろ過で瓶詰め。肉厚でリッチなスタイルが特徴。いくつものカルト・ワインを手掛けてきた同氏は、ハイディ・バレットとともに「カルト・ワインの女神」と呼ばれる。

リッジ・ヴィンヤーズ　サンタ・クルーズ・マウンテン（セントラル・コースト）
Ridge Vineyards

ジンファンデルでは最高峰と讃えられてきたとともに、旗艦銘柄モンテ・ベッロ（カベルネ・ソーヴィニヨン）はパリ対決30周年記念イベント（2006年）のチャンピオンとして知られる。1855年イタリア移民オセアペロンによりサン・フランシスコの南にある丘陵地に設立。幾人かの手を経て、1986年に大塚食品が買収。

オー・ボン・クリマ　サンタ・バーバラ（セントラル・コースト）
Au Bon Climat

ジム・クレンデンが1982年に設立。シャルドネとピノ・ノワールからブルゴーニュ・スタイルを手掛け、愛好家からはコート・ドールと同等とされる。名匠アンリ・ジャイエを師と仰ぐ。近年は奇抜なアイディアから生まれたプレミアム・クラスを熱心に開発。

カレラ　サン・ベニート（セントラル・コースト）
Calera

ジョシュ・ジャンセンはロマネ・コンティ社で修業の後、同社経営者ヴィレーヌの言葉に従い、石灰岩土壌を求めてマウント・ハーランの高地にワイナリーを設立。ロマネ・コンティの枝を持ち帰り、植樹したといわれている。テロワールを表現するために区画名商品を展開、その旗艦銘柄ジャンセンはコート・ドールの特級にも並ぶ実力。

ドメーヌ・ドルーアン　オレゴン
Domaine Drouhin

ブルゴーニュの名門、ジョゼフ・ドルーアンがオレゴンに1988年設立。密植による収量制限、手収穫、自然酵母による発酵とブルゴーニュのプレミアム・ワインと同じ造り方を採用。秀逸なピノ・ノワールが話題となり、その後のオレゴン興隆の先駆となった。

その他の新興産地

トレジャリー・ワイン・エステート　オーストラリア
Treasury Wine Estates

同国のビール製造会社フォスターの傘下にあったワイン部門が2011年に分離された企業グループで、年間生産量では米国コンステレーションに次ぐ世界2位の規模を誇る。傘下にあるブランドとしてはオーストラリアのウルフブラス社やペンフォールド社のほか、アメリカのベリンジャー社など50個のブランドにおよぶ。

ルーウィン・エステイト　西オーストラリア州（オーストラリア）
Leeuwin Estate

西オーストラリア州マーガレット・リヴァーの優良ワイナリー。1972年、ロバート・モンダヴィ社とデニス・ホーガンの共同事業として設立、現在は独自に運営されている。アート・シリーズのシャルドネは同国最高傑作の1つと讃えられる。

ペンフォールド　南オーストラリア州（オーストラリア）
Penfolds Wines

同国で最高評価を受ける赤、グランジ・ハーミテイジを旗艦銘柄に抱える製造会社。イギリスから移り住んだ医師クリストファー・ローソン・ペンフォールドにより1844年設立。日常消費用から上級品まで手掛け、「すべての価格帯で最高水準」を提供するといわれる。芳醇で甘めの赤のほか、フルーティで肉厚な白が好評。

クラウディ・ベイ　マールボロ（ニュージーランド）
Cloudy Bay

西オーストラリアのケープ・メンテル・ワイナリーの創設者デビッド・ホーネンが、ニュージーランドの南島に設立したワイナリー。冷涼気候による独自のスタイルを持ったソーヴィニヨン・ブランがイギリス市場で成功。今日のニュージーランド隆盛の先駆者となった。現在、LVMHグループの傘下にある。

プロヴィダンス　オークランド（ニュージーランド）
Providence

弁護士ジェームス・ヴェルティッチが趣味として、1989年に設立したワイナリー（生産開始1993年～）。徹底的な有機栽培に加えて酸化防止剤の不使用が話題になる。初出荷の直後から「ニュージーランドのル・パン」と讃える評論家も現れたほど。通常のメルロ主体の商品のほか、カベルネ・フラン主体のプライベート・リザーヴなどを手掛ける。

アルマビーバ　マイポ・ヴァレー（チリ）
Almaviva

バロン・フィリップ・ド・ロートシルト社（ムートン・ロートシルト）とコンチャ・イ・トロが、マイポ・ヴァレーで展開する共同事業（1996年から）で、プレミアム・ワインのみを手掛ける。濃密で芳醇なスタイルを持つ。名前は劇作家ボーマルシェのフィガロ3部作の登場人物アルマビーバ公爵に因む。

コンチャ・イ・トロ　マイポ・ヴァレー（チリ）
Concha y Toro

同国最大規模の製造会社で、共同事業でアルマビーバを経営するなど、品質向上に積極的。19世紀、スペインのコンチャ公爵家の進出に伴い、ドン・メルチョーが派遣された。

ロス・バスコス　コルチャグア・ヴァレー（チリ）
Los Vascos

1750年にエチュニケ家が設立したワイナリーを起源としており、ドメーヌ・バロン・ロートシルト（ラフィット・ロートシルト）が1988年に経営権を引き継いだ。その際、ぶどう畑の植え替えや最新設備を導入のほか、作業の見直しを行った。現在、所有地は3600ha（うちぶどう畑560ha）におよび、同国で最大規模のワイナリーになった。

セーニャ　アコンカグア・ヴァレー（チリ）
Seña

ロバート・モンダヴィ社とエラスリス社が展開する共同出資で設立されたカリテラ社（生産開始1995年～）の旗艦銘柄。名前は「卓越性を表す署名」に因む。また、社名は最高の「品質（Cali）と土地（Terra）」という造語によるもの。カベルネ・ソーヴィニヨン主体の落ち着いた深みのあるスタイルで、話題も控えめ。

KWV　南アフリカ
Ko-Operative Wijnbouwers Vereniging Van Zuid-Africa

産業育成のために設立された全国規模の協同組合。最盛期は約5000軒の栽培農家が加盟し、国内生産量の約85％を占めていた。象徴品種ピノタージュの開発（1925年）やいち早く冷却装置の導入（1957年）などの功績がある。人種隔離政策の廃止によって輸出環境が改善したため、1997年には株式会社化されたが、現在も国内最大の輸出会社である。

代表的生産者・著名人一覧　著名人一覧1

ボルドーの醸造家など

フィリップ・ド・ロートシルト男爵　Baron Philippe de Rothschild
ムートン・ロートシルトの所有者として品質向上に努めたほか、1970年代の元詰め運動の発案者としても有名。1988年逝去。

クリスチャン・ムエックス　Christian Moueix
ペトリュスやドミナスなどを所有するジャン・ピエール・ムエックス社の社長で、現在の右岸隆盛の牽引役として「ミスター・メルロ」と呼ばれる。

コリーヌ・メンツェロプロス　Corinne Mentzelopoulos
マルゴーを所有するメンツェロプロス家の現女性当主で、前所有者時代に不振にあえいでいたのを復活させた功績は大きい。

ジャン・リュック・テュヌヴァン　Jean Luc Thunevin
ヴァランドローの所有者で、ボルドーにおけるガレージ・ワインの牽引役。近年はネゴシアン部門を設立したほか、ボルドー左岸や南フランスにも進出。

ジャン・ミシェル・カーズ　Jean-Michel Cazes
ランシュ・バージュの所有者として精力的な活動を行うほか、メドックのワイン騎士団長としても活躍。

ジェフリー・デイヴィス　Jeffrey M.Davies
アメリカ人では初のボルドー大学醸造学部卒業生。1972年、ワイン・ジャーナルの先駆とされる『Les Ami du Vin』を創刊。その後、ボルドーでクルティエとして活動。ボルドー右岸の新興ガレージ・ワインを盛り立てる。

ミシェル・ロラン　Michel Rolland
ル・ボン・パストゥールを所有するほか、ボルドー右岸を中心にモダン・ボルドーを手がけるコンサルタント。現在は10ヵ国100軒以上で指導を行う。

ポール・ポンタリエ　Paul Pontallier
マルゴーの醸造責任者で、プティ・ヴェルドを復活させるなど大きな功績を残す。近年はコンサルタントとしても活躍しており、日本ではメルシャンが指導を受ける。

ピエール・リュルトン　Pierre Lurton
LVMHグループが所有するシュヴァル・ブランとイケムの執行責任者。祖父アンドレはボルドーの名士で、当時はクロ・フルテなど多数のシャトーを所有し、その栽培地面積は1000haを超えた。

ステファン・デュルノンクール　Stéphane Derenoncourt
ボルドー右岸でミシェル・ロラン、ジャン・リュック・テュヌヴァンの次として注目される醸造家。ラ・モンドットやパヴィを手掛けるほか、個人所有のドメーヌ・ド・ラがある。

ブルゴーニュの醸造家など

ドミニク・ローラン　Dominique Laurent
ルクセンブルグ出身にして元パティシエの醸造家で、そのネゴシアンものは1990年代にトップ・ブランドだった。滓引き回数の削減、新樽200%という技術を用いて濃密で力強さで話題となった。

ギイ・アカ　Guy Accad
1980年代に活躍したレバノン出身の醸造コンサルタントで、低温浸漬による風味改善を提唱。一時期は数十軒を指導していたものの、その風味の持続性が短いことから1990年代には顧客を失った。

アンリ・ジャイエ　Henri Jayer
「神」と讃えられた伝説的生産者で、1990年代に話題沸騰。収量制限を行い、より自然なかたちでの醸造を提唱。2006年9月に死去。

ジャン・マリー・ギュファン　Jean-Marie Guffens
ネゴシアンのヴェルジェ社の設立以降、ロケットのような勢いで事業拡大を遂げたベルギー人。マコン地区をはじめとして白を得意とする。

ジュール・ショーヴェ　Jules Chauvet
1990年代中葉、ボージョレ地区で活動した自然派の先駆者。有機栽培によって得られた原料を、シャプタリザシオンをせずに仕込み、二酸化硫黄使用も抑える。門下にマルセル・ラピエールやフィリップ・パカレがいる。

ラルー・ビーズ・ルロワ　Lalou Bize-Leroy
最高品質で知られるルロワ社の経営者で、おそらくブルゴーニュで最も有名な女性。また、ロマネ・コンティ社の株主で共同経営者。個人所有地ではビオディナミによる栽培を実践。

フィリップ・パカレ　Philippe Pacalet
現在、自然派で最も注目を集める醸造家。「自然派の祖」ショーヴェの最後の弟子とされ、ルロワとプリューレ・ロックを経て独立。

シルヴァン・ピティオ　Sylvain Pitiot
地勢学の元技師。ムルソーの生産者で舅のピエール・ブポンとともに『Atlas de Grands Vignobles de Bourgogne』を編集。その後、ワイン造りに携わり、オスピス・ド・ボーヌの醸造責任者を務める。1995年からクロ・ド・タールの醸造責任者として、その名声を高めた。

その他フランスの醸造家など

ジャン・リュック・コロンボ　Jean-Luc Colombo
1980年代後半よりコンサルタントとしてローヌ地方興隆の立役者となったほか、コルナスには個人所有畑がある。

ジャン・ピエール・ペラン　Jean-Pierre Perrin
ボーカステルの所有者で、酸化防止剤の不使用を提唱。シャトーヌフ・デュ・パプでは「複雑さが増す」として許可13品種すべてを用いる。

ニコラ・ジョリィ　Nocolas Joly
ビオディナミによる栽培の提唱者で、ロワール地方のクーレ・ド・セランの単独所有者。講演や指導のために精力的に活動し、今日の自然派志向を牽引。

イタリアの醸造家など

アンジェロ・ガイヤ Angelo Gaja
1960年代以降、イタリア・ワインの技術革新を力強く牽引。その成功から「バルバレスコの王」と称される。国内で初めて新酒を手掛けたことでも有名。

フランコ・ベルナベイ Franco Bernabei
イタリアを代表する醸造家の1人で、フォントディやフェルシナなどキアンティ地区を中心にして、いくつものスーパー・トスカーナを手掛ける。

ジャコモ・タキス Giacomo Tachis
アンティノリ社の醸造責任者としてサッシカイアを生み出したほか、コンサルタントとして数多くの高級酒を手掛けた、イタリアを代表する醸造家。

マルク・デ・グラツィア Marc de Grazia
若手生産者の支援を通してピエモンテの技術革新を進めたほか、それらの流通組織の整備を行った。バロー
ロ・ボーイズのリーダー。

ピエロ・アンティノリ Piero Antinori
トスカーナ最大の生産者であり、ティニャネッロを抱えるアンティノリ家の当主。弟ロドヴィコは元オルネッライア所有者、従兄弟のニコロ・ロケッタがサッシカイア所有者。

リッカルド・コタレッラ Riccardo Cotarella
中部イタリアを主な活動場所に秀逸な赤を生み出した。名門ワイナリーではなく、協同組合などの技術革新に大きく貢献した。

アメリカの醸造家など

アンドレ・チェリチェフ André Tchelistcheff
ロシア出身の醸造家で、ボーリュー・ヴィンヤードの設立などカリフォルニアにおける近代ワイン産業の父ともいわれる。

デイヴィッド・エイブリュー David Abreu
アメリカ随一と讃えられる栽培管理者で、完全主義的な作業と収量制限を実践する。アロウホ、ブライアント、ハーランなど超有名銘柄の畑を管理するほか、個人所有地マドロウナ・ランチのカベルネ・ソーヴィニヨンも好評。

ハイディ・バレット Heidi Barrett
「カルト・ワインの女神」と讃えられるアメリカで最高評価を受ける女性醸造家。スクリーミング・イーグルやグレース・ファミリー、ダラ・ヴァレなど彼女が手がけた銘柄は、輝かしい舞台が約束されるといわれる。

ヘレン・ターリー Helen Turley
ハイディ・バレットと並ぶほどの評価を受ける女性醸造家で、ソノマにあるマーカッシンの所有者。ブライアント・ファミリーやパルメイヤーなどが代表作。力強く重厚なスタイルが特徴。

ミア・クライン Mia Klein
1990年代に話題となったカベルネ・ソーヴィニヨン(ダラ・ヴァレ、ヴィアデル、スポッツウッドなど)をいくつも手掛けた女性醸造家。トニー・ソーターとは最強タッグといわれた。

ポール・ドレーパー Paul Draper
大塚食品が所有するリッジ・ヴィンヤーズを管理する醸造家。新世界における自然派の先駆者でもある。同園は彼の参画後に急発展し、ジンファンデルの最高峰となった。

ランダル・グラハム Randall Grahm
ボニー・ドゥーンの所有者・醸造家で、アメリカにおけるローヌ品種の拡大を牽引。「刑務所」「唐辛子」という奇抜な銘柄を手掛け、雄弁な語り口でも有名。

ロバート・モンダヴィ Robert Mondavi
カリフォルニア・ワインの品質向上と普及活動に大きく貢献し、カリフォルニアの「帝王」と呼ばれた。オーパス・ワンをはじめとする外国企業との共同事業にも積極的。2004年、それらの事業を巨大酒類製造会社コンステレーション・ブランズ社に売却。

スティーヴ・キスラー Steve Kistler
肉厚でゴージャスというアメリカのシャルドネ・スタイルを確立した人物。ソノマ各地にぶどう畑を所有して単一畑商品の開発に精力的に臨む。

トニー・ソーター Tony Soter
「天才」と呼ばれた醸造家で、アロウホやスポッツウッド、ニーバム・コッポラのルビコンなどを生み出した。個人所有のエチュードに専念するため、1999年にほとんどのワイナリーから手を引いた。

その他の国々の醸造家など

エゴン・ミュラー・シニア Egon Müller Senior
ドイツ／同国で最も有名な醸造家であり、特別単一畑シャルツホフベルガーを半世紀に渡って手掛けた。良作年の貴腐は世界で最も高値で取引される銘柄の1つ。

アレハンドロ・フェルナンデス Alejandro Fernandez
スペイン／リベラ・デル・ドゥエロのボデガス・ペスケラの所有者で、テンプラニーリョ種による個性確立を提唱し、地域興隆に貢献。

ピーター・シセック Peter Sisseck
スペイン／現在、同国において最高値で取り引きされるピングス(リベラ・デル・ドゥエロ)の所有者。デンマーク出身で、ヴァランドローで修行。同国で最も評価を受けるガレージ・ワイン・メーカー。

ブライアン・クローザー Brian Croser
オーストラリア／南オーストラリア州のワイナリー、ペタルマの設立者。いち早くアメリカの技術を導入して「白ワイン革命」を起こす。現在、一線で活躍する若手醸造家を育て「オーストラリアン・ハイ・テクノロジー」の潮流を生み出した人物の1人。

マックス・シューバート Max Schubert
オーストラリア／ペンフォールド社の元醸造責任者。さまざまな地区産出の原料をもとに、同国で最高評価を受けるグランジ・ハーミテイジを誕生させた。

栽培学者・醸造学者

キャロル・メレディス　　　Carole Meredith
カリフォルニア大学デイヴィス校の生物学者。DNA鑑定を用い、ジンファンデル、カベルネ・ソーヴィニョン、シャルドネ、シラーなどのルーツを解明した。

クロード・ブルギニヨン　　　Claude Bourguignon
化学肥料が耕地の微生物活動を衰退させるという衝撃的な報告を行った微生物学者。今日の自然派の理論的背景を作る。

ドゥニ・デュブルデュー　　　Denis Dubourdieu
ボルドー大学教授であるとともに、コンサルタントとしてド・フューザル以降のボルドー・ブランの大躍進を手がけた。

エミール・ペイノー　　　Emile Peynaud
ボルドー大学教授として近代的醸造技術を確立し、マルゴーの復活を指導したことで以降のコンサルタントの草分けとなる。2004年逝去。

ハロルド・オルモ　　　Harold Olmo
カリフォルニア大学デイヴィス校の栽培学の権威。ルビー・カベルネ、エメラルド・リースリングなど交配品種を作り出した。オーストラリア、マーガレット・リヴァーの可能性を発見した人物でもある。

ジャン・リベロー・ガイヨン　　　Jean Ribéreau-Gayon
ボルドー大学醸造学部長として地域振興を学術面から支援。同学部は祖父（ユリシーズ）により設立され、父も同職を歴任した。

メイナード・アメリン　　　Maynard Amerine
20世紀アメリカの醸造家で、ウインクラー博士とともに積算温度によるリジョン・システムを考案した。

リチャード・スマート　　　Richard Smart
オーストラリア出身の栽培学者で、キャノピー・マネージメントの理論を主に中堅の生産地での原料品質の向上を手掛ける。200軒以上におよぶ世界中のワイナリーでコンサルティングを行う。主に中堅以下の生産地での原料品質の向上を手掛ける。

セルジュ・ルノー　　　Serge Renaud
フランスの心臓病研究者で、赤ワインが虚血性心疾患の発生を予防することを説いた人物。1991年にCBSの「60minutes」に出演したのが、世界的な赤ワインブームの先駆け。

評論家・ジャーナリスト

アレキシス・リシーヌ　　　Alexis Lichine
フランスで活躍したワイン商・文筆家。スクーンメーカーとともにブルゴーニュの元詰め運動を推進したほか、プリュウレ・リシーヌの元所有者としても知られる。

アルミン・ディール　　　Armin Diel
ナーエにぶどう園を所有するかたわら、『ゴー・エ・ミヨ（ドイツ版）』の編集に携わる。

フランク・スクーンメーカー　　　Frank Schoonmaker
20世紀中葉にアメリカで影響力を持っていたワイン商・文筆家。ブルゴーニュの元詰め運動を推進したことで知られる。ヴァラエタル・ワインのシステムを提唱した人物でもある。

ヒュー・ジョンソン　　　Hugh Johnson
週刊誌のワイン担当を皮切りに、その膨大な知識量を活かした著作を数多く持つイギリス人評論家。ロイヤル・トカイにも関与。

ジェームス・ハリデー　　　James Halliday
オーストラリアを代表する評論家。緻密な取材による執筆活動で定評があるほか、ヤラ・ヴァレーにワイナリーを所有したこともある。

ジャンシス・ロビンソン　　　Jancis Robinson
綿密な取材に基づく著作で知られるイギリスのジャーナリストで、女性初のマスター・オブ・ワイン。編書に『The Oxford Companion to Wine』など。

ルイジ・ヴェロネッリ　　　Luigi Veronelli
イタリアを代表する食とワインの評論家で、雑誌『Il Gastronomo』を創刊。自著のなかでA.O.C.をもとにした格付けをイタリアに行った。

マイケル・ブロードベント　　　Michael Broadbend
クリスティーズ社の元オークショナーで、古酒や稀少品の世界的権威として活躍。文筆家としても有名。

ミシェル・ベタンヌ　　　Michel Bettane
雑誌『la Revue du Vin de France』編集長で、フランス国内の生産者情報に精通し、評論家としても活躍。

ロバート・パーカーJr.　　　Robert Parker Jr.
現在世界で最も影響力を持つワイン批評家。100点法による評価を初めてワインに適用。批評誌『The Wine Advocate』を刊行するほか、著書多数。

スティーヴン・スパリュア　　　Steven Spurrier
パリでワイン・ショップ「カーヴ・ド・マドレーヌ」を営んでいたイギリス人で、一般向けのワイン・スクール「アカデミー・デュ・ヴァン」を設立。1976年のパリ対決を主催したことで有名。

スチュアート・ピゴット　　　Stuart Pigott
ドイツ在住のイギリス人でありながら、ドイツでは最も権威のあるジャーナリストの1人として活躍。

文化人・研究者

アレクサンドル・デュマ   Alexandre Dumas
19世紀の小説家で『三銃士』の著者。「シャンベルタンほど、未来を薔薇色に輝かしく見せてくれるものはない」「モンラッシェは脱帽し、ひざまずいて飲まなくてはならない」といった言葉が有名。

アンドレ・フランソワ   André François
シャンパーニュ地方の科学者。1863年、瓶内二次発酵で生じる炭酸ガスの量を測定する方法を開発。シャンパーニュ製造の安定化に大きく貢献。

オーギュスト・エスコフィエ   Auguste Escoffier
現代フランス料理の礎を築き上げた人物。料理技術の簡素化や調理場の組織化のほか、『ギド・キュリネール』をはじめとする著作により料理の体系化を行う。

アウグスト・ヴィルヘルム・フライヘル・フォン・バボ   August Wilhelm Freiherr von Babo
19世紀後半のオーストリアの科学者。クロスター・ノイブルクにあるワイン研究機関の理事長を務め、同国で用いられるKMW糖度の単位を開発。

ブリア・サヴァラン   Brillat-Svarin
19世紀フランスの政治家であり美食家。著書に『美味礼賛』（原題『味覚の生理学』）があり、その名はチーズにも残る。

クリスティアン・フェルディナンド・エクスレ   Christian Ferdinand Oechsle
19世紀前半のドイツの物理学者で、1830年に果汁の糖度を調べる比重計を発明。ドイツ・ワインの糖度単位であるエクスレ度の名前は彼に由来する。

キュルノンスキー   Curnonsky
20世紀初頭のフランスの美食評論家（本名モーリス・サイヤン）。地方料理の再発見を提唱して『美食のフランス』全28巻を著した。

エラスムス   Erasmus
16世紀前半の人文主義思想家。ブルゴーニュ・ワインを好んだという。

フリードリッヒ・エンゲルス   Friedrich Engels
19世紀ドイツの社会主義思想家で、マルクスとともに『資本論』を記した。「貴方にとっての幸福とは」との問いに「シャトー・マルゴー1948年」と答えたと伝えられる。

ヘルマン・トゥルガウ   Hermann Thurgau
19世紀ドイツの栽培学者。ガイゼンハイムぶどう栽培研究所に勤務し、ミュラー・トゥルガウなどの交配品種の研究を行った。

ジャン・アントン・シャプタル   Jean-Antoine Chaptal
19世紀フランスの化学者。果汁への糖分添加による酒精増強法（いわゆる「Chaptalization」）を考案。

ジョン・ロック   John Locke
17世紀イギリスの民主思想家。オー・ブリオンを訪問したことを随想に綴り、その優れた品質を称える。記録上、彼がイギリス人初の同蔵への訪問客（1687年）。

ジョセフ・ルイ・ゲイ・リュサック   Joseph Louis Gay-Lussac
19世紀前半の化学者。アルコール発酵の化学式を定式化。

ジュール・ギュイヨ   Jules Guyot
19世紀フランスの栽培学者。整枝法としては最も一般的な垣根式の一種であるギュイヨ法に名を留める。

カール・マルクス   Karl Marx
19世紀ドイツの社会主義思想家で、エンゲルスとともに『資本論』を記した。モーゼル出身で、資本論脱稿時にモーゼル・ワインで乾杯したという。

ルイ・パスツール   Louis Pasteur
19世紀の科学者でさまざまな分野に多大な功績を残し、とくに微生物学では発酵のメカニズムを解明した。

ミシェル・ド・モンテーニュ   Michel de Montaigne
16世紀前半の人文主義思想家で、著書に『随想録』など。ボルドー出身でボルドー市長を務めた。

サムエル・マースデン   Samuel Marsden
19世紀前半の牧師。オーストラリアからニュージーランドに派遣された際、100種ほどのぶどう樹を持ち込み、北島ケリケリで初めてぶどう栽培・ワイン生産を行った。

川上 善兵衛   Zenbei Kawakami
明治末期から昭和初期にかけて活躍した研究者。「日本のワインの父」と呼ばれる。マスカット・ベリーAをはじめ、日本の気候に適した交配品種を多く開発した。

偉人　古代・中世

アリストテレス — Aristoteles
紀元前4世紀のギリシャの大哲学者。ギリシャの黒ぶどうリムニオ種を名づけた人物。

アンソニウス — Ausonius
西ローマ帝国末期（4世紀後半）の詩人であり、政治家。ボルド一出身、モーゼル地方で政治家として活躍。ボルドーのシャトー・オーゾンヌはこの詩人の名に因む。

シャルルマーニュ大帝 — Charlemagne
8世紀、西欧を支配したフランク王国の皇帝。キリスト教の擁護とワイン生産を奨励した。特級シャルルマーニュは彼に由来する畑。

ディオニソス — Dionysos
ギリシャ神話の神の1人で、酒を司る。別名バッカス。伝統あるワイン産地にはバッカス信仰が見られるところが多い。

ドン・ペリニヨン — Dom Pérignon
17世紀シャンパーニュのオー・ヴィレール修道院の酒庫係で、シャンパーニュ製法の原型を考案したと伝えられている。本名はピエール・ベリニヨンで、ドンは称号。

フランソワ・ラブレ — François Rabelais
16世紀フランスの医師・作家で、ロワール地方シノン出身。美食を描いた風刺物語『パンタグリュエル物語』『ガルガンチュワ物語』を残す。

クレマン5世 — Gascon Pape Clément V
14世紀に法王庁をアヴィニョンに移した法王。出身地ボルドーにはワイナリー（現パブ・クレマン）を所有していた。

行基 — Gyouki
奈良時代の僧で、貧民救済や開墾、治水などの社会事業を行う。718年、中国から伝えられたぶどうの種子を山梨に蒔いたという甲州種の奈良伝来説を残す。

エンリケ航海王子 — Infante D. Henrique
15世紀、ポルトガルの王子。同国の航海探検の中心人物で、大航海時代の先駆者。マデイラ諸島を開発。

ヤン・ファン・リーベック — Jan van Riebeeck
1652年、南アフリカのケープ・タウンに入植した東インド会社の司令官。同国で初めてワイン造りを行う。

ユリウス・カエサル（ジュリアス・シーザー） — Julius Caesar
紀元前1世紀にフランスを征服し、ローヌ、ブルゴーニュ、シャンパーニュ、ロワールにワイン造りを伝えた。

雨宮 勘解由 — Kageyu Amamiya
行基とともに、日本のワインの始祖とされる人物。1186年に山梨で野生ぶどうを発見し、栽培したという甲州種の鎌倉伝来説を残す。

ポンパドゥール夫人 — Madame Pompadour
18世紀前半、フランス王ルイ15世の寵妃。コンティ王子とロマネ・コンティの所有権で争う。それに敗れた後、今度はラフィットの擁護者としてパリの宮廷にその名を広めた。シャンパーニュも好んだ。

マルクス・アウレリウス・プロブス — Marcus Aurelius Probus
3世紀のローマ皇帝。ドミティアヌス帝によるガリアでのぶどう栽培禁止令（92～270年）を廃止し、植民地の安定化政策として、ぶどう栽培とワイン生産をフランスやドイツで奨励。

マルクス・ルシニウス・クラッスス — Marcus Licinius Crassus
カエサル、ポンペイウスとともにローマの三執政の1人。紀元前1世紀にボルドー、南西地方にワイン造りを伝えた。

マルキ・ド・サド — Marquis de Sade
18世紀後半から19世紀初頭に活動した作家。背徳的小説のため当時は禁書に指定され、みずからバスティーユに投獄された。『ソドム百二十日』など代表作にワインが登場する。ミシェル・ゴネが同名のシャンパーニュを2008年まで生産していた。

ニコラ・ロラン — Nicolas Rolin
15世紀ブルゴーニュ公国の宰相で、私財を投じてオスピス・ド・ボーヌを設立。

フィリップ・ル・アルディ — Philippe le Hardy
剛胆公と呼ばれ、ブルゴーニュ公国に繁栄をもたらした。「病気の元」「最悪の品種」として、コート・ドールにガメイ禁止令を出した。

サン・ヴァンサン — Saint Vincent
ぶどうの守護聖人。英語名はヴィンセント。名前にVinの文字が入ることに因む。ブルゴーニュをはじめ各地でこの守護聖人を讃える祭りが開かれている。

ヴァージル — Virgil
紀元前1世紀のローマの詩人。「ギリシャのぶどう品種を数えるより、海岸の砂を数えるほうが容易である」という言葉を残した。

偉人 近世・近代

アゴストン・ハラツィー Agoston Haraszthy
ハンガリー出身で、現存する商業ワイナリーとしては最古とされるブエナ・ビスタ・ワイナリーを1857年に設立。ヨーロッパから大量の苗木を輸入したことから、「カリフォルニア・ワインの父」と呼ばれることもある。

アレクサンドル二世 Aleksandr II
19世紀後半のロシア皇帝。シャンパーニュを好み、ルイ・ロデレール社に自分専用のスペシャル・キュヴェを造らせた。これが現在の「クリスタル」の起源となる。

アーサー・フィリップ Arthur Philippe
18世紀末のオーストラリアの初代総督。シドニーのファーム・コーブに初めてぶどうを植え、ワイン造りを行った。

ル・ロア男爵 Baron Le Roy
シャトーヌフ・デュ・パプにおいて原産地制度を法制化（1923年）し、現在の原産地制度の原形となる。

リカーゾリ男爵 Brone Ricasoli
19世紀、統一イタリアの初代首相。黒ぶどうと白ぶどうを混ぜるキアンティのゴベルノ法を考案。

シャルル・ルイ・ナポレオン・ボナパルト Charles Louis-Napoléon Bonaparte
ナポレオン・ボナパルトの甥で、フランス第二帝政時の皇帝。1855年、ボルドー商工会議所に命じて、特級格付けを作成させた。

タルボ将軍 General Talbot
百年戦争末期のイギリス軍指揮官で、カスティリオン戦争で戦死。4級タルボは元領地で、1級ラトゥールにはフランス軍監視のための要塞があった。

ヨーゼフ二世 Joseph II
18世紀後半のオーストリアの国王。ブッシェンシャンク法を制定し、外国産のワインに関税をかけることで自国のワイン産業を保護。

クレメン・ヴェンツェル・ロタール・フォン・メッテルニヒ Klemens Wenzel Lothar von Metternich
19世紀前半に活躍したオーストリアの政治家。ウィーン会議での立ち回りの報奨として皇帝からシュロス・ヨハニスベルクを贈られ、現在もその一族が所有。

ポンバル侯爵 Marquis de Pombal
18世紀ドウロ河上流域にぶどう農業公社を設立し、産地興隆を成し遂げたポルトガルの侯爵（当時首相）。

セギュール侯爵 Marquis Nicolas-Alexandre Ségur
17～18世紀にボルドーで権勢を振るった人物、「ぶどう畑の王子」と呼ばれ、ラフィット、ラトゥールのほかカロン・セギュールなどを所有していた。

ナポレオン・ボナパルト Napoléon Bonaparte
フランス第一帝政期（19世紀初頭）の皇帝。シャンベルタンを好んだことで知られる。また、シャンパーニュのモエ・エ・シャンドンのBrut Impérial（皇帝のブリュット）の「皇帝」とはナポレオンのこと。

タレイラン・ペリゴール Talleyrand-Périgord
18世紀後半～19世紀前半の政治家・外交官。ナポレオンの外相を務めた後、戦後処理のウィーン会議で華麗な美食外交を展開。ウィーン会議当時オー・ブリオンを所有していた。

トマス・ジェファーソン Thomas Jefferson
18世紀後半から19世紀にかけてのアメリカの政治家。独立宣言を起草したほか、第3代大統領を務めた。駐フランス大使時代、ボルドーを訪問して当時の詳細な産地事情を報告。イケムやオー・ブリオンを好んだ。

地中海世界における栽培地の拡大

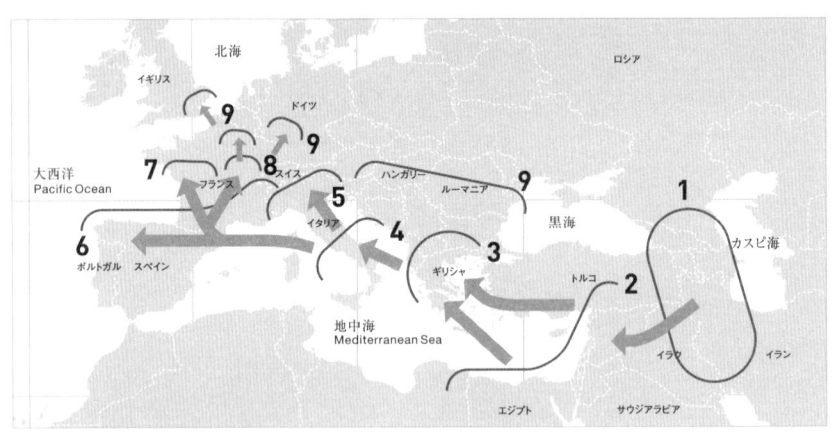

歴史 ― ワインの起源と伝播

1 コーカサス地方・メソポタミア地方
2 エジプト・フェニキア(紀元前6000年)
3 ギリシャ(紀元前3000年)
4 南イタリア(紀元前8世紀)
5 北イタリア(紀元前4世紀)
6 南フランス・スペイン・ポルトガル(紀元前1世紀)
7 ロワール(1世紀)
8 ブルゴーニュ(2世紀)
9 シャンパーニュ・モーゼル(4世紀)

コーカサス地方やメソポタミア地方では、7000〜8000年前にはぶどうをかめにいれてワインが造られていたようです。それがエジプトやフェニキア[※1]などの東地中海沿岸に広まり、史実としてたどれるのが紀元前3000年前頃[※2]とされています。海上交易で栄えたフェニキアは、ギリシャなどへワインを運ぶだけでなく、栽培や醸造を広めていきます。また、ギリシャは南イタリアに植民都市を建設し(紀元前8〜4世紀頃)、その周辺で大規模にぶどう栽培を行うようになりました。

※1 現在のレバノン辺りで、メソポタミアやエジプトの影響を受けて文明化を遂げた。北アフリカからイベリア半島にいたる海上交易を行い、古代の地中海世界で活躍した
※2 エジプトの第一王朝(紀元前3000年)の王墓から、ワインの壺とぶどうの種が発見された。第十八王朝(紀元前1500年)の王墓には、ぶどう栽培や収穫、仕込みなどが描かれている。また、バビロニア(紀元前2500年)の「ギルガメッシュ叙事詩」がワインに関して、現存する最古の文献とされる

ローマ時代までに開発された栽培地

現在の栽培地のほとんどの基盤は、5世紀までにローマ帝国によって創りあげられたといわれています。ローマ帝国は植民地を安定化させるために、原住民を狩猟生活から農耕生活へ転換させたわけです。民族大移動に伴って西ヨーロッパでは一時期、ぶどう栽培とワイン醸造が衰退するものの、その後はキリスト教勢力の拡大※とともに復興を遂げていきます。とくにドイツやフランス東部では、ワインとキリスト教は密接なつながりをもっており、修道士が技術革新を担っていきます。

※民族大移動に伴い西ローマ帝国が崩壊した後、フランク王国がフランスのほか、ドイツとイタリアの一部を統一した。カール大帝(仏名:シャルルマーニュ)がキリスト教を保護し、ワイン生産を奨励したことにより、域内で生産が活発化した

新大陸への普及と産業革命による飛躍

栽培地がさらに拡大したのは、大航海時代に続く新大陸の植民地化に伴うものです。16世紀から18世紀にかけて、南米大陸や北米大陸のほか、オセアニアなどへ広まります。また、17世紀にはガラス瓶やコルク栓が開発され、保存期間が遥かに延びたために、消費形態や流通形態に劇的な変化をもたらします。それまでワインは醸造された近隣で、翌年のものが出回るまでに飲み切っていたものの、寝かせてから飲むといった習慣が生まれ、交通機関の発達も重なってワインが旅をするようになります。

ぶどうの起源

ぶどうは白亜紀に存在した植物で、氷河期を経て地中海沿岸と北米大陸で生き残ったものが現存するぶどうの起源と考えられています。現在でもカスピ海沿岸(コーカサス地方)のグルジアには、野生のヴィティス・ヴィニフェラ種が生育しており、「ワインの発祥地はグルジア」とする声もあります。

歴史｜年表

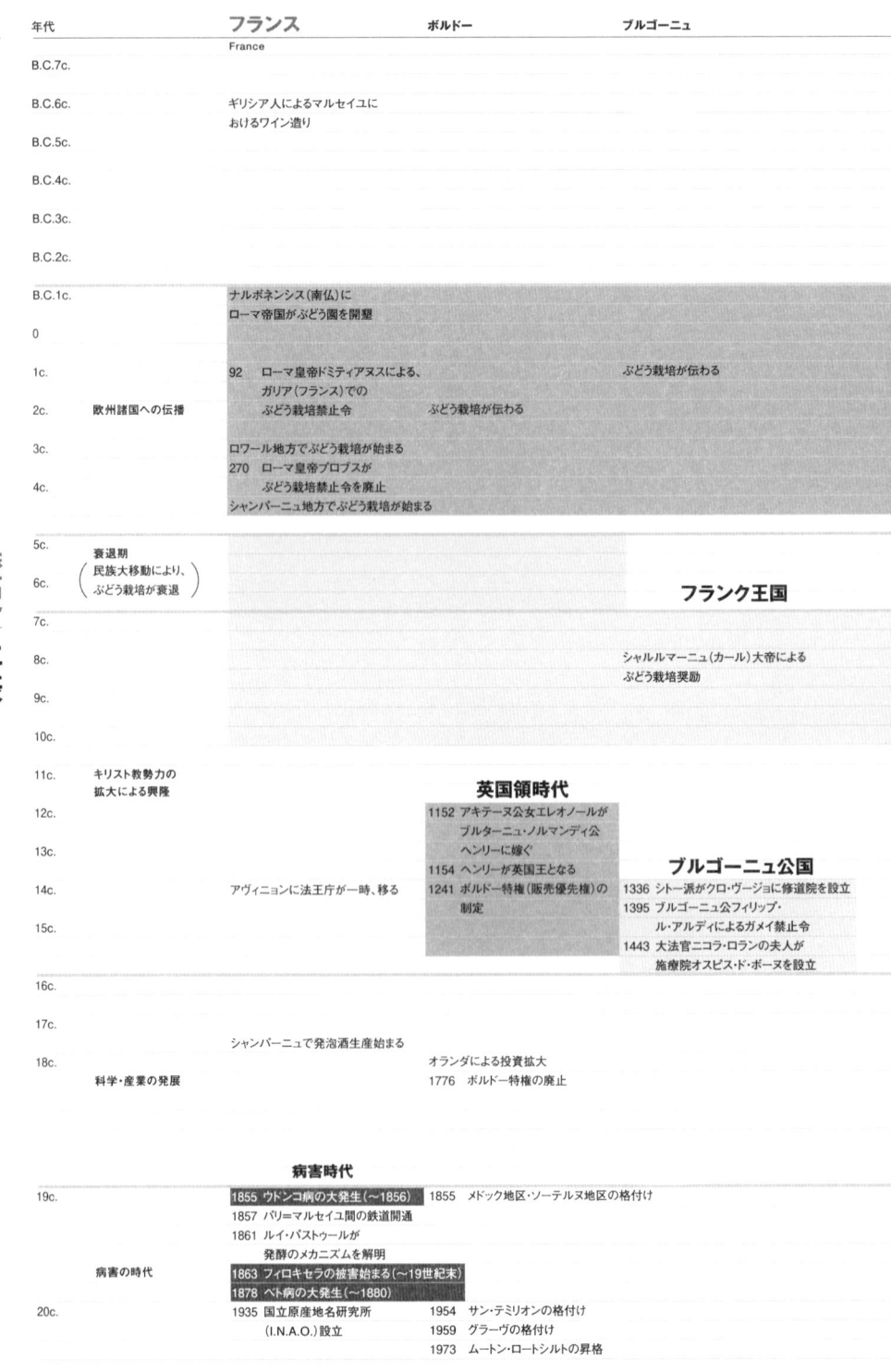

Data 27

年代	フランス France	ボルドー	ブルゴーニュ
B.C.7c.			
B.C.6c.	ギリシア人によるマルセイユにおけるワイン造り		
B.C.5c.			
B.C.4c.			
B.C.3c.			
B.C.2c.			
B.C.1c.	ナルボネンシス（南仏）にローマ帝国がぶどう園を開墾		
0			
1c.	92 ローマ皇帝ドミティアヌスによる、ガリア（フランス）でのぶどう栽培禁止令		ぶどう栽培が伝わる
2c.	欧州諸国への伝播	ぶどう栽培が伝わる	
3c.	ロワール地方でぶどう栽培が始まる		
4c.	270 ローマ皇帝プロブスがぶどう栽培禁止令を廃止 シャンパーニュ地方でぶどう栽培が始まる		
5c.	衰退期（民族大移動により、ぶどう栽培が衰退）		
6c.			**フランク王国**
7c.			
8c.			シャルルマーニュ（カール）大帝によるぶどう栽培奨励
9c.			
10c.			
11c.	キリスト教勢力の拡大による興隆		
12c.		**英国領時代**	
13c.		1152 アキテーヌ公女エレオノールがブルターニュ・ノルマンディ公ヘンリーに嫁ぐ 1154 ヘンリーが英国王となる	**ブルゴーニュ公国**
14c.	アヴィニョンに法王庁が一時、移る	1241 ボルドー特権（販売優先権）の制定	1336 シトー派がクロ・ヴージョに修道院を設立 1395 ブルゴーニュ公フィリップ・ル・アルディによるガメイ禁止令
15c.			1443 大法官ニコラ・ロランの夫人が施療院オスピス・ド・ボーヌを設立
16c.			
17c.	シャンパーニュで発泡酒生産始まる		
18c.	科学・産業の発展	オランダによる投資拡大 1776 ボルドー特権の廃止	
	病害時代		
19c.	1855 ウドンコ病の大発生（〜1856） 1857 パリ＝マルセイユ間の鉄道開通 1861 ルイ・パストゥールが発酵のメカニズムを解明	1855 メドック地区・ソーテルヌ地区の格付け	
	病害の時代 1863 フィロキセラの被害始まる（〜19世紀末） 1878 ベト病の大発生（〜1880）		
20c.	1935 国立原産地名研究所（I.N.A.O.）設立	1954 サン・テミリオンの格付け 1959 グラーヴの格付け 1973 ムートン・ロートシルトの昇格	

246

ドイツ Germany	イタリア Italy	そのほかの欧州 Europe	新興産地 New World
	ローマ帝国		
古代ローマ人によるぶどう栽培（ヴィティス・シルヴェストリス）			
トリアー近郊にヴィニフェラ系のエルブリング			
ローマ皇帝プロブスがワイン造り奨励			
		392 ローマ帝国がキリスト教を国教化	
		395 ローマ帝国東西分裂	
		イスラム時代	
		711 ムーア人の侵入【西】	718 甲州種伝来（行基説）【日】
神聖ローマ帝国			
1130 ヨハニスベルクにヴェネディクト派が修道院設立			1186 甲州種伝来（雨宮勘解由説）【日】
1135 シトー派がクロスター・エーベルバッハ修道院を設立			
		1492 レコンキスタ完結【西】	
1775 ヨハニスベルク城でシュペトレーゼ開発	トスカーナ公とコジモ三世による世界初の呼称制度・呼称の制定	1756 ポンバル公爵がポルト対象世界初の原産地管理法【葡】	オランダ人がマンハッタン島にぶどう植樹【米】
1783 ヨハニスベルク城でアウスレーゼ開発			1769 ローマカトリックのフランシスコ修道士がミッション種でワイン生産【米】
			1788 英国アーサー・フィリップ記念植樹【豪】
		1867 ボルドーからリオハへの移民【西】	
1895 フィロキセラの被害始まる			1873 ソノマでフィロキセラ発見【米】
			1920 禁酒法（～1933）【米】

History | Chronological Table

国別ワイン生産量

順位	生産国	2002	2003	2004	2005	2006	2007
1	イタリア	42,507	41,807	49,935	50,566	52,036	45,981
2	フランス	50,353	46,360	57,386	52,105	52,127	45,672
3	スペイン	33,478	41,843	42,988	37,808	38,137	34,755
4	アメリカ	20,300	19,500	20,109	22,888	19,440	19,870
5	アルゼンチン	12,695	13,225	15,464	15,222	15,396	15,046
6	中国	11,200	11,600	11,700	12,000	12,000	12,000
7	ドイツ	9,885	8,191	10,007	9,153	8,916	10,261
8	南アフリカ	7,189	8,853	9,279	8,406	9,398	9,783
9	オーストラリア	12,168	10,835	14,679	14,301	14,263	9,620
10	チリ	5,623	6,682	6,301	7,885	8,448	8,227

(×1,000hl)

※ 順位は2007年をもとに作成
※ O.I.V.(Organisation Internationale de la Vigne et du Vin) 統計をもとに作成

国別生産量の上位3ヵ国で、世界生産量のおよそ半分を占めている。なかでもイタリアとフランスは長年にわたって首位を競っている。1999年以降はフランスが首位を守っていたものの、2007年はわずかな差でイタリアが首位に返り咲いた。近年、新興国の生産拡大がいちじるしく、アルゼンチンやチリ、中国、ロシアの躍進がめざましい。それに押し出されるかたちで、ポルトガル(2002～2004まで10位)やルーマニアなどの欧州諸国が順位を下げている。

輸出総量におけるヨーロッパと新興産地の割合

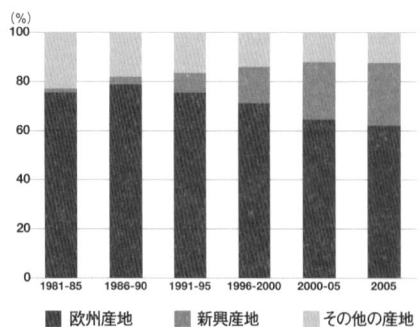

ワインの世界輸出総量のうち、1980年頃までヨーロッパの5大国が8割近くを占めていた。ところが、アメリカが台頭してきた1970年代から、その比率が徐々に上がり始め、とくに1990年頃にはアメリカを猛追するかたちで、オーストラリアなどの国々が生産に力を注ぎ始めたため、その比率が著しく大きくなり、現在では新興産地が占める割合は、全体の25%を超えるほどになった。

※ヨーロッパはイタリア、フランス、スペイン、ドイツ、ポルトガルの5ヵ国
※新興産地はアメリカ、チリ、アルゼンチン、オーストラリア、ニュージーランド、南アフリカの6ヵ国
※O.I.V.統計をもとに作成

世界のワイン生産量と消費量の推移

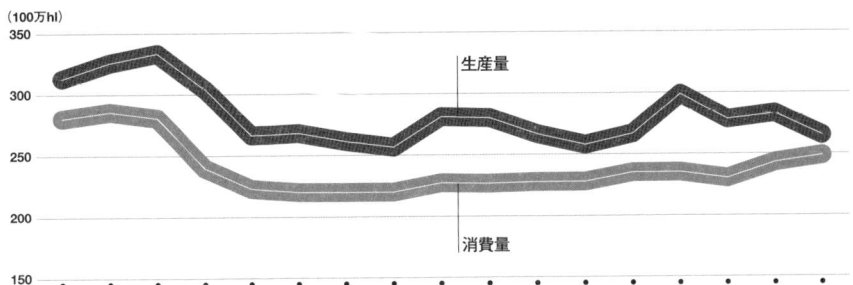

※O.I.V.統計をもとに作成

世界のワイン消費量は1970年代をピークに減少へと転じ、とくに先進国では日常消費向けの低価格品が低迷。これは、若年層がビールなどの低アルコール飲料を志向するようになったことが原因といわれる。1990年頃からはほぼ横ばいに推移しているが、これはアメリカやアジアなどの新興市場が伸びたからと考えられる。また、世界のワイン生産量も消費量の減少にあわせて、1980年頃をピークに減少へと転じている。それまで日常消費向けを主に手掛けていた生産地は、この市場動向の変化をまともに受けることになり、とくに南フランスやイタリア、東欧諸国などは深刻な状況に追い込まれ、新たな市場開拓策を模索しなくてはならなくなった。一方、上級品の販売は好調で、例えばボルドーやシャンパーニュなどでは、生産量が横ばい、あるいは減少でも、売上高は増加。つまり、時代は量から質へと動いていると理解できる。

日本における課税数量の推移

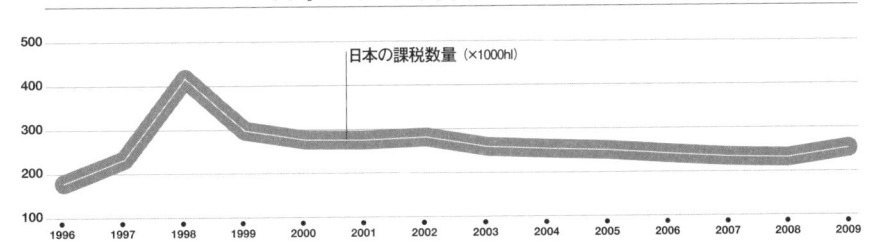

明治期に西洋文明の移植と同時に、日本のワイン文化は始まったものの、当時の食生活に馴染まず、もっぱら砂糖などを加えた「甘味ぶどう酒」が滋養強壮のために飲まれる程度だった。東京オリンピック (1964年) 頃から徐々にワインの需要が伸び、甘味果実酒を追い越したのは第一次ワイン・ブームと呼ばれた大阪万博 (1970年) の頃。その後、千円ワイン・ブーム、一升瓶ワイン・ブーム、ボージョレ・ヌーヴォー・ブームを経て、赤ワイン・ブーム (1998年) にいたった。課税数量は98年をピークに踊り場状態になっているが、ピークの10年前に比べて約1.4倍に伸びている。

ワインの流通経路

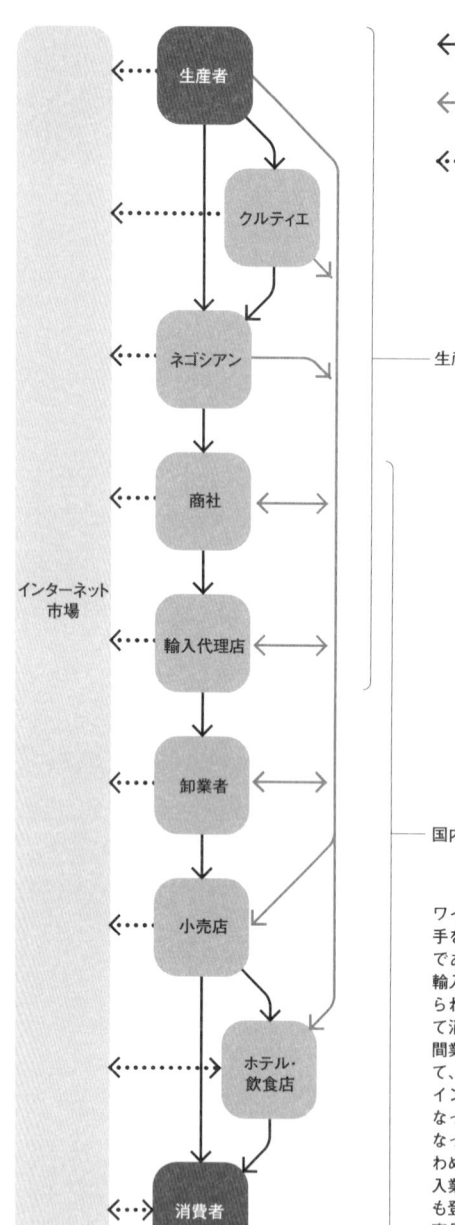

凡例:
- ←――― 従来の流通経路
- ←――― 仲介業者を経由しない簡素化された流通経路
- ←······ インターネット市場における新しい流通経路

流通経路図:

生産国:
- 生産者 → クルティエ → ネゴシアン

国内市場:
- 商社 → 輸入代理店 → 卸業者 → 小売店 → ホテル・飲食店 → 消費者

（インターネット市場は生産者から消費者まで各段階に接続）

ワイナリーで生産されたワインは、いくつもの業者の手を経て、消費者の元に届けられる。従来は手配業者であるクルティエや輸出業者であるネゴシアンから、輸入にあたる商社や輸入代理店を経て、国内市場に送られ、その後、卸業者や小売店、ホテル・飲食店を経て消費者に届けられる。ところが、近年はこれらの中間業者を経由しないで、より簡素な流通経路を構築して、価格競争力を高める努力も見られ、また、最近はインターネット市場を利用した電子商取引も盛んになっており、消費者に直接アクセスすることも可能となってきている。ワインは生産地や生産者の違いがきわめて重要な商品価値となっており、「（生産者や輸入業者の）顔が見える」ことに重きを置く輸入代理店も登場、最近の流通経路の複雑化も加わって、今後は商品のトレーサビリティがますます重要になってくるものと思われる。

物流におけるワインの価格を構成する要素

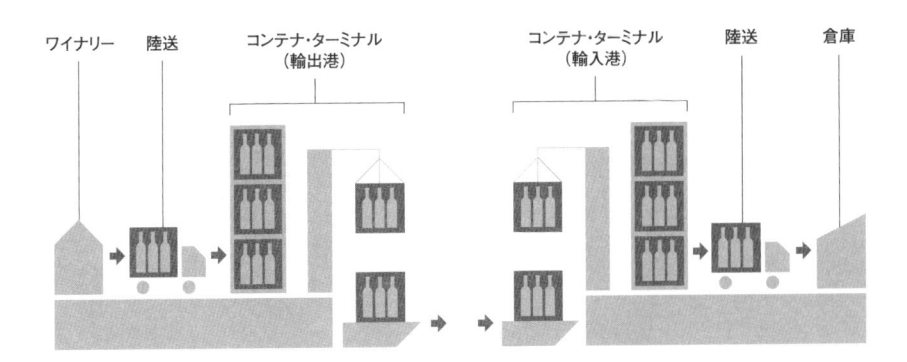

ワイナリー　陸送　コンテナ・ターミナル（輸出港）　コンテナ・ターミナル（輸入港）　陸送　倉庫

蔵出価格
1. 原料調達費
   （栽培・耕作費用、畑賃借料、原料購入費など）
2. 製造費
   （醸造所償却費、醸造設備償却費、新樽費用など）
3. 瓶詰費
4. 販売管理費
5. 利益　など

国内卸価格
6. CIF
7. 関税
8. 酒税
9. 通関手数料
10. 利益
11. 消費税
12. 利益　など

従来の流通経路では、ワイナリーで生産されたワインは、いくつもの業者の手を経て、消費者の元に届く。その際にいくつものコストが積み重ねられて、ワインの価格が決まる。また、ワインが生産者の手から離れた後も、ネゴシアンによって市場で大規模にストックされるものがあるほか、オークションなどの再販市場があるため、流通が複雑である。

ボルドー・ワインの価格上昇率

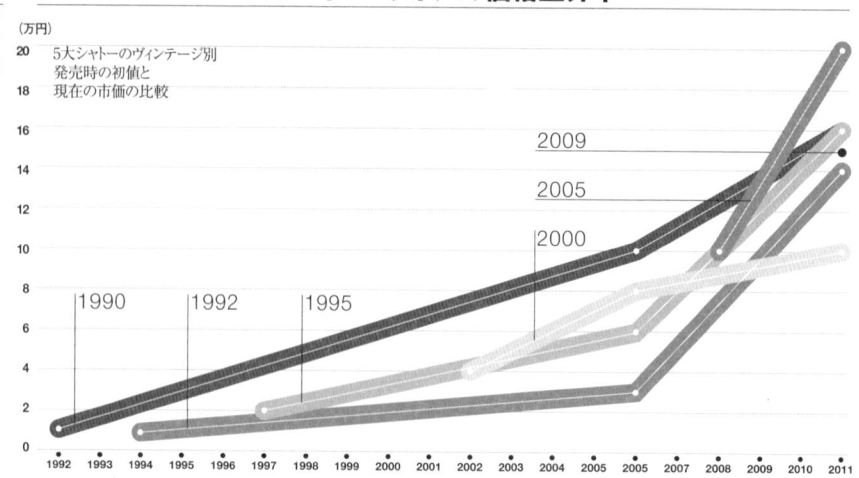

(万円)

5大シャトーのヴィンテージ別発売時の初値と現在の市価の比較

ワインの価格がわかりづらいのは、熟成に伴って価格が上がる銘柄もあれば、上がらないものもあるということである。この違いはもちろん熟成によって美味しくなるということもあるが、市場が熟成を付加価値として捉えるかによる。これらの熟成したワインは、中間業者が手頃な価格で購入した若いワインを保管しておき、値上がりした頃に再販市場へと投入するしくみになっている。

なかでもボルドーは熟成向きワインとして古くから知られており、投資対象としてもきわめて強い銘柄。例えば、1990年や2000年のように「偉大」と評価された年は、発売から数年で数倍に、また、1992年のように「不作」と評価された年でも、年率30％程度で値上がりしている。

一方、2大銘醸地として並び立つブルゴーニュは、若いうちからも楽しめるスタイルであることに加え、もともとの供給量が少ないこともあって、再販市場に出回ることは稀である。

ワインの投機

イギリスでは「ワインは株式市場よりも安全で高利回り」との言い伝えがあります。熟成に伴って付加価値が増大することに加えて、消費に伴って時間とともに市場での稀少価値が上がるため、価格の下落がないと考えられていました。昔ながらには、先物取引で安く購入したワインのいくらかを飲み、残りを再販市場に出して資金回収を図るということが行われてきました。ところが、1990年代になるとアメリカやアジアの市場が拡大したことで、高級酒の供給が需要に追いつかなくなり、高級酒が値上がり始めます。また、これを見越した投機筋も加わり、価格が高騰してしまいます。近年の技術革新の成果もあって、従来からの銘醸地だけでなく、ボルドー右岸やカリフォルニア・カルトなどの話題が次々に発掘され、ワインに対する投機はより攻撃的で、短期に利潤を得ようという動きが強くなる一方、金融市場の動きを強く反映するようになったといわれます。

資金と場所があればプリムールはお得

ボルドーなどで「プリムール」と呼ばれる先物買いは、一般的に言えば最も安くワインを購入できる手段です。収穫年の翌年の初夏に販売が始まり、商品が手元に届くのは収穫年から3年目の春となります。その間に評価が上がるなどによって、市場価格が上昇することがあります。手元に届いたときには、市場価格が先物で購入したときの2倍に上がるといったこともあります。ただし、日本では再販市場が確立されていない上、酒類販売には免許がいるため、思うようには利益を得られないことが多いです。

セカンド・ワインとプレミアム・ワイン

ボルドーでは【生産者＝銘柄】となっているので、例えばシャトー・マルゴーが販売する「シャトー・マルゴー」という銘柄は1つだけになる。近年のボルドーでは、この銘柄（旗艦銘柄）の品質維持を目的にした、セカンド・ワインの販売を行う生産者が一般的になっている。原料のうち品質が基準に満たないものをセカンド・ワインと呼ばれる別銘柄に充て、同社であれば「パヴィヨン・ルージュ・デュ・シャトー・マルゴー」とすることで、旗艦銘柄の高品質を安定化する。一方、アメリカなどの新興産地やシャンパーニュでは、これとは反対に原料のうち優れたものだけを用いて、限られただけのプレミアム・ワインを生産することが普及している。その生産者が販売する主力銘柄よりも、遥かに高い品質の商品となるのが特徴。家族や畑など象徴的な名前を掲げるものもあれば、単に「リザーヴ」と謳うだけのものもある。新興産地の生産者はみずからの秀逸な商品を創造する積極性を自讃する一方、ボルドーを消極的と揶揄する。これに対して、ボルドーの生産者は新興産地を商業主義と反論するやりとりは、両者の立場の違いを如実に現している。いずれにしても最上級商品の品質が高められるため、その生産者の評価が上がり、売上も上昇するようになっている。

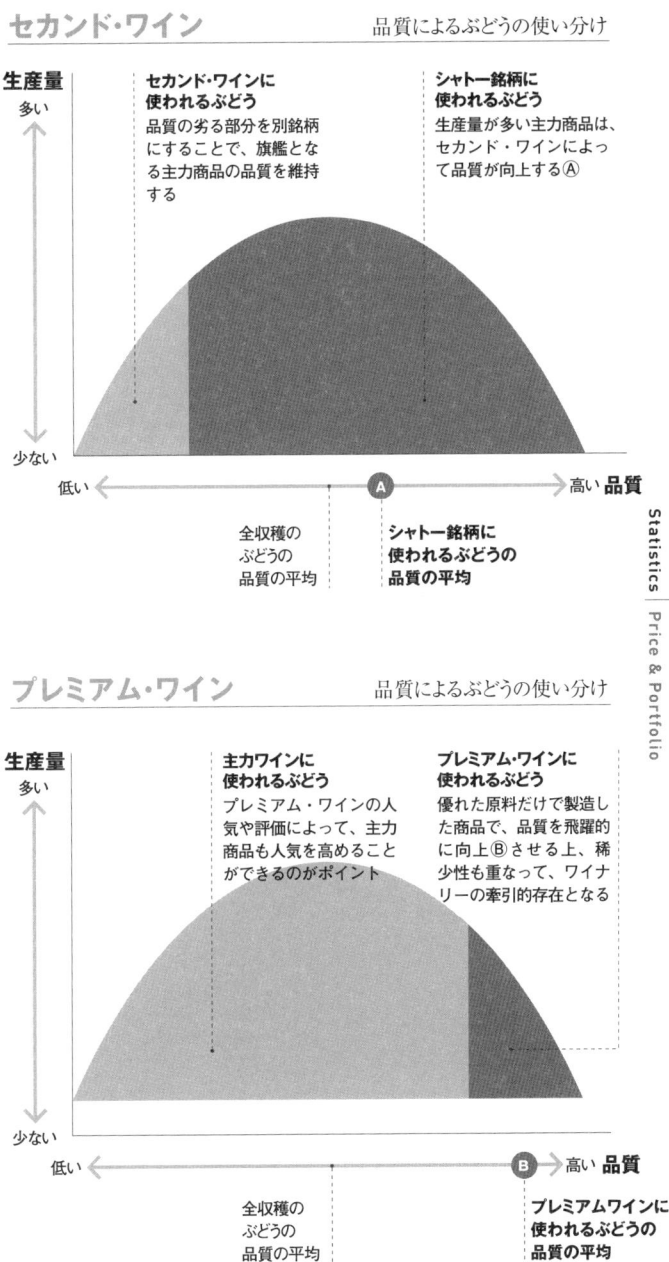

セカンド・ワイン　　品質によるぶどうの使い分け

セカンド・ワインに使われるぶどう
品質の劣る部分を別銘柄にすることで、旗艦となる主力商品の品質を維持する

シャトー銘柄に使われるぶどう
生産量が多い主力商品は、セカンド・ワインによって品質が向上するⒶ

（縦軸：生産量　多い↑↓少ない　横軸：低い←→高い　品質）

Ⓐ
全収穫のぶどうの品質の平均 ／ シャトー銘柄に使われるぶどうの品質の平均

プレミアム・ワイン　　品質によるぶどうの使い分け

主力ワインに使われるぶどう
プレミアム・ワインの人気や評価によって、主力商品も人気を高めることができるのがポイント

プレミアム・ワインに使われるぶどう
優れた原料だけで製造した商品で、品質を飛躍的に向上Ⓑさせる上、稀少性も重なって、ワイナリーの牽引的存在となる

（縦軸：生産量　多い↑↓少ない　横軸：低い←→高い　品質）

Ⓑ
全収穫のぶどうの品質の平均 ／ プレミアムワインに使われるぶどうの品質の平均

Statistics | Price & Portfolio

日仏英用語対応表

日本語	フランス語	英語
ワインの種類		
白ワイン	vin blanc ヴァン・ブラン	white wine ホワイト・ワイン
赤ワイン	vin rouge ヴァン・ルージュ	red wine レッド・ワイン
ロゼワイン	vin rosé ヴァン・ロゼ	rose wine ロゼ・ワイン
ブラッシュワイン(グレーワイン)	vin gris ヴァン・グリ	blush wine ブラッシュ・ワイン
スティルワイン	vin tranquille ヴァン・トランキル	still wine スティル・ワイン
発泡酒	vin mousseux ヴァン・ムスー	sparkling wine スパークリング・ワイン
弱発泡酒	vin pétillant ペティヤン	half-sparkling wine ハーフ・スパークリング・ワイン
酒精強化酒	vin muté ヴァン・ミュテ	fortified wine フォーティファイド・ワイン
辛口	sec セック	dry ドライ
甘口	moelleux モワルー	sweet wine スイート
極甘口	liquoreux リコルー	very sweet ヴェリー・スイート
新酒	vin nouveau ヴァン・ヌーヴォー	new season's wine ニュー・シーズンズ・ワイン
品種名ワイン	vin de cépage ヴァン・ド・セパージュ	vrietal wine ヴァラエタル・ワイン
栽培		
ぶどう畑	vigne ヴィーニュ	vineyard ヴィンヤード
区画	parcell パーセル	plot プロット
ぶどう樹	vigne ヴィーニュ	vine ヴァイン
ぶどう(房)	grappe de raisin グラップ・ド・レザン	bunch of grapes バンチ・オブ・グレイプス
台樹	pied de vigne ピエ・ド・ヴィーニュ	vine stock ヴァイン・ストック
根	racines ラシーヌ	roots ルーツ
剪定	taille タイユ	pruning プルーニング
成熟	maturité マチュリテ	ripeness ライプネス
収穫	vedange ヴァンダンジュ	harvest ハーベスト
有機栽培	viticulture biologique ヴィティキュルチュール・ビオロジック	organic viticulture オーガニック・ヴィティカルチャー
灌漑	drainage ドレナージュ	drainage ドレイナッジ
気候	climat クリマ	climate クライメイト
土壌	sol ソル	soil ソイル
石灰質土壌	sols argilo-calcaires ソル・アルジロ・カルケール	chalky-clay soils チョーキー・クレイ・ソイル
泥灰質土壌	sols marneux ソル・マルヌー	marly soils マーリー・ソイル
花崗岩土壌	sol granitiques ソル・グラニティック	granite soils グラニット・ソイル
礫質土壌	sols de galets roulés ソル・ド・ガレ・ルレ	soils with large pebbles ソイルズ・ウィズ・ラージ・ペブルス

日本語	フランス語	英語
醸造		
醸造	vinification ヴィニフィカシオン	vinification ヴィニフィケーション
除梗	foulage フーラージュ	de-stemming デ・ステム
破砕	égrappage エグラパージュ	crushing クラッシング
かもし	macération マセラシオン	maceration マセレーション
発酵	fermantation alcoolique フェルマンタシオン・アルコリック	alcoholic fermentation アルコホリック・ファーメンテーション
圧搾	pressurage プレスラージュ	pressing プレッシング
熟成	elevage エレヴァージュ	maturing マチュアリング
ブレンド	assemblage アッサンブラージュ	blending ブレンディング
滓引き	soutirage スーティラージュ	racking ラッキング
清澄	collage コラージュ	fining ファイニング
濾過	filtrage フィルトラージュ	filtering フィルタリング
瓶詰め	mise en bouteille ミズ・アン・ブテイユ	bottling ボトリング
自然酵母	levures indigènes ルヴュール・アンディジェン	natural yeast ナチュラル・イースト
ステンレス・タンク	cuve en acier inxydable キューヴ・アン・アシエ・イノクシダブル	stainless-steel vat ステンレス・スティール・ヴァット
コンクリート・タンク	cuve en ciment キューヴ・アン・シマン	concrete vat コンクリート・ヴァット
樽	barrique バリック	barrel バレル
その他		
栽培家	vigneron ヴィニュロン	grower グローワー
土地所有者	propriétaire プロプリエテール	proprietary プロプライアタリー
醸造家	œnologue エノログ	oenologist エノジスト
元詰め農家	domaine ドメーヌ	estate winery エステート・ワイナリー
ワイン商	négociant ネゴシアン	wine mercahnt ワイン・マーチャント

Winart Book
80 Steps for Understanding Wine

ワインの基礎力 80のステップ

発行日●2012年2月10日　第1刷　2014年2月25日　第2刷
著者●斉藤研一　発行人●大下健太郎　編集●杉本多恵、梅原比呂子、来嶋路子
デザイン●西村淳一（FUNCTION）　ＤＴＰ●株式会社アド・エイム、小林真美子　印刷●富士美術印刷株式会社
発行●株式会社美術出版社　〒102-8026　東京都千代田区五番町4-5　五番町コスモビル2階
電話●03-3234-2153（営業部）　03-3234-2173（編集部）　http://www.bijutsu.co.jp/bss/
振替●00150-9-166700　ISBN●978-4-568-50469-9　C0070　©2012 Bijutsu Shuppan-Sha　Printed in Japan

乱丁・落丁の本がございましたら、小社宛にお送りください。送料負担でお取り替えいたします。
本書の全部または一部を無断で複写（コピー）することは著作権法上の例外を除き、禁じられています。

※本書は2006年8月刊行の『ワインの基礎力 70のステップ』に加筆修正をした改訂新版です。

著者
斉藤研一　Kenichi Saito

新しいスタイルのワインスクール「サロン・ド・ヴィノフィル」を主宰。編著書に『世界のワイン生産者ハンドブック』『改訂新版ワインの過去問 400』（以上美術出版社）、『世界のワインガイド』『シャンパーニュから始まるスパークリングワインの世界』（以上小学館）など。2006年『ワインの基礎力 70のステップ』では、石井文月というペンネームで執筆。